統計科学のフロンティア　1

統計学の基礎 I

統計科学のフロンティア 1

甘利俊一　竹内啓　竹村彰通　伊庭幸人 編

統計学の基礎 I

線形モデルからの出発

竹村彰通　谷口正信

岩波書店

編集にあたって
もっとも基本的な2つの手法

この巻では，多変量解析および時系列解析という，統計科学の手法としてはもっとも重要な2つの手法群について解説する．これらはそれぞれにすでに豊かな内容をもつ分野であり，日本語でもいくつかの書籍が刊行されているし，英語の書籍では大部の書籍が数多く刊行されている．本シリーズでも，特に第5巻と第8巻において多変量解析および時系列解析の手法の多様な展開が示されている．

まずこれらの分野の流れを概観しておこう．現代的な数理統計学の理論体系が確立したのは1920年代のFisher, Neyman, E.S.Pearsonらの仕事においてである．この理論的枠組みにそって，1930年代より通常の1変量データの統計手法や相関分析などの手法が自然な形で多変量に拡張されるようになった．これにはFisher自身も多くの貢献をなしたが，Hotelling, Wilks, Wishartらの仕事が基礎となっている．多変量推測統計の標準的な教科書であるAndersonの“An Introduction to Multivariate Statistical Analysis”の第1版は1958年の刊行であり，この時期までに多変量正規分布と線形モデルに基づく推測理論の基礎が確立したということができる．

1970年代になって，大型計算機を用いて多変量解析の手法が実際に実行できる環境が整うようになってきた．そして「統計パッケージ」の利用により，ユーザとしての多変量解析の利用者が増える中で，データ解析に役立つ多変量解析の手法が次々と提案されるようになった．これらの手法は，推測的手法というよりは記述的手法であり，正規分布を前提としない探索的データ解析や射影追跡などの手法や非線形手法も多く含まれている．最近では，計算機の急速な発達にともない，データ収集と保存が容易になってきており，とりたてて多変量解析といわなくても，新たに研究されている統計手法は多変量データを扱う手法であることがほとんどである．

時系列解析の理論は1940年代よりWienerやKolmogorovにより弱定常過程のスペクトル解析と予測の理論が確立されて以来，統計科学に限らずさまざまな分野で応用され発展してきた．数学の一分野としての確率論においては，連続時間の場合の確率過程の理論が重視され，精緻な理論が展開されてきた．統計科学においては，1976 年に刊行された Box と Jenkins による "Time Series Analysis, Forecasting and Control" が重要であると思われる．この書物により，自己回帰移動平均モデル（ARMA モデル）とよばれる線形モデルの構築と予測のための標準的な手続きが確立し，時系列解析手法の応用が進んだ．この時期以降の時系列解析の研究では，ARMA モデルの限界をのり越えることを念頭において，非線形モデルなどさまざまな方法が提案され研究されることとなった．

上記の Anderson や Box and Jenkins の書籍は基本的に線形モデルに基づくものである．線形モデルは数学的に扱いやすく，また多くの応用の場面において第 1 次近似として有効である．もし線形モデルを用いた解析が不十分であり，非線形手法を用いる必要がある場合でも，まずは線形モデルを用いた解析をおこない，線形モデルではとらえきれない現象の特徴を確認した上で，そのような特徴を考慮して非線形モデルを構築していくのが通常である．このように線形モデルの基本的な重要性は今日でも減じていないし，今後ともその点は変わらないであろうと思われる．これはたとえて言えば，ニュートンの古典的な力学が現在でも多くの場面で有効であることと同じである．とは言っても，現在の時点で多変量解析および時系列解析の概説を与える際に，線形モデルの観点だけでは不十分である．線形モデルの理論的基礎を要約するとともに，非線形性，非正規性などの観点からの記述が望まれる．この巻の副題を「線形モデルからの出発」としたのは，このような理由からである．

この巻におさめられた 2 つの解説は，以上のような観点から多変量解析および時系列解析について，現時点での概観を与えたものである．多変量解析に関しては，記述統計および推測統計の両面を扱い，グラフィカルモデルによる相関関係の分析法などの新しい話題についても解説を与えている．時系列解析については ARMA モデルの理論的基礎を整理するとともに，これに加えて，条件つき分散が時間とともに変化する ARCH モデルや双線形モデルなどの非線形モデルや，ノンパラメトリック推定法などについて，最近までの結果を与えている．他の巻の内容の準備の意味もあり，それぞれ限られたスペースの中で広い範囲の話題を扱っている．このためかなり密度の濃い記述となっているが，できるだけ本書の中で完結した記述となるように配慮した．

両分野とも現在でも多くの手法が提案され，そのときどきで関心を持たれる話題も変化している．このような中で，この巻の 2 つの解説では，伝統的な線形モデルを越えた部分についても，重要なトピックを精選して丁寧な説明がなされている．シリーズ「統計科学のフロンティア」の基礎としてお役にたてれば幸いである．

（竹村彰通）

目　次

I

多変量解析入門

竹村彰通

目　次

1 多変量解析の考え方

多変量解析は統計学の中でも最も基本的かつ重要なものである．その総説は多岐にわたるので，本稿のねらいと主にどんなデータを扱うのかについて簡単にふれておく．

1.1 本稿のねらい

本稿では統計的多変量解析の概観を与える．統計的多変量解析(statistical multivariate analysis)とは，統計的手法の中で多変量データに関する分析手法のことをいう．解析ということばを使うが，数学でいう解析よりは広く「分析」というような意味であり，実際に離散的なデータを扱う離散多変量解析の手法も重要である．データ収集とデータ保存の技術の進展とともに，最近ではデータの量そのものが増えてきており，ほとんどのデータは多変量データである．したがって特に多変量解析と言わなくても，近年研究されている統計的手法は多変量データを扱う手法であることが多い．

多変量解析といっても，その中には，回帰分析，分散分析，主成分分析，判別分析，因子分析，分割表，グラフィカルモデル，などの手法があり，それぞれの応用分野で独自の発展をしている．また計算機技術の発展とともに，アルゴリズムの観点から新しい多変量解析的手法が数多く提唱されるようになって来ており，多変量解析手法はさらに広がりを見せている．本シリーズの各巻でとりあげられているさまざまの話題も，多変量解析の発展と見ることもできる．本稿では，本シリーズの各巻のための準備的意味を含めて多変量解析の基本的な事項について解説する．

ただし統計学の入門的な内容を解説する余裕はないので，大学での一般的な統計学に関する入門的講義で扱われる，1 変量や 2 変量データに関する基本的な事項は前提としている．これらの基本的な事項に関しては統計学の入門的な教科書を参照してほしい．本稿では，個々の話題について詳しく説明するより，ある程度広い範囲の話題についてふれることを目的としている．そのため限られたスペースの中で記述が簡潔となりすぎたり実際の応用例を省略している部分も多い．個々の手法については末尾の文献紹介を参照されたい．多変量推測統計については多変量正規分布の性質を中心として解説するにとどまり，多変量解析の標本分布論については詳しく述べることができなかった．特に標本分布論における漸近展開の諸結果についてはスペースの都合から省略している．

一方で，一定の独自性を出すという意味でも，他の多変量解析の概説書と比較して，本稿で比較的詳しく説明しているトピックもある．1つには一般元数の多重分割表および多重分割表のグラフィカルモデルについて詳しく説明したことである．これはグラフィカルモデルが多変量分布を考えるときの重要な概念的な枠組みを与えていると考えられるからである．また，多変量正規分布の高次のモーメントなどの性質も比較的詳しく述べた．これは必ずしも多変量正規分布のみを重視するという立場ではない．多変量正規分布以外の分布を考慮する際にも，多変量正規分布との違いを明確にするためには，高次のモーメントの構造の考慮が欠かせないと考えるからである．本稿では多変量解析の概説としてバランスのとれた記述を重視したが，このように筆者の判断に基づいて話題の選択をしている部分もある．

統計的手法の中には大きく分けて，記述統計的な手法と推測統計的な手法の2種類の手法がある．多変量解析でも同様の区別がある．この区別は，データの背後に確率的な構造を考えるかどうか，という点にある．前者ではデータを与えられたものとして，そのデータの解釈を容易にするためにさまざまな観点から計算をおこなうのに対し，後者ではデータを確率変数の実現値と見て，背後の確率構造についての推測をおこなうものである．

多変量解析においては，連続分布として多変量正規分布以外に扱いやすい分布が少ない．ところが，実際のデータ解析の場面では多変量正規分布の仮定の妥当性が疑われる場合も多く，記述統計的な手法と推測統計的な手法の間に大きなギャップが存在するのが現状である．もちろん，一連の関連した手法を記述統計的に理解することもあれば，推測統計的に理解することもある．例えば回帰分析について言えば，最小 2 乗法によって回帰直線をあてはめることは記述統計的な手法であるが，正規線形回帰モデルを想定することによって回帰係数の検定をおこなうことは推測統計的な手法である．本稿では記述統計的な手法と推測統計的な手法をできるだけ明確に区別することとし，4 章までを記述統計的な手法，5 章以降を推測統計的な手法の説明にあてている．

1.2　多変量データ例と多変量解析の用語

ここで簡単な多変量データの例をみてみよう．表 1 は統計学の講義に参加した大学 2 年の男子学生に本人の身長，体重，父親の身長などをアンケート調査して得たものである．300 人以上の学生からの回答のうち，簡単のため 10 名のみのデータを例として載せてある．また質問項目もここでは 7 項目のみ示しているが実際は 15 項目以上を質問している．全データは竹村(1997)に示している．喫煙，下宿については，それぞれ 1 が喫煙者および下宿者に対応している．

この 10 人について身長と体重の散布図を描いてみると図 1 のようにな

表 1　多変量データの例

学生	身長	体重	父身長	母身長	血液型	喫煙	下宿
1	172	70	165	163	a	0	0
2	176	69	150	155	a	0	0
3	170	70	170	158	a	1	0
4	174	70	165	154	a	1	1
5	170	62	163	158	o	1	0
6	167	50	165	158	ab	0	0
7	175	75	171	158	a	1	1
8	179	80	156	150	ab	0	0
9	162	60	160	160	b	0	0
10	169	80	165	162	o	0	0

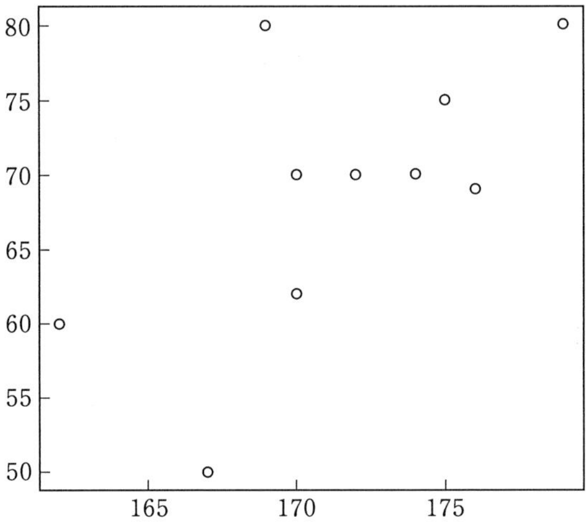

図 1 身長と体重の散布図

り，正の相関が見られる．

表 1 のように表形式に整理されたデータが典型的な多変量データであり**データ行列**とよぶ．データ行列とよぶのは，表 1 の内部の観測値の部分を 10×7 の行列とみるからである．データ行列の各行が「個体」，各列が「変数」に対応している．データ行列の行数，すなわち全個体数を**標本の大きさ**(sample size)という．列数を**標本の次元**(dimension)とよぶ．列数を次元とよぶのは次の理由による．いま表 1 において，図 1 のように身長および体重を取り出して 10 人の学生について散布図を描いてみると，これは(身長，体重) の組を 2 次元平面の点と見て 10 点を平面に打点することに対応する．同様に表 1 全体は 7 次元ユークリッド空間 R^7 の 10 点と見ることができる．ただし人間は 7 次元空間を目で見ることはできないので，2 次元の散布図を見るように直接データの様子がわかるわけではない．多変量解析の多くの手法は，高次元のデータを何らかの形でより低次元の空間に射影して解釈を容易にするものである．このことを**次元の縮約**という．

また表 1 では血液型は a, o, b, ab のように非数値的な形で記録されているから，実際に 7 次元空間に打点するには何らかの形で数値化して記録する必要がある．血液型のように分類を表わす変数は**質的変数**とよばれる．

喫煙および下宿も質的変数であるが，すでに 0 と 1 で数値化されている．他方，身長から母親の身長までの 4 変数はもともと**量的変数**である．質的変数の数値化の手法は一般に**数量化**とよばれている．

データ行列はもっとも典型的な多変量データであり，主な多変量解析の手法もデータ行列を対象とするものが多い．ただし，実際のデータは表 1 のような単純な構造をしていない場合も多い．例えば実際のアンケート調査に回答してみると，質問表に分岐があり，ある項目に特定の回答をした場合にのみ他の項目に回答するように要求されるような場合がある．この場合は変数間に入れ子の構造が入ったり，特定の回答をした者以外の値が**欠測値**(missing value)となる．また表 1 では 10 人の学生の順番に意味はなく，行を並べかえてもデータとしての性質は同じであるが，1 つの個体について経時的に複数の変数の値を計る場合などには，行の間の前後関係が問題となる．この場合には多変量解析の手法に加えて，時系列解析の手法を用いることが必要となる．さらに個体が 2 次元的に配置されている場合もある．これはいろいろな地点から化学物質を採取して観測するような場合である．このような地理的なデータを扱うには**空間統計**(spatial statistics)や**確率場**(random field)の手法を用いる．現在ではデータ収集技術の発展とともに，収集されるデータの構造も複雑となってきており，解析手法もより高度な手法が要求されるようになってきている．

以上のようにデータの構造が複雑となる場合には，標準的な多変量解析の手法がそのままの形で適用できないことも多い．しかしながらいずれの場合にも，データ行列に対する多変量解析の手法がまず基本的な役割を果たすことから，以下では主にデータ行列を対象とする標準的な多変量解析の手法を説明する．

2　多変量解析の記法

ここでは，データ行列に関する記法，および分割表の記法を説明する．

2.1 データ行列

多変量解析では複数の変量を同時に扱うために，ベクトルや行列の記法を多用する．ここでは記述統計的な多変量解析の手法を説明するために必要なベクトルや行列の記法を整理する．本稿では，ベクトルや行列に関して以下のような記法を用いる．ベクトルは列ベクトルとし，太文字で表わす．行列にも太文字を用いる．これはスカラーとの区別を明確にするためである．ただし 0 に関してはベクトルや行列でも太文字としない．行列式は必要に応じて $|\cdot|$ あるいは det で表わす．$k \times k$ 単位行列は $\boldsymbol{I}_k$ で表わす．ただし次元が文脈から明らかなときは単に $\boldsymbol{I}$ と書く．標本の大きさを n で表わし，次元を p で表わす．転置にはダッシュを用いる．例えば特定の個体に関する p 個の観測値ベクトルを

$$\boldsymbol{x} = (x_1, \cdots, x_p)'$$

と表わす．

個体を表わす添字には t を用い，変数を表わす添字には i, j などを用いることとする．したがって n 個体に関する p 変数の観測値からなる $n \times p$ データ行列 $\boldsymbol{X}$ を

$$\boldsymbol{X} = (x_{ti})_{1 \le t \le n,\ 1 \le i \le p}$$

と表わす．通常は $n > p$ の場合を考えるので，データ行列 $\boldsymbol{X}$ は縦長である．

多変量解析ではデータ行列 $\boldsymbol{X}$ を部分ごと，あるいはブロックごとに分けて考えることが多い．もっとも単純な分割は $\boldsymbol{X}$ を各行ごと，あるいは各列ごとに考えることである．第 t 個体の観測値ベクトルを $\boldsymbol{x}_t' = (x_{t1}, \cdots, x_{tp})$ とすると，$\boldsymbol{X}$ を行ごとに考えたものは

$$\boldsymbol{X} = \begin{pmatrix} \boldsymbol{x}_1' \\ \vdots \\ \boldsymbol{x}_n' \end{pmatrix}$$

となる．また p 個の変数を 2 つに分けて，$\boldsymbol{X}$ の最初の q 列 $(1 \le q < p)$ か

らなる部分行列を $\boldsymbol{X}_1$，残りの $p-q$ 列からなる部分行列を $\boldsymbol{X}_2$ とするとき

$$\boldsymbol{X} = (\boldsymbol{X}_1, \boldsymbol{X}_2) \tag{1}$$

と書ける．

2.2　標本平均ベクトルと標本分散行列

数値データからなるデータ行列が与えられたときに，まずは平均，分散，および相関係数を求めることが基本である．p 個の変数のそれぞれの標本平均を要素とする**標本平均ベクトル**は

$$\bar{\boldsymbol{x}} = \begin{pmatrix} \bar{x}_1 \\ \vdots \\ \bar{x}_p \end{pmatrix} = \frac{1}{n}\sum_{t=1}^{n} \boldsymbol{x}_t = \frac{1}{n}\boldsymbol{X}'\boldsymbol{1}_n$$

である．ただし $\boldsymbol{1}_n = (1, \cdots, 1)'$ は 1 のみからなる n 次元ベクトルを表わす．

$$\tilde{\boldsymbol{X}} = \boldsymbol{X} - \boldsymbol{1}_n\bar{\boldsymbol{x}}' = (x_{ti} - \bar{x}_i)_{1\le t\le n,\ 1\le i\le p}$$

は各観測値を平均偏差 $x_{ti} - \bar{x}_i$ に変換した値からなる行列であり，**平均偏差行列**とよぶ．

第 i 変数の**標本分散**は

$$s_{ii} = \frac{1}{n}\sum_{t=1}^{n}(x_{ti} - \bar{x}_i)^2$$

である．標本分散の定義には，$1/n$ ではなく $1/(n-1)$ を用いたものも標準的に用いられるが，本稿では $1/n$ を用いる．いずれの定義を用いるにしても，統一的に用いることと，どちらの定義を用いているかを明示すればよい．同様に第 i 変数と第 j 変数の間の**標本共分散**は

$$s_{ij} = \frac{1}{n}\sum_{t=1}^{n}(x_{ti} - \bar{x}_i)(x_{tj} - \bar{x}_j)$$

である．$i = j$ の場合には共分散は分散に帰着するので，分散を自分自身との共分散と考え，記法としては両者を区別しないで考えるのがよい．s_{ij} を要素とする $p \times p$ 行列 $\boldsymbol{S}$ を**標本分散行列**（あるいは**標本分散共分散行列**，

標本共分散行列ともいう）とよぶ．$\boldsymbol{S}$ を行列表記すると

$$\boldsymbol{S} = (s_{ij}) = \frac{1}{n}\tilde{\boldsymbol{X}}'\tilde{\boldsymbol{X}} = \frac{1}{n}\sum_{t=1}^{n}(\boldsymbol{x}_t - \bar{\boldsymbol{x}})(\boldsymbol{x}_t - \bar{\boldsymbol{x}})'$$

などと表わすことができる．また 1 変量の場合の分散の公式としてよく知られているように，上式を展開して整理することにより

$$\boldsymbol{S} = \frac{1}{n}\boldsymbol{X}'\boldsymbol{X} - \bar{\boldsymbol{x}}\bar{\boldsymbol{x}}' = \frac{1}{n}\sum_{t=1}^{n}\boldsymbol{x}_t\boldsymbol{x}_t' - \bar{\boldsymbol{x}}\bar{\boldsymbol{x}}' \qquad (2)$$

と表わすこともできる．$\boldsymbol{S}$ は対称行列であり，さらに以下で示すように非負定値行列である．分散行列の行列式の値

$$|\boldsymbol{S}| = \det \boldsymbol{S}$$

を一般化分散とよぶ．

第 i 変数と第 j 変数の間の相関係数は

$$r_{ij} = \frac{s_{ij}}{\sqrt{s_{ii}s_{jj}}}$$

と定義される．これらを 並べた $p \times p$ 行列

$$\boldsymbol{R} = (r_{ij})$$

が標本相関係数行列である．$\boldsymbol{R}$ も対称行列でその対角要素は 1 である．各変数の分散 s_{ii}，$i = 1, \cdots, p$ からなる対角行列を

$$\boldsymbol{D} = \mathrm{diag}(s_{11}, \cdots, s_{pp})$$

とおき，さらに

$$\boldsymbol{D}^{-1/2} = \mathrm{diag}(s_{11}^{-1/2}, \cdots, s_{pp}^{-1/2})$$

と定義してやれば

$$\boldsymbol{R} = \boldsymbol{D}^{-1/2}\boldsymbol{S}\boldsymbol{D}^{-1/2}$$

と書くことができる．

相関係数はデータ行列を列ごとに眺めると理解しやすい．いま平均偏差行列 $\tilde{\boldsymbol{X}}$ の第 i 列を

$$\tilde{\boldsymbol{x}}_i = \begin{pmatrix} x_{1i} - \bar{x}_i \\ \vdots \\ x_{ni} - \bar{x}_i \end{pmatrix}$$

と書く．$\tilde{\boldsymbol{x}}_i$ は第 i 変数の観測値の平均偏差からなるベクトルである．このとき，共分散の n 倍 $ns_{ij} = \tilde{\boldsymbol{x}}_i'\tilde{\boldsymbol{x}}_j$ は $\tilde{\boldsymbol{x}}_i$ と $\tilde{\boldsymbol{x}}_j$ の内積であり，r_{ij} はこれらのベクトルの間の角度の余弦(cosine)である．このようにデータ行列を列ごとに見て，n 次元空間 R^n のベクトルを考えることは 3 章の回帰分析を扱うときに特に有用である．

なお，平均偏差にくわえて，さらに各変数を標準偏差で割ることにより各変数を基準化(あるいは標準化)

$$\tilde{x}_{ti} = \frac{x_{ti} - \bar{x}_i}{\sqrt{s_{ii}}}$$

して考えれば，基準化した変数からなるデータ行列は

$$\tilde{\boldsymbol{X}}\boldsymbol{D}^{-1/2}$$

と表わされるから

$$\boldsymbol{R} = \frac{1}{n}(\tilde{\boldsymbol{X}}\boldsymbol{D}^{-1/2})'(\tilde{\boldsymbol{X}}\boldsymbol{D}^{-1/2}) \tag{3}$$

は基準化した変数からなるデータ行列に基づく分散行列に一致している．

2.3 変数の 1 次結合と変数群の分割

上で述べたように，多変量解析では高次元のデータを低次元に縮約して解析することが多いが，この中でもっとも簡単な縮約方法は，変数の 1 次結合を作ることである．いま

$$\boldsymbol{a} = (a_1, \cdots, a_p)'$$

を定数からなる係数ベクトルとすると，観測値ベクトル $\boldsymbol{x} = (x_1, \cdots, x_p)'$ の要素の 1 次結合は

$$z = \boldsymbol{a}'\boldsymbol{x} = a_1x_1 + \cdots + a_px_p \tag{4}$$

と表わされる．例えば $x_1, \cdots, x_p$ が p 個の科目の試験の点数で $\boldsymbol{a} = (1, \cdots, 1)'$ とおくと，$z = \boldsymbol{a}'\boldsymbol{x}$ は試験の合計得点となる．また $a_1, \cdots, a_p$ が正の場合には，z はこれらの係数を用いて各科目の得点の加重和をとったものと考えられる．このような観点から z を合成変数あるいは総合得点とよぶことがある．

総合得点を個体ごとに考え

$$z_t = \boldsymbol{a}'\boldsymbol{x}_t, \qquad t = 1, \cdots, n$$

とする．$z_1, \cdots, z_n$ の標本平均 $\bar{z}$ は

$$\bar{z} = \frac{1}{n}\sum_{t=1}^{n} z_t = \boldsymbol{a}'\frac{1}{n}\sum_{t=1}^{n}\boldsymbol{x}_t = \boldsymbol{a}'\bar{\boldsymbol{x}}$$

となる．また $z_1, \cdots, z_n$ の標本分散 s_{zz} は

$$s_{zz} = \frac{1}{n}\sum_{t=1}^{n}(z_t - \bar{z})^2 = \frac{1}{n}\sum_{t=1}^{n}\boldsymbol{a}'(\boldsymbol{x}_t - \bar{\boldsymbol{x}})(\boldsymbol{x}_t - \bar{\boldsymbol{x}})'\boldsymbol{a} = \boldsymbol{a}'\boldsymbol{S}\boldsymbol{a} \qquad (5)$$

と表わされる．

このように $\boldsymbol{S}$ の 2 次形式の値 $\boldsymbol{a}'\boldsymbol{S}\boldsymbol{a}$ は z の分散であるから常に非負である．このことから分散行列 $\boldsymbol{S}$ は非負定値行列であることがわかる．もし $\boldsymbol{a} \neq 0$ となるすべての $\boldsymbol{a}$ について $z = \boldsymbol{a}'\boldsymbol{x}$ の分散が正であるならば，$\boldsymbol{S}$ は正定値行列である．いまある $\boldsymbol{a}$ について $z = \boldsymbol{a}'\boldsymbol{x}$ の分散が 0 であるのは，p 次元空間 R^p において n 点が

$$\boldsymbol{a}'\boldsymbol{x}_t = c, \qquad t = 1, \cdots, n$$

となる超平面上にのっている場合である．変数間に定義的な関係がないかぎり，このように n 点が特定の超平面にのることはないと考えられるから，通常は分散行列 $\boldsymbol{S}$ は正定値行列と仮定する．

より一般に q 個の総合得点を考え，これらの総合得点を定義する q 個の係数ベクトルを並べた $p \times q$ 行列を $\boldsymbol{A} = (\boldsymbol{a}_1, \cdots, \boldsymbol{a}_q)$ とする．このとき

$$\boldsymbol{Z} = \begin{pmatrix} \boldsymbol{z}_1' \\ \vdots \\ \boldsymbol{z}_n' \end{pmatrix} = \boldsymbol{X}\boldsymbol{A}$$

は総合得点からなる $n \times q$ のデータ行列となる．上と同様の計算により，各個体の総合得点ベクトル $\boldsymbol{z}_t$, $t = 1, \cdots, n$ の標本平均ベクトルと標本分散行列は

$$\bar{\boldsymbol{z}} = \boldsymbol{A}'\bar{\boldsymbol{x}},$$
$$\boldsymbol{S}_{zz} = \boldsymbol{A}'\boldsymbol{S}_{xx}\boldsymbol{A} \qquad (6)$$

と表わされる．ただし $\boldsymbol{S}_{xx}$ はもともとのデータ行列 $\boldsymbol{X}$ の標本分散行列で

ある.

変数群を式(1)のように 2 つに分割すると，標本平均ベクトルは $\bar{\boldsymbol{x}}' = (\bar{\boldsymbol{x}}_1', \bar{\boldsymbol{x}}_2')$ のように分割され，また標本分散行列は

$$\boldsymbol{S} = \begin{pmatrix} \boldsymbol{S}_{11} & \boldsymbol{S}_{12} \\ \boldsymbol{S}_{21} & \boldsymbol{S}_{22} \end{pmatrix} \tag{7}$$

のように 2×2 のブロックに分割される．対角ブロック $\boldsymbol{S}_{11}$,$\boldsymbol{S}_{22}$ はそれぞれ変数群 1 と変数群 2 の分散行列である．$\boldsymbol{S}$ を正定値行列と仮定すれば，その部分対角ブロック $\boldsymbol{S}_{11}$, $\boldsymbol{S}_{22}$ も正定値行列であり，それぞれの逆行列が存在する．非対角ブロック $\boldsymbol{S}_{21} = \boldsymbol{S}_{12}'$ は変数群 1 と変数群 2 の変数間の共分散のみからなる．もし $\boldsymbol{S}_{12} = 0$ ならば変数群 1 の任意の変数と変数群 2 の任意の変数は無相関である.

ここで行列演算の掃き出しの操作をブロック単位におこなってみよう．いま $\boldsymbol{S}$ の第 1 行ブロック $(\boldsymbol{S}_{11}, \boldsymbol{S}_{12})$ に左から $\boldsymbol{S}_{21}\boldsymbol{S}_{11}^{-1}$ をかけ，$\boldsymbol{S}$ の第 2 行ブロック $(\boldsymbol{S}_{21}, \boldsymbol{S}_{22})$ から引いてみよう．この操作をブロック行列で書けば

$$\begin{pmatrix} \boldsymbol{I} & 0 \\ -\boldsymbol{S}_{21}\boldsymbol{S}_{11}^{-1} & \boldsymbol{I} \end{pmatrix} \begin{pmatrix} \boldsymbol{S}_{11} & \boldsymbol{S}_{12} \\ \boldsymbol{S}_{21} & \boldsymbol{S}_{22} \end{pmatrix} = \begin{pmatrix} \boldsymbol{S}_{11} & \boldsymbol{S}_{12} \\ 0 & \boldsymbol{S}_{22} - \boldsymbol{S}_{21}\boldsymbol{S}_{11}^{-1}\boldsymbol{S}_{12} \end{pmatrix}$$

となる．さらに全体の右側から列ブロックに対して同様の操作をすると

$$\begin{pmatrix} \boldsymbol{I} & 0 \\ -\boldsymbol{S}_{21}\boldsymbol{S}_{11}^{-1} & \boldsymbol{I} \end{pmatrix} \begin{pmatrix} \boldsymbol{S}_{11} & \boldsymbol{S}_{12} \\ \boldsymbol{S}_{21} & \boldsymbol{S}_{22} \end{pmatrix} \begin{pmatrix} \boldsymbol{I} & -\boldsymbol{S}_{11}^{-1}\boldsymbol{S}_{12} \\ 0 & \boldsymbol{I} \end{pmatrix}$$

$$= \begin{pmatrix} \boldsymbol{S}_{11} & 0 \\ 0 & \boldsymbol{S}_{22} - \boldsymbol{S}_{21}\boldsymbol{S}_{11}^{-1}\boldsymbol{S}_{12} \end{pmatrix} \tag{8}$$

のようにブロック対角化されることがわかる.

$$\boldsymbol{S}_{11}^{-1}\boldsymbol{S}_{12} \tag{9}$$

を変数群 2 を変数群 1 に回帰したときの**回帰係数行列**とよび，

$$\boldsymbol{S}_{22\cdot 1} = \boldsymbol{S}_{22} - \boldsymbol{S}_{21}\boldsymbol{S}_{11}^{-1}\boldsymbol{S}_{12} \tag{10}$$

を変数群 2 を変数群 1 に回帰したときの**残差分散行列**，あるいは**偏分散行**

列とよぶ．

$$A' = (-S_{21}S_{11}^{-1}, I)$$

とおき式(6)と比較すると $S_{22\cdot1} = A'SA$ であるから，$S_{22\cdot1}$ は

$$XA = X_2 - X_1S_{11}^{-1}S_{12} \tag{11}$$

の分散行列であることがわかる．式(11)の右辺を，変数群 X_2 を変数群 X_1 に回帰した残差行列という．$S_{22\cdot1}$ を相関行列に変換した行列

$$R_{22\cdot1} = D^{-1/2}S_{22\cdot1}D^{-1/2}$$

を変数群 2 を変数群 1 に回帰したときの**偏相関係数行列**という．ただし D は $S_{22\cdot1}$ から対角要素のみを取り出した対角行列である．これらの行列の解釈については 3 章の回帰分析において説明する．

また式(8)の両辺の行列式をとると，一般化分散について

$$|S| = |S_{11}| \times |S_{22\cdot1}|$$

が成り立つことがわかる．また式(8)の両辺の逆行列を計算してみると

$$S^{-1} = \begin{pmatrix} I & -S_{11}^{-1}S_{12} \\ 0 & I \end{pmatrix} \begin{pmatrix} S_{11}^{-1} & 0 \\ 0 & S_{22\cdot1}^{-1} \end{pmatrix} \begin{pmatrix} I & 0 \\ -S_{21}S_{11}^{-1} & I \end{pmatrix} \tag{12}$$

となることがわかる．特に S^{-1} の(2,2)ブロックが $S_{22\cdot1}^{-1}$ と書けることがわかる．なお，導出の過程を確認すれば容易にわかるように，式(12)は S が分散行列である必要はなく，任意の正則行列 S について成り立つ．

2.4　より高次のモーメント

ここまではデータ行列に関して平均ベクトルと分散行列の性質について述べてきた．これらはデータの基本的な特徴を表わす統計量であり，特に 5.4 節で扱う多変量正規分布を前提とすれば平均ベクトルと分散行列のみを考えればよいのであるが，多変量正規分布の仮定が疑問視される場合には，データから高次のモーメントを計算し検討する必要がある．高次のモーメントの定義自体は簡単なものであるが，多変量データの場合に記法がやや煩雑となるので，ここではこの点を説明しよう．特に，「重複添字記法」と

「べき添字記法」を区別し場面に応じて使いわける必要がある．

簡単のためまず 3 次のモーメントについて考える．第 i 変数，第 j 変数，第 k 変数の 3 つの変数の間の **3 次の平均まわりの標本モーメント**を

$$m_{ijk} = \frac{1}{n}\sum_{t=1}^{n}(x_{ti} - \bar{x}_i)(x_{tj} - \bar{x}_j)(x_{tk} - \bar{x}_k) \tag{13}$$

と定義する．分散共分散のときと比較して，i, j, k の重なりのパターンはやや複雑となっており，用語上も定義上も i, j, k に重なりがあってもなくても同じものを用いるのがよい．m_{ijk} には 3 個の添字があるから，行列の形に配置することは不自然で，m_{ijk} を (i, j, k) 要素とする $M_3 = \{m_{ijk}\}$ を $p \times p \times p$ の 3 元(あるいは 3 次)の**多重配列**あるいは**テンソル**とよぶのがよい．

多重配列については「次数」と「元数」の 2 つの用語が用いられる．一般的には次数とよぶことが多いが，それぞれの軸の次元 p と区別するために，本稿では元数とよぶこととする．同様の区別は次節の分割表についても注意する必要がある．3 次のモーメントは添字の並べかえについて不変であり，i, j, k に重なりがある場合を含めて $m_{ijk} = m_{ikj} = m_{jik} = m_{jki} = m_{kij} = m_{kji}$ が成り立つ．すなわち M_3 は対称テンソルである．

より高次のモーメントについても，k 次のモーメントを

$$m_{i_1 \cdots i_k} = \frac{1}{n}\sum_{t=1}^{n}(x_{ti_1} - \bar{x}_{i_1})\cdots(x_{ti_k} - \bar{x}_{i_k}) \tag{14}$$

と定義する．これは**重複添字記法**を用いたモーメントの定義であり，添字に重なりがあるかないかを区別しない記法である．添字の重なり具合を明示的に考えて，それぞれの添字が何回使われたかを数えるとすると，変数 1 が k_1 回，$\cdots$，変数 p が k_p 回使われたとして

$$m_{k_1 \cdots k_p} = \frac{1}{n}\sum_{t=1}^{n}(x_{t1} - \bar{x}_1)^{k_1}\cdots(x_{tp} - \bar{x}_p)^{k_p} \tag{15}$$

という記法を用いることもできる．これが**べき添字記法**である．これらは単なる記法の違いであるから，場面によってより便利な記法を用いればよい．

以上は平均まわりのモーメントであるが，重複添字記法を用いて**原点まわりのモーメント**は

$$\bar{m}_{i_1\cdots i_k} = \frac{1}{n}\sum_{t=1}^{n} x_{ti_1}\cdots x_{ti_k} \tag{16}$$

と定義される．

ここではモーメントのみを説明したが，モーメントをキュムラントとよばれる量に変換して用いることも多い．高次のモーメントとキュムラントの関係については5章で述べる．

2.5 分 割 表

前節までの行列記法を用いた平均ベクトルや分散行列は主に量的変数に用いられるものである．質的変数の場合には分割表による記述が基本的であるから，ここでは分割表の記法を説明する．いま表1の10人の男子学生について喫煙の有無，および下宿者か否かということで分類して，頻度を数えてみると表2のようになる．

表2 喫煙と下宿による 2×2 分割表

	喫煙者	非喫煙者	行和
下宿	2	0	2
自宅	2	6	8
列和	4	6	10

このように複数の質的変数のカテゴリーのそれぞれの組合せの頻度を数えたものを**分割表**(contingency table)という．カテゴリーの組合せをセル(cell)とよぶ．上の 2×2 分割表は4個のセルからなる．いま10人のうち喫煙者の人数を数えると，それは表2の第1列の和として求まる．つまり喫煙の有無という変数に関する頻度は表2の**列和**として求まる．同様に下宿・自宅という変数に関する頻度は**行和**として求まる．個々のセルの頻度を同時頻度といい，列和や行和に現れる頻度を**周辺頻度**(marginal frequency)という．表2では右下に**総頻度**である $n=10$ が記入してある．

表2は喫煙と下宿という2つの質的変数の組合せの頻度を数えたものであり，2元の分割表という．これに表1の血液型をさらに考慮して，3つ

の質的変数のそれぞれの組合せの頻度を数えた場合には 3 元の分割表が得られる．さらに m 個の質的変数を組み合わせた分割表を「m 元の分割表」とよぶ．高次の分割表については，m 次とよばず m 元とよぶこととする．m 元の分割表の場合，周辺頻度は $m-1$ 元の組合せから，単一の変数に関する頻度までいくつもの段階があることに注意する．

2 元分割表の場合に戻り，1 つの変数のカテゴリー数が I 個，他の変数のカテゴリー数が J 個とすると，$I \times J$ 分割表が得られる．工業実験などの場面では，分割表の変数を「要因」，カテゴリーを「水準」とよぶことが多い．表 3 に $I \times J$ 分割表を示した．(i, j) セルの頻度を f_{ij} とし，行和，列和はそれぞれ

$$f_{i\cdot} = \sum_{j=1}^{J} f_{ij}, \qquad f_{\cdot j} = \sum_{i=1}^{I} f_{ij}$$

と記している．周辺頻度は，足し合わされた添字のところにドットのかわりに + を用いて f_{i+}, f_{+j} と記すことも多い．分割表では f_{ij} として頻度そのもの(絶対頻度)を用いることが多いが，相対頻度 f_{ij}/n を用いることもある．

表 3　$I \times J$ 分割表

	1	$\cdots$	J	行和
1	f_{11}	$\cdots$	f_{1J}	$f_{1\cdot}$
$\vdots$	$\vdots$		$\vdots$	$\vdots$
I	f_{I1}	$\cdots$	f_{IJ}	$f_{I\cdot}$
列和	$f_{\cdot 1}$	$\cdots$	$f_{\cdot J}$	n

特に行内，あるいは列内の相対頻度は解釈上重要である．これは条件つき確率に対応するものであるが，例えば第 i 行内の相対頻度は

$$\frac{f_{i1}}{f_{i\cdot}}, \ \ldots, \ \frac{f_{iJ}}{f_{i\cdot}}$$

である．例えば表 2 の第 2 行で，自宅生の中の喫煙者と非喫煙者の相対頻度はそれぞれ 2/8, 6/8 となっている．

次に 3 元の分割表を考えよう．$I \times J \times K$ 分割表の同時頻度を f_{ijk} と表

わす．周辺頻度は

$$f_{i\cdot\cdot} = \sum_{j=1}^{J}\sum_{k=1}^{K} f_{ijk}, \quad f_{ij\cdot} = \sum_{k=1}^{K} f_{ijk}$$

などと表わす．相対頻度も同様に定義される．

3元程度までだと2元の場合のように，それぞれの添字に異なる文字を割り当てるのが簡明であるが，一般の m 元分割表ではやや面倒になる．m 元分割表の同時頻度を二重添字を用いて $f_{i_1\cdots i_m}$ と表わしてもよいが，これまでと同様の周辺頻度の表わし方が m 元に拡張しにくい．例えば j 番目の変数について周辺和をとることを $f_{i_1\cdots+\cdots i_m}$ と書いても $+$ の位置がどこであるかすぐにはわからない．このような理由から，ここでは Lauritzen(1996)にならってやや抽象的な記法を導入することとする．一般の m 元の分割表の記法をここで考慮するのは，データ収集技術の発展とともに数100元といった高次元のデータも得られるようになっており，一般元数の記法を整理しておくことが重要だからである．ただし，以下で導入する記法はまだ必ずしも一般的ものではなく，場面に応じてわかりやすい記法を工夫することが重要である．まず m 個の変数の集合を Δ で表わす．m 個の変数に番号をつけて $\Delta = \{1, \cdots, m\}$ としてもよいが，例えば

$$\Delta = \{\text{喫煙，下宿，血液型}\}$$

のように具体的な変数名からなる集合と考えてもよい．個々の変数を $\delta \in \Delta$ と表わす．変数 δ のカテゴリーの集合を $\mathcal{I}_\delta$ と表わす．例えば

$$\mathcal{I}_{\text{血液型}} = \{\text{a, o, b, ab}\}$$

である．このときセルの集合は $\mathcal{I}_\delta$ の直積

$$\mathcal{I} = \prod_{\delta \in \Delta} \mathcal{I}_\delta$$

と表わすことができる．個々のセルを $\boldsymbol{i} \in \mathcal{I}$ と表わすこととする．二重添字記法の場合は $\boldsymbol{i} = (i_1, \cdots, i_m)$ と対応させればよい．個々のセルの同時頻度を $f(\boldsymbol{i})$ あるいは $f_{\boldsymbol{i}}$ と表わす．

変数の集合 Δ の部分集合を $a, b, \cdots$ などで表わす．特定の a 周辺セル $\boldsymbol{i}_a$ を

$$\boldsymbol{i}_a \in \mathcal{I}_a = \prod_{\delta \in a} \mathcal{I}_\delta$$

と表わす．$\mathcal{I}_a$ は a 周辺セルの集合である．a 周辺セル $\boldsymbol{i}_a$ の周辺頻度は

$$f(\boldsymbol{i}_a) = \sum_{\boldsymbol{j}:\, \boldsymbol{j}_a = \boldsymbol{i}_a} f(\boldsymbol{j})$$

と表わすことができる．ここで $\Delta = \{1, \cdots, m\}$, $\boldsymbol{i} = (i_1, \cdots, i_m)$, $\boldsymbol{j} = (j_1, \cdots, j_m)$ の場合には $\boldsymbol{i}_a = \boldsymbol{j}_a$ は $i_k = j_k$, $\forall k \in a$ を意味している．

次に 2 元表での特定の行内の相対頻度を多元分割表で考える．$b = \Delta \setminus a$ を a の補集合とし，特定の b 周辺セル $\boldsymbol{i}_b$ を固定して考える．このときセルの集合

$$\{(\boldsymbol{i}_a, \boldsymbol{i}_b) \mid \boldsymbol{i}_a \in \mathcal{I}_a\}$$

を m 元表の $\boldsymbol{i}_b$ 断面($\boldsymbol{i}_b$-slice)とよぶ．$\boldsymbol{i}_b$ 断面内の相対頻度は

$$\frac{f(\boldsymbol{i}_a, \boldsymbol{i}_b)}{f(\boldsymbol{i}_b)}, \quad \boldsymbol{i}_a \in \mathcal{I}_a$$

で与えられる．

3　回帰分析と最小 2 乗法

ここでは回帰分析と最小 2 乗法の記述統計的な側面について説明する．回帰分析に関しては佐和(1979)，早川(1986)などの成書がある．また線形モデルや最小 2 乗法という意味では，分散分析も回帰分析とまったく同じ手法である．分散分析に関しては 広津(1976)を参照されたい．回帰分析と最小 2 乗法の詳しい説明についてはこれらの成書にゆずるとして，ここでは主に線形代数と直交射影の観点から最小 2 乗法の理論を説明する．また説明変数が 1 個の場合の**単回帰分析**についてのある程度の知識を前提として，最初から説明変数が複数の場合の**重回帰分析**をとり扱う．なお，正規線形回帰モデルの推測については以下の 9 章で述べる．

3.1 回帰分析の行列表示

回帰分析では変数のうちで**説明変数**と**目的変数**を区別する．説明変数は独立変数ともいう．目的変数は従属変数，非説明変数，基準変数などともいう．回帰分析では説明変数の値を用いて目的変数の値を説明，あるいは予測することを目的とする．これを目的変数を説明変数に回帰する，ともいう．表1で学生の身長を考えてみよう．子供の身長には親からの遺伝があるから，学生の身長に父親の身長および母親の身長からの影響が現れると考えられる．そこで b_0, b_1, b_2 を係数として

$$\text{学生の身長} \doteq b_0 + b_1 \times \text{父身長} + b_2 \times \text{母身長} \tag{17}$$

と近似しよう．左辺の学生の身長が目的変数であり，右辺の父身長および母身長が説明変数である．b_1, b_2 はそれぞれ父身長および母身長にかかる**回帰係数**であり，b_0 は**定数項**とよばれる．式(17)の右辺のように線形式で近似することを**線形回帰**とよぶ．回帰式としてより複雑な非線形関数を用いることもおこなわれるが，それについては他書にゆずることとして，ここでは線形回帰式のみを考える．

回帰分析においてはデータ行列を列ごとに考えるのが便利である．目的変数ベクトルを $\boldsymbol{y}' = (y_1, \cdots, y_n)$，定数項を含めた回帰係数ベクトルを $\boldsymbol{b}' = (b_0, b_1, \cdots, b_p)$ とおく．また p 個の説明変数からなるデータ行列に第0列として $\mathbf{1}_n$ を加えた行列をここでは

$$\boldsymbol{X} = \begin{pmatrix} 1 & x_{11} & \ldots & x_{1p} \\ 1 & x_{21} & \ldots & x_{2p} \\ \vdots & & & \vdots \\ 1 & x_{n1} & \ldots & x_{np} \end{pmatrix} \tag{18}$$

とおく．$\boldsymbol{X}$ を**説明変数行列**あるいは**計画行列**という．$\boldsymbol{X}$ は $p+1$ 列からなるが，ここではこれらを第0列から第 p 列と数えることとする．さらに定数項に対応して $x_{t0} \equiv 1$ と定義する．式(17)の場合 $p = 2$ である．以上のように行列を定義すれば式(17)の近似式を n 個の個体について同時に考

えたものを

$$\boldsymbol{y} \doteq \boldsymbol{X}\boldsymbol{b} \tag{19}$$

と書くことができる．式(19)は n 次元ユークリッド空間 R^n において，$\boldsymbol{X}$ の $p+1$ 本の列ベクトルの 1 次結合によりベクトル $\boldsymbol{y}$ を近似することを意味する．通常は $n>p+1$ で式(19)を等式で成り立たせることができない場合を考える．このときの最適な係数ベクトル $\boldsymbol{b}$ を求める方法が次の**最小 2 乗法**である．ユークリッド空間 R^n の標準的なノルムである 2 乗ノルムに関して $\boldsymbol{y}$ を $\boldsymbol{X}\boldsymbol{b}$ で最良に近似する．すなわち

$$\sum_{t=1}^{n}(y_t - b_0x_{t0} - \cdots - b_px_{tp})^2 = \|\boldsymbol{y}-\boldsymbol{X}\boldsymbol{b}\|^2 \to \min \tag{20}$$

となる $\boldsymbol{b}$ を求める．

この節では

$$n>p+1 \qquad \text{かつ} \qquad \operatorname{rank}\boldsymbol{X} = p+1 \tag{21}$$

の条件を仮定する．ただし rank は行列のランクを表わす．この条件のもとで式(20)の最小値を与える解は

$$\boldsymbol{b} = (\boldsymbol{X}'\boldsymbol{X})^{-1}\boldsymbol{X}'\boldsymbol{y} \tag{22}$$

で与えられる．この解を**最小 2 乗解**という．最小 2 乗解を用いて**予測値ベクトル** $\hat{\boldsymbol{y}}$ および**残差ベクトル** $\boldsymbol{e}$ を

$$\begin{aligned}\hat{\boldsymbol{y}} &= \boldsymbol{X}\boldsymbol{b} = \boldsymbol{X}(\boldsymbol{X}'\boldsymbol{X})^{-1}\boldsymbol{X}'\boldsymbol{y} = \boldsymbol{P}_X\boldsymbol{y}\\ \boldsymbol{e} &= \boldsymbol{y}-\hat{\boldsymbol{y}} = (\boldsymbol{I}-\boldsymbol{P}_X)\boldsymbol{y}\end{aligned}$$

と定義する．ただし

$$\boldsymbol{P}_X = \boldsymbol{X}(\boldsymbol{X}'\boldsymbol{X})^{-1}\boldsymbol{X}' \tag{23}$$

とおいた．予測値ベクトル $\hat{\boldsymbol{y}}$ に対して，目的変数の実際の観測値からなるベクトル $\boldsymbol{y}$ を**実測値ベクトル**という．

予測値ベクトル $\hat{\boldsymbol{y}}$ は，$\boldsymbol{X}\boldsymbol{b}$ の形のベクトルの中で $\boldsymbol{y}$ を式(20)の意味で最もよく近似するベクトルであり，残差ベクトル $\boldsymbol{e}$ は $\hat{\boldsymbol{y}}$ で近似しきれなかった部分である．解釈としては，予測値は目的変数のうち説明変数の影響を表わす部分であり，残差ベクトルは目的変数から説明変数の影響をすべてとり除いた部分であると考えるとわかりやすい．また $\boldsymbol{P}_X$ は以下で述べるように，$\boldsymbol{X}$ の列ベクトルの張る空間への**直交射影行列**あるいは**直交射影子**

である．$\boldsymbol{P_X}$ の形より，$\boldsymbol{P_X}$ が次の 2 つの性質を満たすことが容易にわかる．

$$\boldsymbol{P}_{\boldsymbol{X}}^2 = \boldsymbol{P}_{\boldsymbol{X}} \qquad \text{（べき等性）}$$

$$\boldsymbol{P}_{\boldsymbol{X}} = \boldsymbol{P}_{\boldsymbol{X}}' \qquad \text{（対称性）}$$

実は，べき等性かつ対称性は直交射影子であることの必要十分条件である．

最小 2 乗解の導出にはいくつかの方法があるが，ここではまず式(22)の解の形がわかっているとして，この解を確認しよう．いま任意の $p+1$ 次元ベクトル $\boldsymbol{c}$ について $\|\boldsymbol{y}-\boldsymbol{X}\boldsymbol{c}\|^2$ を計算すると

$$\begin{aligned}\|\boldsymbol{y}-\boldsymbol{X}\boldsymbol{c}\|^2 &= \|(\boldsymbol{y}-\boldsymbol{X}\boldsymbol{b})+\boldsymbol{X}(\boldsymbol{b}-\boldsymbol{c})\|^2 \\ &= \|\boldsymbol{y}-\boldsymbol{X}\boldsymbol{b}\|^2+\|\boldsymbol{X}(\boldsymbol{b}-\boldsymbol{c})\|^2+2(\boldsymbol{b}-\boldsymbol{c})'\boldsymbol{X}'(\boldsymbol{y}-\boldsymbol{X}\boldsymbol{b}) \\ &= \|\boldsymbol{y}-\boldsymbol{X}\boldsymbol{b}\|^2+\|\boldsymbol{X}(\boldsymbol{b}-\boldsymbol{c})\|^2 \geq \|\boldsymbol{y}-\boldsymbol{X}\boldsymbol{b}\|^2\end{aligned}$$

である．クロス項が

$$\boldsymbol{X}'(\boldsymbol{y}-\boldsymbol{X}\boldsymbol{b}) = \boldsymbol{X}'\boldsymbol{y}-\boldsymbol{X}'\boldsymbol{X}\boldsymbol{b} = \boldsymbol{X}'\boldsymbol{y}-\boldsymbol{X}'\boldsymbol{y} = 0 \tag{24}$$

と消えるところが証明の要点である．これより式(22)の $\boldsymbol{b}$ が最小 2 乗解であることが確認された．

最小 2 乗解の異なる導出法としては式(20)を $\boldsymbol{b}$ の各要素で偏微分して 0 とおく方法がある．偏微分した $p+1$ 本の式を 2 で割ってから，並べて行列表示すると，容易に

$$(\boldsymbol{X}'\boldsymbol{X})\boldsymbol{b} = \boldsymbol{X}'\boldsymbol{y} \tag{25}$$

となることがわかり，同じ解が得られる．式(25)を最小 2 乗解の正規方程式という．正規方程式は式(24)と同値であることに注意しよう．

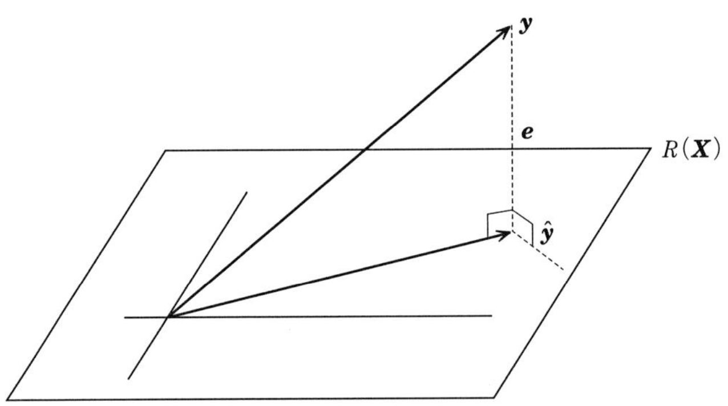

図 2　R^n での直交射影

最小 2 乗法は n 次元空間での直交射影を幾何的に考えると理解しやすい．いま $\boldsymbol{X}$ の列の張る R^n の中の $p+1$ 次元部分空間を $R(\boldsymbol{X})$ と表わす．$\boldsymbol{b} \in R^{p+1}$ を自由に動かすと $\boldsymbol{Xb}$ は $R(\boldsymbol{X})$ 全体をわたる．したがって式(20)の最小化は $R(\boldsymbol{X})$ の中で $\boldsymbol{y}$ に最も近いベクトルを見つけることにあたる．このためには図 2 にあるように $\boldsymbol{y}$ から $R(\boldsymbol{X})$ に垂線をおろせばよい．$\hat{\boldsymbol{y}} = \boldsymbol{Xb}$ は $R(\boldsymbol{X})$ に属するベクトルである．

ところで式(24)は残差ベトクル $\boldsymbol{e} = \boldsymbol{y} - \boldsymbol{Xb}$ と $\boldsymbol{X}$ の各列の内積が 0，すなわち $\boldsymbol{e}$ が $\boldsymbol{X}$ の各列と直交することを示している．したがって $\boldsymbol{e}$ は $R(\boldsymbol{X})$ 内のすべてのベクトルと直交する．このことは $\hat{\boldsymbol{y}} = \boldsymbol{Xb}$ が $\boldsymbol{y}$ から $R(\boldsymbol{X})$ におろした垂線の足であることを示している．また $\hat{\boldsymbol{y}} = \boldsymbol{P}_X\boldsymbol{y}$ と書けるから，$\boldsymbol{P}_X$ という行列が $\boldsymbol{y}$ を $\hat{\boldsymbol{y}} \in R(\boldsymbol{X})$ に射影する働きを持っていることがわかる．このため $\boldsymbol{P}_X$ を $R(\boldsymbol{X})$ への直交射影行列あるいは直交射影子というのである．

同様に $\boldsymbol{e} = (\boldsymbol{I} - \boldsymbol{P}_X)\boldsymbol{y}$ の関係から $\boldsymbol{I} - \boldsymbol{P}_X$ が $R(\boldsymbol{X})$ の直交補空間 $R(\boldsymbol{X})^{\perp}$ への直交射影子であることもわかる．$\boldsymbol{P}_X$ の対称性とべき等性より，$\boldsymbol{I} - \boldsymbol{P}_X$ もべき等性と対称性を満たすことがすぐにわかる．

3.2 平方和の分解と決定係数

定数項を含む回帰分析においては，平均偏差に直して式を考えることが多い．これは定数項を掃き出すことに対応する．いま式(18)の説明変数行列 $\boldsymbol{X}$ を第 0 列と第 1 列以降に分割して，$\boldsymbol{X} = (\boldsymbol{1}_n, \boldsymbol{X}_1)$ とする．ただし $\boldsymbol{X}_1$ は p 個の説明変数のデータ行列である．この分割に対応して $\boldsymbol{S} = \boldsymbol{X}'\boldsymbol{X}$ を分割して 2.3 節の分割行列の掃き出しの結果を用いよう．ただし，ここでは添字を $1 \to 0$, $2 \to 1$ とずらして用いることとする．また，ここでの $\boldsymbol{S}$ は分散行列ではないことに注意する．分割の結果は $\boldsymbol{S}_{00} = \boldsymbol{1}_n'\boldsymbol{1}_n = n$, $\boldsymbol{S}_{01} = n\bar{\boldsymbol{x}}' = n(\bar{x}_1, \cdots, \bar{x}_p)$, $\boldsymbol{S}_{11} = \boldsymbol{X}_1'\boldsymbol{X}_1$ である．このとき式(10)と式(2)より

$$\boldsymbol{S}_{11\cdot 0} = \boldsymbol{X}_1'\boldsymbol{X}_1 - n\bar{\boldsymbol{x}}\bar{\boldsymbol{x}}' = n\boldsymbol{S}_{xx} = \tilde{\boldsymbol{X}}_1'\tilde{\boldsymbol{X}}_1$$

となることがわかる．ただし $\boldsymbol{S}_{xx}$ は $\boldsymbol{X}_1$ の分散行列であり $\tilde{\boldsymbol{X}}_1 = \boldsymbol{X}_1 - \boldsymbol{1}_n\bar{\boldsymbol{x}}'$ は $\boldsymbol{X}_1$ の平均偏差行列である．さらに式(12)を用いて $(\boldsymbol{X}'\boldsymbol{X})^{-1}\boldsymbol{X}'$ および

$\boldsymbol{b} = (\boldsymbol{X}'\boldsymbol{X})^{-1}\boldsymbol{X}'\boldsymbol{y}$ を評価する．

$$\begin{pmatrix} 1 & 0 \\ -\boldsymbol{S}_{10}\boldsymbol{S}_{00}^{-1} & \boldsymbol{I} \end{pmatrix} \boldsymbol{X}' = \begin{pmatrix} 1 & 0 \\ -\bar{\boldsymbol{x}} & \boldsymbol{I} \end{pmatrix} \begin{pmatrix} \boldsymbol{1}_n' \\ \boldsymbol{X}_1' \end{pmatrix} = \begin{pmatrix} \boldsymbol{1}_n' \\ \tilde{\boldsymbol{X}}_1' \end{pmatrix}$$

に注意すれば

$$\begin{aligned} (\boldsymbol{X}'\boldsymbol{X})^{-1}\boldsymbol{X}' &= \begin{pmatrix} 1 & -\bar{\boldsymbol{x}}' \\ 0 & \boldsymbol{I} \end{pmatrix} \begin{pmatrix} 1/n & 0 \\ 0 & \boldsymbol{S}_{xx}^{-1}/n \end{pmatrix} \begin{pmatrix} \boldsymbol{1}_n' \\ \tilde{\boldsymbol{X}}_1' \end{pmatrix} \\ &= \frac{1}{n} \begin{pmatrix} 1 & -\bar{\boldsymbol{x}}' \\ 0 & \boldsymbol{I} \end{pmatrix} \begin{pmatrix} \boldsymbol{1}_n' \\ \boldsymbol{S}_{xx}^{-1}\tilde{\boldsymbol{X}}_1' \end{pmatrix} \qquad (26) \end{aligned}$$

を得る．これより

$$\boldsymbol{b} = (\boldsymbol{X}'\boldsymbol{X})^{-1}\boldsymbol{X}'\boldsymbol{y} = \begin{pmatrix} 1 & -\bar{\boldsymbol{x}}' \\ 0 & \boldsymbol{I} \end{pmatrix} \begin{pmatrix} \bar{y} \\ \boldsymbol{S}_{xx}^{-1}\boldsymbol{s}_{xy} \end{pmatrix} = \begin{pmatrix} \bar{y} - \bar{\boldsymbol{x}}'\boldsymbol{S}_{xx}^{-1}\boldsymbol{s}_{xy} \\ \boldsymbol{S}_{xx}^{-1}\boldsymbol{s}_{xy} \end{pmatrix}$$

と書ける．ただし，$\boldsymbol{s}_{xy}$ は p 個の説明変数と目的変数 y の標本共分散を表わす p 次元のベクトルであり，$\tilde{\boldsymbol{X}}_1'\boldsymbol{y} = \boldsymbol{X}_1'\boldsymbol{y} - n\bar{y}\bar{\boldsymbol{x}} = n\boldsymbol{s}_{xy}$ を導くには式(2)を再度用いた．したがって，定数項を除いた説明変数の回帰係数の部分 $\tilde{\boldsymbol{b}} = (b_1, \cdots, b_p)'$ は

$$\tilde{\boldsymbol{b}} = \boldsymbol{S}_{xx}^{-1}\boldsymbol{s}_{xy} \qquad (27)$$

と求まり，定数項は

$$b_0 = \bar{y} - \bar{\boldsymbol{x}}'\tilde{\boldsymbol{b}}$$

と後から求めることもできる．式(27)は式(9)に対応している．

いま定義的な関係 $\boldsymbol{y} = \hat{\boldsymbol{y}} + \boldsymbol{e}$ に左から $\boldsymbol{1}_n'$ をかけて要素の和をとると，式(24)の $0 = \boldsymbol{X}'\boldsymbol{e}$ の第 0 式より $\boldsymbol{1}_n'\boldsymbol{e} = 0$ である．これより予測値ベクトルの標本平均は実測値ベクトルの標本平均 $\bar{y}$ に一致することがわかる．そこで平均偏差をとり

$$\boldsymbol{y} - \bar{y}\boldsymbol{1}_n = (\hat{\boldsymbol{y}} - \bar{y}\boldsymbol{1}_n) + \boldsymbol{e}$$

の関係を考えよう．$\boldsymbol{1}_n'\boldsymbol{e} = 0$ および $\hat{\boldsymbol{y}}'\boldsymbol{e} = \boldsymbol{b}'\boldsymbol{X}'\boldsymbol{e} = 0$ に注意すれば右辺の $\hat{\boldsymbol{y}} - \bar{y}\boldsymbol{1}_n$ と $\boldsymbol{e}$ が直交することがわかる．これより

$$\|\boldsymbol{y} - \bar{y}\boldsymbol{1}_n\|^2 = \|\hat{\boldsymbol{y}} - \bar{y}\boldsymbol{1}_n\|^2 + \|\boldsymbol{e}\|^2$$

あるいは要素ごとに書けば

$$\sum_{t=1}^{n}(y_t-\bar{y})^2=\sum_{t=1}^{n}(\hat{y}_t-\bar{y})^2+\sum_{t=1}^{n}e_t^2 \tag{28}$$

を得る．それぞれの項は**全平方和**，**回帰平方和**，**残差平方和**とよばれ，式(28)の等式は**平方和の分解**とよばれる．図 2 には $\boldsymbol{y}$ および $\hat{\boldsymbol{y}}$ が原点から出ている形で描かれているが，それぞれを平均偏差の形にしても同様の図となり，式(28)は直角三角形のピタゴラスの定理にあたるものである．

また定数項 $b_0=\bar{y}-\bar{\boldsymbol{x}}'\tilde{\boldsymbol{b}}$ を $\hat{\boldsymbol{y}}=\boldsymbol{X}\boldsymbol{b}=b_0\mathbf{1}_n+\boldsymbol{X}_1\tilde{\boldsymbol{b}}$ に代入すれば

$$\hat{\boldsymbol{y}}=\bar{y}\mathbf{1}_n+(\boldsymbol{X}_1-\mathbf{1}_n\bar{\boldsymbol{x}}')\tilde{\boldsymbol{b}}=\bar{y}\mathbf{1}_n+\tilde{\boldsymbol{X}}_1\tilde{\boldsymbol{b}}$$

となるから，回帰平方和は式(27)より

$$\|\hat{\boldsymbol{y}}-\bar{y}\mathbf{1}_n\|^2=\tilde{\boldsymbol{b}}'\tilde{\boldsymbol{X}}_1'\tilde{\boldsymbol{X}}_1\tilde{\boldsymbol{b}}=n\boldsymbol{s}_{xy}'\tilde{\boldsymbol{b}}=n\boldsymbol{s}_{xy}'\boldsymbol{S}_{xx}^{-1}\boldsymbol{s}_{xy}$$

と書ける．このことからさらに残差平方和は

$$\|\boldsymbol{e}\|^2=\|\boldsymbol{y}-\bar{y}\mathbf{1}_n\|^2-\|\hat{\boldsymbol{y}}-\bar{y}\mathbf{1}_n\|^2=n(s_{yy}-\boldsymbol{s}_{xy}'\boldsymbol{S}_{xx}^{-1}\boldsymbol{s}_{xy}) \tag{29}$$

となる．式(29)は式(10)に対応している．

平方和の分解に基づき**決定係数** R^2 を

$$R^2=\frac{\text{回帰平方和}}{\text{全平方和}}=1-\frac{\text{残差平方和}}{\text{全平方和}} \tag{30}$$

と定義する．決定係数は回帰式のあてはまりのよさの尺度である．$0\leq R^2\leq 1$ であり，R^2 が 1 に近いほど $\hat{\boldsymbol{y}}$ が $\boldsymbol{y}$ に近く，回帰式のあてはまりがよい．R^2 の正の平方根 R を**重相関係数**という．重相関係数は実測値ベクトル $\boldsymbol{y}$ と予測値ベクトル $\hat{\boldsymbol{y}}$ の間の相関係数に一致することが示される．

3.3　多変数多重回帰と変数群の掃き出し

ここまでは目的変数として単一の変数を考えたが，説明変数の組を共通として，複数の目的変数についてそれぞれ最小 2 乗法をあてはめることを考える．目的変数が複数の場合を**多変数多重回帰**という．複数の目的変数ベクトルを並べた行列を $\boldsymbol{X}_2$ とし，これを説明変数行列 $\boldsymbol{X}_1$ に付け加えて

$$(\boldsymbol{X}_1\ \boldsymbol{X}_2)$$

という分割行列を考えよう．このデータ行列に基づく分散行列を

$$\begin{pmatrix} \boldsymbol{S}_{11} & \boldsymbol{S}_{12} \\ \boldsymbol{S}_{21} & \boldsymbol{S}_{22} \end{pmatrix}$$

とおく．いま $\boldsymbol{X}_2$ の各列を目的変数ベクトルとして(定数項を除く)回帰係数を求めれば式(27)の形に得られるから，それらを行列に並べたものは

$$\boldsymbol{S}_{11}^{-1}\boldsymbol{S}_{12}$$

となる．したがって式(9)に示したように，これを回帰係数行列とよぶわけである．またそれぞれの回帰式の残差ベクトルの分散と，残差ベクトル間の共分散を並べた行列は式(29)の導出と同様に

$$\boldsymbol{S}_{22\cdot 1} = \boldsymbol{S}_{22} - \boldsymbol{S}_{21}\boldsymbol{S}_{11}^{-1}\boldsymbol{S}_{12}$$

となることが示される．したがって式(10)に示したように，これを残差分散行列とよぶわけである．

前節の議論では定数項をやや特別扱いして，定数項を掃き出す操作を詳しく考えた．定数項を掃き出すことは回帰分析の通常の操作である．しかしながら数学的には必ずしも定数項を特別扱いする必要はなく，任意の複数の説明変数を掃き出して考えることができる．以下で示すように，これは直交射影を互いに直交する部分的な 2 つの直交射影に分解することを意味する．

定数項とそれ以外の説明変数の区別をせず，説明変数群を 2 つに分け，説明変数行列を $\boldsymbol{X} = (\boldsymbol{X}_0\ \boldsymbol{X}_1)$ と分ける．前節と同様 $\boldsymbol{S} = \boldsymbol{X}'\boldsymbol{X}$ とし，これも 2×2 のブロックに分ける．ここでは目的変数ベクトルは再び単一のベクトル $\boldsymbol{y}$ とし，説明変数を 2 つの群に分けたと考える．定数項を掃き出した過程をこの場合に再度たどってみると次のようになる．

まず $\boldsymbol{X}_1$ の平均偏差行列にあたるものは，式(11)で定義しているように，$\boldsymbol{X}_1$ を多変数多重回帰の意味で $\boldsymbol{X}_0$ に回帰した残差行列であり，それを

$$\tilde{\boldsymbol{X}}_1 = \boldsymbol{X}_1 - \boldsymbol{X}_0\boldsymbol{S}_{00}^{-1}\boldsymbol{S}_{01} = (\boldsymbol{I} - \boldsymbol{P}_{\boldsymbol{X}_0})\boldsymbol{X}_1$$

とおく．このとき，定数項の掃き出しと同様の過程をたどると

$$\boldsymbol{S}_{11\cdot0} = \tilde{\boldsymbol{X}}_1'\tilde{\boldsymbol{X}}_1$$

$$\begin{pmatrix} \boldsymbol{I} & 0 \\ -\boldsymbol{S}_{10}\boldsymbol{S}_{00}^{-1} & \boldsymbol{I} \end{pmatrix} \boldsymbol{X}' = \begin{pmatrix} \boldsymbol{X}_0' \\ \tilde{\boldsymbol{X}}_1' \end{pmatrix}$$

$$(\boldsymbol{X}'\boldsymbol{X})^{-1}\boldsymbol{X}' = \begin{pmatrix} \boldsymbol{I} & -\boldsymbol{S}_{00}^{-1}\boldsymbol{S}_{01} \\ 0 & \boldsymbol{I} \end{pmatrix} \begin{pmatrix} \boldsymbol{S}_{00}^{-1}\boldsymbol{X}_0' \\ \boldsymbol{S}_{11\cdot0}^{-1}\tilde{\boldsymbol{X}}_1' \end{pmatrix} \tag{31}$$

となることがわかる．また $\boldsymbol{y}$ を $\boldsymbol{X}_0$ に回帰したときの残差ベクトルを $\tilde{\boldsymbol{y}} = (\boldsymbol{I} - \boldsymbol{P}_{\boldsymbol{X}_0})\boldsymbol{y}$ と書けば，$\boldsymbol{I} - \boldsymbol{P}_{\boldsymbol{X}_0}$ の対称性とべき等性より

$$\tilde{\boldsymbol{X}}_1'\boldsymbol{y} = \boldsymbol{X}_1'(\boldsymbol{I} - \boldsymbol{P}_{\boldsymbol{X}_0})\boldsymbol{y} = \boldsymbol{X}_1'(\boldsymbol{I} - \boldsymbol{P}_{\boldsymbol{X}_0})(\boldsymbol{I} - \boldsymbol{P}_{\boldsymbol{X}_0})\boldsymbol{y} = \tilde{\boldsymbol{X}}_1'\tilde{\boldsymbol{y}}$$

である．以上より $\boldsymbol{b} = (\boldsymbol{X}'\boldsymbol{X})^{-1}\boldsymbol{X}'\boldsymbol{y}$ を

$$\boldsymbol{b} = \begin{pmatrix} \boldsymbol{b}_0 \\ \boldsymbol{b}_1 \end{pmatrix}$$

と分割するとき

$$\boldsymbol{b}_1 = \boldsymbol{S}_{11\cdot0}^{-1}\boldsymbol{s}_{1y\cdot0}, \qquad \boldsymbol{s}_{1y\cdot0} = \tilde{\boldsymbol{X}}_1'\tilde{\boldsymbol{y}} \tag{32}$$

となることがわかる．つまり，$\boldsymbol{X}_1$ にかかる回帰係数ベクトルは，次のように 2 段階で求められることがわかる．(1)目的変数ベクトル $\boldsymbol{y}$ および説明変数行列 $\boldsymbol{X}_1$ をすべて $\boldsymbol{X}_0$ に回帰し，それぞれ残差 $\tilde{\boldsymbol{y}}, \tilde{\boldsymbol{X}}_1$ を取る，(2)$\tilde{\boldsymbol{y}}$ を $\tilde{\boldsymbol{X}}_1$ に回帰する．

以上の回帰係数ベクトルの性質は，回帰分析の解釈上重要である．いま $\boldsymbol{X}_1$ として単一の説明変数をとり，$\boldsymbol{X}_0$ として他のすべての説明変数をとった場合を考える．このとき $\boldsymbol{X}_1$ の係数 $\boldsymbol{b}_1$ は，他の説明変数の影響を含まず，$\boldsymbol{X}_1$ のみの影響を表わす係数と解釈できるのである．この意味で，回帰係数ベクトルは**偏回帰係数ベクトル**とよばれることがある．

なお式(31)に左から $\boldsymbol{X}$ をかけて直交射影行列 $\boldsymbol{P}_{\boldsymbol{X}} = \boldsymbol{X}(\boldsymbol{X}'\boldsymbol{X})^{-1}\boldsymbol{X}'$ を分解すると，直交射影が

$$\boldsymbol{P}_{\boldsymbol{X}} = \boldsymbol{P}_{\boldsymbol{X}_0} + \boldsymbol{P}_{\tilde{\boldsymbol{X}}_1}$$

と 2 つの互いに直交する射影の和に分解されることがわかる．この分解の様子を図 3

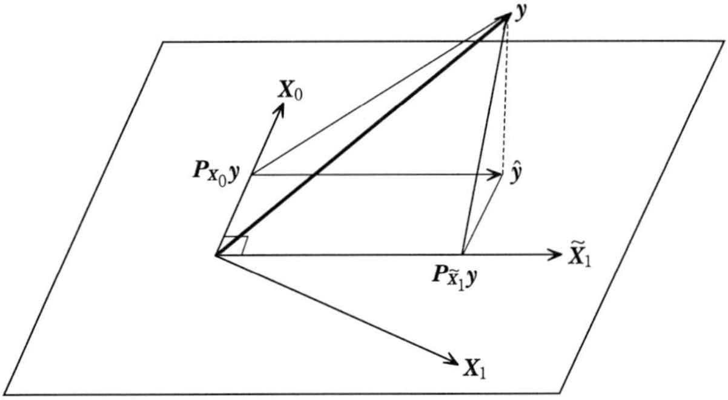

図 **3** 直交射影の分解

3.4 偏相関係数に関する注意

以上で最小 2 乗法の一通りの説明がおわったが，以下では偏相関係数についてより具体的に検討してみよう．まず $p=3$ の簡単な場合に変数 2, 3 を変数 1 に回帰したときの偏相関係数は，その定義より

$$\begin{aligned} r_{23\cdot 1} &= \frac{s_{23}-s_{12}s_{13}/s_{11}}{\sqrt{(s_{22}-s_{12}^2/s_{11})(s_{33}-s_{13}^2/s_{11})}} \\ &= \frac{r_{23}-r_{12}r_{13}}{\sqrt{(1-r_{12}^2)(1-r_{13}^2)}} \end{aligned}$$

となることがわかる．

一般の p については以下が成り立つ．$\boldsymbol{S}^{-1}$ の要素を上付きの添字を用いて s^{ij} と表わす．式(12)で見たように，$\boldsymbol{S}^{-1}$ の逆行列 $(2,2)$ ブロックは $\boldsymbol{S}_{22\cdot 1}^{-1}$ の形をしている．ここで $\boldsymbol{S}_{22\cdot 1}$ が 2×2 行列の場合を考え

$$\boldsymbol{S}_{22\cdot 1} = \begin{pmatrix} v_{11} & v_{12} \\ v_{21} & v_{22} \end{pmatrix}, \qquad v_{12}=v_{21}$$

とする．このとき $\boldsymbol{S}^{-1}$ の $(2,2)$ ブロックは

$$\begin{pmatrix} s^{p-1,p-1} & s^{p-1,p} \\ s^{p,p-1} & s^{pp} \end{pmatrix} = \boldsymbol{S}_{22\cdot 1}^{-1} = \frac{1}{v_{11}v_{22} - v_{12}^2} \begin{pmatrix} v_{22} & -v_{12} \\ -v_{21} & v_{11} \end{pmatrix}$$

となり，非対角要素が定数倍 $(-1)/(v_{11}v_{22} - v_{12}^2)$ を除いて v_{12} に一致している．定数倍は相関係数に直すと消えてしまうから

$$-\frac{s^{p-1,p}}{\sqrt{s^{p-1,p-1}s^{pp}}} = \frac{v_{12}}{\sqrt{v_{11}v_{22}}}$$

となるが，右辺は，第 $p-1$ 変数と第 p 変数を変数 $1,\cdots,p-2$ に回帰した残差間の偏相関係数 $r_{p-1,p\cdot 1,\cdots,p-2}$ である．さらに，行と列を並べかえることによって，$\boldsymbol{S}^{-1}$ の $(i,i),(i,j),(j,i),(j,j)$ 要素からなる 2×2 部分行列で考えても同様であることに注意すると

$$r_{ij\cdot\cdots} = -\frac{s^{ij}}{\sqrt{s^{ii}s^{jj}}}, \qquad i \neq j \tag{33}$$

は第 i 変数と第 j 変数を他のすべての変数に回帰したときの偏相関係数に一致する．この事実はグラフィカルモデルを用いた分析において多用される．

実際のデータ解析の場面では，相関係数 r_{ij} と偏相関係数 $r_{ij\cdot\cdots}$ の符号が異なることがあり，このことの解釈が難しいとされることが多い．歴史的に有名な例としては Hooker(1907)によって，イギリスでは寒い年ほど作物の成育がよいという事実についての説明があり，これが第 3 の変数である降雨量の影響のためであることが示されている．つまり寒い年ほど降雨量が多く，降雨が作物の成育を促す影響のほうが温度の影響より大きいために，寒い年ほど作物の成育がよいという現象が生じる．降雨量の影響をとり除けば，温度と作物の成育の偏相関は正である．このような例を質的変数について考えると，分割表の問題となり，分割表の文脈では上のような例は **Simpson** のパラドックスとよばれている．

回帰分析では目的変数 y は量的変数である場合を考えるが，説明変数の中には質的変数が含まれていてもかまわない．実際に分散分析の手法は，質的変数を用いた回帰分析と考えることもできる．技術的には，分散分析の場合には説明変数行列のランクが落ちるという問題が生じる．この章では説明変数行列 $\boldsymbol{X}$ のランクが $p+1$ であることを仮定してきたが，分散分析の

場合には，質的説明変数の和が定数項と一致してしまうために，ランクが p 以下となる．この場合には回帰係数の一意性が失われるなどの面倒な点が生じるが，幾何学的な直交射影の観点から考えれば，この章で説明した内容は分散分析の場合にも拡張される．分散分析の文脈で量的変数も説明変数として追加的に用いる場合には，量的説明変数を**共変量**(covariate)とよぶことが多い．また主に心理学や社会調査の分野では質的説明変数にかかる回帰係数を，その質的変数の影響を数値化したものと解釈することがあり，そのような手法を**数量化理論**とよんでいる．

4 多変量記述統計の諸手法

ここでは主成分分析，判別分析，正準相関分析の 3 つの多変量解析の手法について基本的な事項を紹介する．これらの手法および前章で扱った直交射影行列について詳しくは竹内と柳井(1972)を参照されたい．また準備的な事項として，正規直交軸への射影について説明する．

4.1 正規直交軸への射影

最小 2 乗法においては直交射影行列が重要な役割を果たしていた．最小 2 乗法で考えた射影は n 次元空間 R^n での射影であったが，ここでは R^p で座標軸の回転に対応する射影を考える．射影する部分空間の正規直交基底が求められている場合には，射影はきわめて簡明となる．

まず単一のベクトルの場合から説明する．$\boldsymbol{a} = (a_1, \cdots, a_p)'$ を長さ 1 のベクトル

$$\|\boldsymbol{a}\|^2 = a_1^2 + \cdots + a_p^2 = 1$$

とする．長さ 1 のベクトルを以下では**方向ベクトル**とよぶことにする．式(4)の合成変数 $\boldsymbol{a}'\boldsymbol{x}$ は $\boldsymbol{x}$ から $\boldsymbol{a}$ 軸方向におろした垂線の足と原点との距離を表わす．これは $\boldsymbol{a}$ と $\boldsymbol{x}$ の間の角を θ とするとき，図 4 にあるよ

うに

$$a'x = \|a\| \times \|x\| \times \cos\theta = \|x\| \times \cos\theta$$

と書けるからである．垂線の足を表わすベクトルは

$$\hat{x} = (a'x)a = aa'x$$

と書ける．また $a'x$ の値は，a を第 1 軸とするように座標軸を回転したときの，x の第 1 軸の座標の値と理解できる．$a'x$ の値を**方向余弦**という．

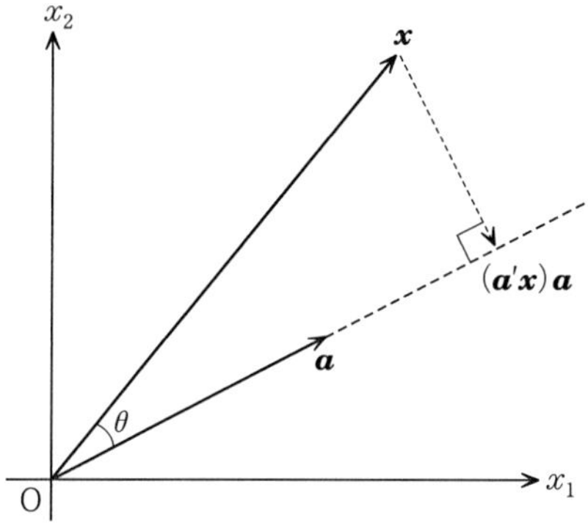

図 **4**　方向余弦

次に a, b を互いに直交する方向ベクトルとする．このとき a, b の 2 つの方向ベクトルで張られる平面 L に直交射影した足は

$$\hat{x} = (a'x)a + (b'x)b = (aa' + bb')x$$

と書ける．実際 $\hat{x}$ は明らかに L に属し，さらに

$$(x - \hat{x})'a = (x - \hat{x})'b = 0$$

より $\hat{x} - x$ は L と直交する．したがって，$\hat{x}$ は x から L に垂線を下ろした足となっている．

一般に $a_1, \cdots, a_q$ を q 本の互いに直交する方向ベクトルとし，L を $a_1, \cdots, a_q$ で張られる q 次元の線形部分空間とすると，x を L に直交射影した足は

$$\hat{x} = (a_1'x)a_1 + \cdots + (a_q'x)a_q = (a_1a_1' + \cdots + a_qa_q')x = AA'x$$

と書ける．ただし $A = (a_1, \cdots, a_q)$ である．$a_1'x, \cdots, a_q'x$ は $a_1, \cdots, a_q$ が

それぞれ第 1 軸，…，第 q 軸となるように座標軸を回転したときの，$\boldsymbol{x}$ の第 1 軸から第 q 軸までの座標の値と理解できる．$\boldsymbol{A}$ の列は正規直交であるから，$\boldsymbol{A}'\boldsymbol{A} = \boldsymbol{I}_q$ であり

$$\boldsymbol{A}\boldsymbol{A}' = \boldsymbol{A}(\boldsymbol{A}'\boldsymbol{A})^{-1}\boldsymbol{A}'$$

と書けるから，式(23)より $\boldsymbol{A}\boldsymbol{A}'$ が直交射影子になっていることが確かめられる．以上のように正規直交軸への射影は方向余弦を個別に求めるだけでよく，非常に簡明であることがわかった．

4.2 集中楕円と主成分分析

図 1 のような 2 次元の散布図において，平均ベクトルと分散行列の解釈を再度考えてみよう．標本平均ベクトル $\bar{\boldsymbol{x}} = (1/n)\sum_{t=1}^{n}\boldsymbol{x}_t$ は n 個の観測値ベクトルの重心であるから，散布図の真中のあたりのベクトルとなるであろう．図 1 では点の数が 10 点と少ないが，1 変量のヒストグラムと同様に考えてみると，2 次元の散布図では標本平均ベクトルのまわりに比較的点が密となり，標本平均ベクトルから離れるにつれて点が疎らになるのが普通である．さらに，点が楕円上に分布する場合も多い．このような場合，散布図に楕円を当てはめることが考えられる．これが**集中楕円**の概念であり，集中楕円は分散行列 $\boldsymbol{S}$ を用いて次の方程式で定義される．

$$(\boldsymbol{x} - \bar{\boldsymbol{x}})'\boldsymbol{S}^{-1}(\boldsymbol{x} - \bar{\boldsymbol{x}}) = c^2 \tag{34}$$

c は楕円の大きさを表わし，$c > 0$ を変えることによって $\bar{\boldsymbol{x}}$ を中心とする同心楕円の族ができる(図 5)．

式(34)が楕円体を表わすことは，分散行列のスペクトル分解を用いて確認できる．ここでは，実対称行列のスペクトル分解，あるいは直交行列を用いた実対称行列の対角化の結果を用いるので，これになじみのない読者は線形代数の教科書で 2 次形式の部分を参照されたい．標本分散行列 $\boldsymbol{S}$ は正定値対称行列であるから，$\boldsymbol{S}$ は直交行列によって対角化できる．すなわち $d_1 \geq \cdots \geq d_p$ を $\boldsymbol{S}$ の固有値とし，$\boldsymbol{a}_i$ を d_i に属する長さ 1 の固有ベクトルとするとき，$\boldsymbol{A} = (\boldsymbol{a}_1, \cdots, \boldsymbol{a}_p)$ は直交行列($\boldsymbol{A}\boldsymbol{A}' = \boldsymbol{A}'\boldsymbol{A} = \boldsymbol{I}_p$)となり，$\boldsymbol{S}$ は

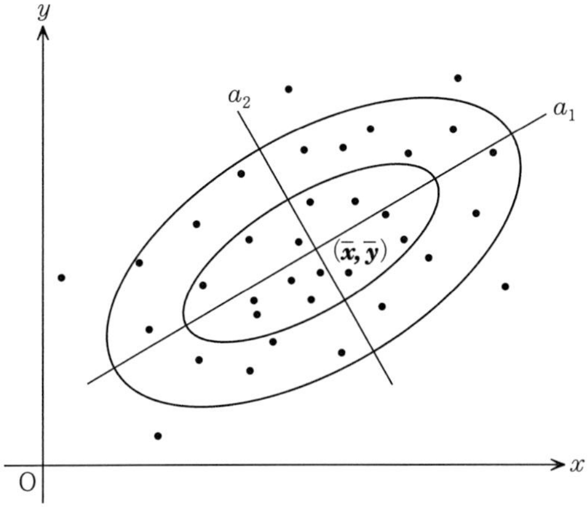

図 **5**　集中楕円の概念

$$S = ADA' = \sum_{i=1}^{p} d_i \boldsymbol{a}_i \boldsymbol{a}_i' \tag{35}$$

と書ける．ただし $\boldsymbol{D} = \mathrm{diag}(d_1, \cdots, d_p)$ は固有値を対角要素とする対角行列である．また $\boldsymbol{S}$ は正定値であるから固有値 d_i はすべて正である．式(35)の逆行列をとれば，$\boldsymbol{A}$ が直交行列であることにより $\boldsymbol{S}^{-1} = \boldsymbol{A}\boldsymbol{D}^{-1}\boldsymbol{A}' = \sum_{i=1}^{p}(1/d_i)\boldsymbol{a}_i\boldsymbol{a}_i'$ となり，式(34)の方程式が

$$c^2 = \sum_{i=1}^{p} \frac{(\boldsymbol{a}_i'(\boldsymbol{x} - \bar{\boldsymbol{x}}))^2}{d_i}$$

と表わされる．これにより，原点を $\bar{\boldsymbol{x}}$ に移動し，$\boldsymbol{A}$ の列ベクトルのなす正規直交基底に座標軸を回転してやれば，式(34)の方程式が楕円体を表わすことがわかる．また $\boldsymbol{a}_1$ は楕円体の「第 1 長軸」方向を表わす方向ベクトルであり，$\sqrt{d_1}$ が「第 1 長軸」方向の楕円体の長さを表わす．以下 $\boldsymbol{a}_2$ が楕円体の第 2 長軸方向ベクトル，$\sqrt{d_2}$ がその方向の楕円体の長さを表わす，等々である．

図 5 の集中楕円を見ると，分布の中心である標本平均ベクトル $\bar{\boldsymbol{x}}$ を中心として，楕円が中心から離れるほど点が疎らとなり，分布の中心から離れる感じがする．この意味で，同じ同心楕円上の点が標本平均ベクトル $\bar{\boldsymbol{x}}$ か

ら一定の距離にあると定義した距離を考えることができる．このような考え方の距離を **Mahalanobis** の距離とよび，その 2 乗を

$$d_S(\boldsymbol{x}, \bar{\boldsymbol{x}})^2 = (\boldsymbol{x} - \bar{\boldsymbol{x}})'\boldsymbol{S}^{-1}(\boldsymbol{x} - \bar{\boldsymbol{x}}) \tag{36}$$

と定義する．$d_S(\boldsymbol{x}, \bar{\boldsymbol{x}})$ は観測ベクトル $\boldsymbol{x}$ が分布の中心 $\bar{\boldsymbol{x}}$ から集中楕円の意味でどのくらい離れているかを表わすものであり，特に 1 次元の場合は

$$d_S(x, \bar{x}) = \frac{|x - \bar{x}|}{s}$$

となり，標準化した観測値の絶対値を表わす．

多変量解析の重要な手法の 1 つである**主成分分析**は，実は式(35)の分散行列 $\boldsymbol{S}$ のスペクトル分解そのものである．あるいは，集中楕円を表わす図 5 において，原点を平均ベクトルに移し，座標軸を集中楕円の軸方向 $\boldsymbol{a}_1, \cdots, \boldsymbol{a}_p$ に回転した上でデータを眺めることと言ってもよい．主成分分析では，式(35)の $\boldsymbol{a}_i$ を**第 $\boldsymbol{i}$ 主成分係数ベクトル**とよび，$\boldsymbol{a}_i$ を係数ベクトルとする総合得点 $\boldsymbol{a}_i'(\boldsymbol{x} - \bar{\boldsymbol{x}})$ を**第 $\boldsymbol{i}$ 主成分得点**とよぶ．

主成分得点は，このように平均偏差の形で考えることが多い．また 4.1 節で述べたように主成分得点は観測値ベクトルを $\boldsymbol{a}_i$ 方向に射影した座標と考えることができる．主成分係数ベクトルが互いに直交することから

$$\boldsymbol{a}_i'\boldsymbol{S}\boldsymbol{a}_i = d_i$$

であり，式(5)より，d_i は n 個の個体の第 i 主成分得点 $z_{ti} = \boldsymbol{a}_i'(\boldsymbol{x}_t - \bar{\boldsymbol{x}})$, $t = 1, \cdots, n$ の分散を表わしていることがわかる．また異なる $i \neq j$ については

$$\boldsymbol{a}_i'\boldsymbol{S}\boldsymbol{a}_j = 0$$

となり，第 i 主成分得点と第 j 主成分得点は互いに無相関となっている．

$\boldsymbol{S}$ のトレースを計算してみると

$$\sum_{i=1}^{p} s_{ii} = \mathrm{tr}\,\boldsymbol{S} = \mathrm{tr}\,\boldsymbol{A}\boldsymbol{D}\boldsymbol{A}' = \mathrm{tr}\,\boldsymbol{D}\boldsymbol{A}'\boldsymbol{A} = \mathrm{tr}\,\boldsymbol{D} = \sum_{i=1}^{p} d_i$$

となる．これは p 個の主成分の分散 $\sum_{i=1}^{p} d_i$ が各変数の分散の和を保存していると解釈することができる．そして各変数の分散の和のうち，d_i は第 i 主成分によって保存されている分散と考えることができる．この意味で

$$\frac{d_i}{d_1 + \cdots + d_p}$$

を第 i 主成分の寄与率とよび

$$\frac{d_1 + \cdots + d_i}{d_1 + \cdots + d_p}$$

を第 i 主成分までの累積寄与率とよぶ．

もちろん主成分分析では $\boldsymbol{S}$ の最大固有値 d_1 に対応する第 1 主成分が最も重要である．第 1 主成分係数ベクトル $\boldsymbol{a}_1$ は集中楕円が最も広がっている方向であり，第 1 主成分得点 $z_{t1} = \boldsymbol{a}_1'(\boldsymbol{x}_t - \bar{\boldsymbol{x}})$, $t = 1, \cdots, n$ は観測ベクトルの分布を最もよく保存すると考えることができる．そして，第 1 主成分の寄与率を z_{t1}, $t = 1, \cdots, n$ によって保存された分散の割合と解釈する．同様にして第 q 主成分 $(q < p)$ までの累積寄与率 $(d_1 + \cdots + d_q)/(d_1 + \cdots + d_p)$ が例えば 90% を越えれば，q 個の主成分でもともとのデータの変動をほぼとらえたと考えることができるであろう．以上のように主成分分析によって次元の縮約をおこなうことができる．第 q 主成分までを考える場合には，観測値ベクトルを $(\boldsymbol{a}_1, \cdots, \boldsymbol{a}_q)$ で張られる q 次元線形部分空間に射影して眺めることとなる．

本稿では主成分分析を分散行列のスペクトル分解として説明したが，行列論の立場から考えると，平均偏差データ行列 $\tilde{\boldsymbol{X}}$ の特異値分解ととらえるほうがスマートである．特異値分解については以下の 4.4 節の正準相関係数の節で説明する．また竹村(1997)の 5.3 節にも簡単な説明がある．

主成分分析は次元の縮約の有用な手法であるが，実際のデータ解析においては，もともとの変数の意味に照らして主成分分析の結果の解釈は必ずしも容易ではない．第 1 主成分や第 2 主成分に関してはそれらの意味づけがはっきりする場合でも，第 3 主成分以降になってくると主成分得点が何を表わしているかの解釈が困難となる場合も多い．

主成分分析についてもう一点注意する必要のある点は，主成分分析の結果が変数の尺度のとり方や，変数の選び方に依存してしまうという点である．例えば，百を単位とするか千を単位とするかといった単位のとり方により，ある 1 つの変数の分散が数値的に他の変数の分散より非常に大きい場合には，第 1 主成分はその変数にほぼ一致してしまう．これは，散布図が第 1 軸方向に非常に広がっていれば，集中楕円の長軸はほぼ第 1 軸方向となってしまうことからも理解できるであろう．このような事情から，実際に主成分分析をおこなう際には，分散行列 $\boldsymbol{S}$ ではなく相関行列 $\boldsymbol{R}$ のスペクトル分解を用いる場合が多い．式(3)にあるように，相関行列のスペクトル分解に基づく主成分分析は，まず各変数を基準化してから主成分分析をおこなうことに等しい．

また，お互いに相関の強い似たような変数をたくさん含むようなデータについては，第１主成分はそれらの変数と似た変数になってしまうことがある．１つの主成分で多くの変数を説明できてしまうからである．したがって，意味のある主成分をとり出すためには，事前にある程度の変数選択をおこなうことも重要である．

4.3 判別分析

判別分析は，散布図上に異なる群(母集団)からの観測値を同時に打点し，散布図上で異なる群を分ける領域を求める分析方法である．図６のように２つの群(例えば，男性と女性，病気の有無など)からの個体の観測値ベクトルを同一の散布図上に打点し，これらの群を分けることを考える．

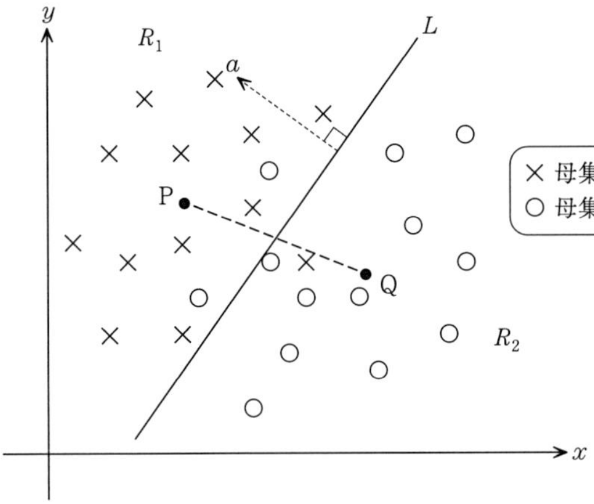

図 6　判別分析

実際の応用では，群の所属が確定しているデータ(訓練データ)を用いて領域の分け方を決め，その後は群の所属のわかっていないデータについて，観測値ベクトルのみから群の所属を判定したい場合が多い．例えば手書きの郵便番号をコンピュータに読み込ませてどの数字か判別させたい場合を考えよう．この場合，筆跡を適当に数値化したデータと，人間がどの数字に判別したかのデータを，訓練データとして用意し，数値化したデータの空間において群を分ける領域を作る．そして，その後は数値データに基づき機械に判別させる．このような使い方が判別分析の目的である．数字の場合 0〜9 の 10 種類に判別する(多群の判別)必要があるが，まず以下では基本的な 2 群への判別について説明し，節末で多群の判別についても補足する．

コンピュータを用いた文字認識などの場合には，認識の精度を少しでもあげることが重要であるから，現在でもさまざまな判別方式が提案され研究されている．これらの手法については，ヴェナブルズとリプリー(1999)の 11 章に簡潔な紹介がある．以下では，さまざまな判別方式の中でももっとも基本的な手法である Fisher の線形判別関数のみを説明する．図 6 においては，2 群を分ける直線 L が引かれているが，このように直線(R^p では超平面)によって 2 群の領域を分けることを**線形判別**とよぶ．

いま R^p における群 1 からの n_1 個の観測ベクトルを $\boldsymbol{x}_{t1}$, $t=1,\cdots,n_1$ とし，群 2 からの n_2 個の観測ベクトルを $\boldsymbol{x}_{t2}$, $t=1,\cdots,n_2$ とする．これらは訓練データである．2 群の観測値の平均ベクトルを $\bar{\boldsymbol{x}}_1, \bar{\boldsymbol{x}}_2$ とする．図 6 では P, Q の 2 点が平均ベクトルの位置を表わしている．ここでは最も簡単な場合として，それぞれの群の集中楕円の形はほぼ同じであるとしよう．すなわち群 1 からの分散行列 $\boldsymbol{S}_1$ と群 2 からの分散行列 $\boldsymbol{S}_2$ がほぼ等しいとする．このときプールした分散行列を

$$\begin{aligned}\boldsymbol{S} &= \frac{1}{n_1+n_2}(n_1\boldsymbol{S}_1 + n_2\boldsymbol{S}_2)\\ &= \frac{1}{n_1+n_2}\left(\sum_{t=1}^{n_1}(\boldsymbol{x}_{t1}-\bar{\boldsymbol{x}}_1)(\boldsymbol{x}_{t1}-\bar{\boldsymbol{x}}_1)' + \sum_{t=1}^{n_2}(\boldsymbol{x}_{t2}-\bar{\boldsymbol{x}}_2)(\boldsymbol{x}_{t1}-\bar{\boldsymbol{x}}_2)'\right)\end{aligned}$$

と定義する．このプールした分散行列を用いて，判別したい点 $\boldsymbol{x}$ からそれ

ぞれの群の平均ベクトルまでの Mahalanobis 距離の 2 乗を

$$d_S(\boldsymbol{x}, \bar{\boldsymbol{x}}_i)^2 = (\boldsymbol{x} - \bar{\boldsymbol{x}}_i)'\boldsymbol{S}^{-1}(\boldsymbol{x} - \bar{\boldsymbol{x}}_i), \qquad i = 1, 2$$

とおく．ここで $\boldsymbol{x}$ を平均ベクトルまでの Mahalanobis 距離が小さい群に判別するのが 1 つの合理的な考え方である．すなわち

$$d_S(\boldsymbol{x}, \bar{\boldsymbol{x}}_1) < d_S(\boldsymbol{x}, \bar{\boldsymbol{x}}_2)$$

のとき，群 1 に判別することとする．逆に $d_S(\boldsymbol{x}, \bar{\boldsymbol{x}}_1) > d_S(\boldsymbol{x}, \bar{\boldsymbol{x}}_2)$ のとき，群 2 に判別する．ここで両辺の 2 乗の差の 1/2 倍をかっこを開いて整理すれば，

$$\begin{aligned} f(\boldsymbol{x}) &= \boldsymbol{x}'\boldsymbol{S}^{-1}(\bar{\boldsymbol{x}}_1 - \bar{\boldsymbol{x}}_2) + \frac{1}{2}(\bar{\boldsymbol{x}}_2'\boldsymbol{S}^{-1}\bar{\boldsymbol{x}}_2 - \bar{\boldsymbol{x}}_1'\boldsymbol{S}^{-1}\bar{\boldsymbol{x}}_1) \\ &= \left(\boldsymbol{x} - \frac{1}{2}(\bar{\boldsymbol{x}}_1 + \bar{\boldsymbol{x}}_2)\right)'\boldsymbol{S}^{-1}(\bar{\boldsymbol{x}}_1 - \bar{\boldsymbol{x}}_2) \end{aligned} \tag{37}$$

と定義するとき，$f(\boldsymbol{x}) > 0$ のとき群 1 に判別することとなる．式(37)の $f(\boldsymbol{x})$ を **Fisher の線形判別関数**とよぶ．$f(\boldsymbol{x})$ は $\boldsymbol{x}$ の線形関数であり，$f(\boldsymbol{x}) = 0$ は R^p の超平面を表わす．したがって，Fisher の線形判別関数は超平面によって 2 群の領域を分ける簡明な判別方式である．

式(37)より，この超平面は 2 つの群の平均ベクトルの中点 $(\bar{\boldsymbol{x}}_1 + \bar{\boldsymbol{x}}_2)/2$ を通ることがわかる．超平面の法線ベクトルは $\boldsymbol{a} \propto \boldsymbol{S}^{-1}(\bar{\boldsymbol{x}}_1 - \bar{\boldsymbol{x}}_2)$ であり，一般にこの法線ベクトルは 2 つの群の平均ベクトルの差 $(\bar{\boldsymbol{x}}_1 - \bar{\boldsymbol{x}}_2)$ とは一致していないことがわかる．

線形判別として，2 つの群の平均ベクトルの中点 $(\bar{\boldsymbol{x}}_1 + \bar{\boldsymbol{x}}_2)/2$ を通る超平面を用いるのは，2 つの群を平等に扱っていることに対応する．統計的仮説検定と同様に，2 群の判別分析において，誤判別には 2 種類がある．つまり本当は群 1 に属する観測値を群 2 に判別してしまう場合と，その逆である．これらの 2 つの誤りの重要性が異なる場合がある．例えば，健康診断で，健康な人を病気と判定した場合にはその後の精密検査が必要になるだけであるが，病気の人を見逃した場合には手遅れとなってしまう危険がある．このように 2 つの誤りの重要性が異なる場合には，その重要性に応じて，判別超平面の方向は変えずに，位置をずらすことが考えられる．このような方法は，統計的決定理論の枠組みで，2 種類の誤りに異なる重み

を与えることにより正当化することができる．

群 1 からの分散行列 $\boldsymbol{S}_1$ と群 2 からの分散行列 $\boldsymbol{S}_2$ がかなり離れている場合には，プールした分散行列を用いることは適当ではない．その場合には，それぞれの群の Mahalanobis 距離を用いて

$$(\boldsymbol{x}-\bar{\boldsymbol{x}}_i)'\boldsymbol{S}_i^{-1}(\boldsymbol{x}-\bar{\boldsymbol{x}}_i), \qquad i=1,2$$

の大小で群の判別を決めることが考えられる．この場合 Mahalanobis 距離の 2 乗の差は $\boldsymbol{x}$ の 2 次関数となり，領域が 2 次曲面で判別されることとなる．これを **2 次判別**という．$\boldsymbol{S}_1, \boldsymbol{S}_2$ の大小によって，2 次曲面は，双曲的となったり楕円的となったりするので，線形判別に比して 2 次判別は複雑となる．

以上では 2 群の判別について説明してきた．3 群以上の多群の判別の場合は，2 群の判別を組み合わせて用いることが基本的な方法である．概念的に最も簡明な方法は，Mahalanobis の距離のような各群からの距離を定義しておいて，観測値ベクトルを群への距離がもっとも小さい群に判別することである．各群からの観測値ベクトルに確率モデルを設定できる場合には，距離のかわりに尤度を用いて，各群の確率モデルの尤度が最大となる群に判別することができる．実際，2 群の判別を含めて，Mahalanobis の距離による判別は，多変量正規分布を仮定したときに最大の尤度の群に判別することにあたる．このように，距離または尤度を用いて多群の判別をおこなえば，原理的に「3 すくみ」を避けられることが利点である．すなわち

$$群 1 \ < \ 群 2 \ < 群 3 \ < \ 群 1$$

のように，群 1 と群 2 を比較した場合には群 2 に判別し，群 2 と群 3 を比較した場合には群 3 に判別するが，群 3 と群 1 を比較した場合には群 1 に判別する，といった矛盾が起こり得ない．

なお，数量化理論においては判別分析の手法は**数量化第 II 類**とよばれている．

4.4 正準相関分析

多変量記述統計の手法として，最後に**正準相関分析**(canonical correlation analysis)をとりあげよう．これは 2 つの変数群の間の相関の強さを，それぞれの群の合成変数を用いて測る手法である．いま $n \times p$ の平均偏差からなるデータ行列を，最初の p_1 個の変数と残りの $p_2 = p - p_1$ 個の変数の 2 つの変数群に分割して

$$\tilde{\boldsymbol{X}} = (\tilde{\boldsymbol{X}}_1, \tilde{\boldsymbol{X}}_2)$$

とする．この分割に対応して分散行列 $\boldsymbol{S}$ を式(7)のように分割する．ここで，最初の p_1 個の変数の 1 次結合 $\tilde{\boldsymbol{X}}_1\boldsymbol{a}$ と残りの p_2 個の変数の 1 次結合 $\tilde{\boldsymbol{X}}_2\boldsymbol{b}$ の間の相関係数は

$$r(\boldsymbol{a}, \boldsymbol{b}) = \frac{\boldsymbol{a}'\boldsymbol{S}_{12}\boldsymbol{b}}{\sqrt{\boldsymbol{a}'\boldsymbol{S}_{11}\boldsymbol{a} \cdot \boldsymbol{b}'\boldsymbol{S}_{22}\boldsymbol{b}}} \tag{38}$$

と表わされる．正準相関分析では式(38)を最大化する $\boldsymbol{a}, \boldsymbol{b}$ を求める．最大化するベクトル $\boldsymbol{a}_1, \boldsymbol{b}_1$ を**第 1 正準相関係数ベクトル**，最大化された相関係数 $r_1 = r(\boldsymbol{a}_1, \boldsymbol{b}_1)$ を**第 1 正準相関係数**とよぶ．またそれぞれの合成変数 $\tilde{\boldsymbol{X}}_1\boldsymbol{a}_1$, $\tilde{\boldsymbol{X}}_2\boldsymbol{b}_1$ を**第 1 正準変数**とよぶ．

第 1 正準相関係数が求まると，次に**第 2 正準相関係数**は以下のように定められる．第 1 群，第 2 群とも第 1 正準変数と無相関な合成変数を考える．つまり 1 次結合の係数ベクトルとして

$$\boldsymbol{a}'\boldsymbol{S}_{11}\boldsymbol{a}_1 = 0, \quad \boldsymbol{b}'\boldsymbol{S}_{22}\boldsymbol{b}_1 = 0$$

を満たす $\boldsymbol{a}, \boldsymbol{b}$ のみを考える．このように $\boldsymbol{a}, \boldsymbol{b}$ を制約した上で，再度式(38)を最大化して，第 2 正準相関係数ベクトル $\boldsymbol{a}_2, \boldsymbol{b}_2$ および第 2 正準相関係数 $r_2 = r(\boldsymbol{a}_2, \boldsymbol{b}_2)$ を求める．以下同様に考え，第 k 正準相関係数まで求められたとして，第 $k+1$ 正準相関係数は，それぞれの群の中で，第 1 から第 k 正準変数と無相関な合成変数に制限して式(38)を最大化するように定められる．すなわち $\boldsymbol{a}_1, \cdots, \boldsymbol{a}_k$, $\boldsymbol{b}_1, \cdots, \boldsymbol{b}_k$ が求まったとして

$$\boldsymbol{a}'\boldsymbol{S}_{11}\boldsymbol{a}_i = 0,\ i = 1, \cdots, k, \quad \boldsymbol{b}'\boldsymbol{S}_{22}\boldsymbol{b}_i = 0,\ i = 1, \cdots, k \tag{39}$$

の制約のもとで，式(38)を最大化する $\boldsymbol{a}, \boldsymbol{b}$ を求めることになる．正準相関

係数を1つ求めるごとに，それぞれの変数群の中でそれまでと無相関な合成変数に制約されるから，正準相関係数は $\min(p_1, p_2)$ 個までしか求められないことに注意する．

式(39)より，正準変数は各群内で $i \neq j$ について $\boldsymbol{a}_i' \boldsymbol{S}_{11} \boldsymbol{a}_j = 0$, $\boldsymbol{b}_i' \boldsymbol{S}_{22} \boldsymbol{b}_j = 0$ と無相関である．これに加えて

$$\boldsymbol{a}_i' \boldsymbol{S}_{12} \boldsymbol{b}_j = 0, \qquad i \neq j \tag{40}$$

が成り立ち，$i \neq j$ について，群間でも無相関となることを示そう．最初の第1正準相関係数の段階にもどって考える．$\boldsymbol{a}$ をいったん固定して式(38)の $r(\boldsymbol{a}, \boldsymbol{b})$ を $\boldsymbol{b}$ についてのみ最大化しよう．式(38)は $\boldsymbol{b}$ に正の定数倍 $c > 0$ をかけても不変であるから，$r(\boldsymbol{a}, \boldsymbol{b})$ の分子を $\boldsymbol{b}' \boldsymbol{S}_{22} \boldsymbol{b} = 1$ の制約のもとに最大化しても同じである．したがって $r(\boldsymbol{a}, \boldsymbol{b})$ を $\boldsymbol{b}$ について最大化するには，ラグランジュ乗数法を用いて

$$\boldsymbol{a}' \boldsymbol{S}_{12} \boldsymbol{b} - \frac{\lambda}{2}(\boldsymbol{b}' \boldsymbol{S}_{22} \boldsymbol{b} - 1) \tag{41}$$

を $\boldsymbol{b}$ について最大化してもよい．式(41)を $\boldsymbol{b}$ の要素で偏微分して 0 とおくことにより

$$\boldsymbol{S}_{21} \boldsymbol{a} = \lambda \boldsymbol{S}_{22} \boldsymbol{b} \tag{42}$$

となることが示される(付録参照)．特に第1正準相関係数ベクトルについて $\boldsymbol{S}_{21} \boldsymbol{a}_1 = \lambda \boldsymbol{S}_{22} \boldsymbol{b}_1$ でなければならない．したがって，$\boldsymbol{b}' \boldsymbol{S}_{22} \boldsymbol{b}_1 = 0$ となる $\boldsymbol{b}$ について $\boldsymbol{b}' \boldsymbol{S}_{21} \boldsymbol{a}_1 = 0$ である．これより $i > 2$ について $\boldsymbol{b}_i' \boldsymbol{S}_{21} \boldsymbol{a}_1 = 0$ となることがわかる．同様に $\boldsymbol{a}_i' \boldsymbol{S}_{12} \boldsymbol{b}_1 = 0$, $i > 2$ である．第2正準相関係数ベクトル以降についても順次同様の議論をおこなうことにより，式(40)が成り立つことが確認できる．以上より，正準変数はペア内 $(\tilde{\boldsymbol{X}}_1 \boldsymbol{a}_i, \tilde{\boldsymbol{X}}_2 \boldsymbol{b}_i)$ では第 i 正準相関係数 r_i で表わされる相関を持つが，ペア間ではすべて無相関であることがわかる．

さて相関係数を最大化する限りにおいて，係数ベクトルの正の定数倍は任意であるから，式(42)において $\boldsymbol{b}$ を求めるとき，λ を無視して $\boldsymbol{b} = \boldsymbol{S}_{22}^{-1} \boldsymbol{S}_{21} \boldsymbol{a}$ と求めてもよい．λ が正であることは，式(42)の左から $\boldsymbol{b}'$ をかけて $\boldsymbol{a}$ について最大化することによってわかる．ここで $\boldsymbol{y} = \tilde{\boldsymbol{X}}_1 \boldsymbol{a}$ とおけば

$$\boldsymbol{b} = \boldsymbol{S}_{22}^{-1} \boldsymbol{S}_{21} \boldsymbol{a} = (\tilde{\boldsymbol{X}}_2' \tilde{\boldsymbol{X}}_2)^{-1} \tilde{\boldsymbol{X}}_2' \boldsymbol{y}$$

となり，$\boldsymbol{b}$ は式(22)，あるいは平均偏差をとった式(27)，の回帰係数ベクトルの形をしている．すなわち与えられた $\boldsymbol{a}$ に対して $\boldsymbol{y}=\tilde{\boldsymbol{X}}_1\boldsymbol{a}$ とおけば，$\boldsymbol{b}$ は $\boldsymbol{y}$ を目的変数ベクトル，$\tilde{\boldsymbol{X}}_2$ を説明変数行列とする回帰分析によって定まることがわかる．これは $R(\tilde{\boldsymbol{X}}_2)$ 内に $\boldsymbol{y}=\tilde{\boldsymbol{X}}_1\boldsymbol{a}$ との相関係数が最大，すなわち 2.2 節で述べたように $\boldsymbol{y}=\tilde{\boldsymbol{X}}_1\boldsymbol{a}$ との角度が最小，となるベクトルを求めることが，$\boldsymbol{y}$ を部分空間 $R(\tilde{\boldsymbol{X}}_2)$ に直交射影することと同値であることを示している．この意味で正準相関分析は回帰分析の一般化となっている．

回帰分析においては R^n での直交射影を考えることが有用であったから，ここでも R^n での幾何学的な考察から正準相関分析の意味を整理してみよう．$\tilde{\boldsymbol{X}}_1,\tilde{\boldsymbol{X}}_2$ のそれぞれの部分行列の列の張る部分空間を $R(\tilde{\boldsymbol{X}}_1), R(\tilde{\boldsymbol{X}}_2)$ と書く．第 1 正準相関係数および第 1 正準変数は $R(\tilde{\boldsymbol{X}}_1)$ と $R(\tilde{\boldsymbol{X}}_2)$ の間の最小の角度と，最小の角度を与えるベクトルのペアを求めていることにあたる．最小の角度の余弦が第 1 正準相関係数であり，最小角を与えるベクトルのペアが第 1 正準変数である．これらを求めた後に，第 1 正準変数ベクトルのペアで張る 2 次元平面の直交補空間に移り，同様の操作をおこなえば第 2 正準相関係数が求められる．以下同様である．

以上の操作は，例えば R^3 における平面と直線の間の角度や，平面と平面の間の角度を考えると納得がいく．平面と直線の間の角度は，直線と平面内の直線との最小角で定義される．また交わる 2 枚の平面の間の角度は，2 平面の交わりの直線が共通で，この角度は 0 となり無意味(相関係数 1)となるが，次にこの直線と直交する方向で見ると 2 平面の間の角度が定義される．以上のような角度の定義を R^n の任意の 2 つの線形部分空間に拡張したものが正準相関係数の定義に対応することがわかる．

最後に正準相関係数と行列の特異値分解の関連について説明する．上で見たように，正準相関係数や正準変数は $R(\tilde{\boldsymbol{X}}_1), R(\tilde{\boldsymbol{X}}_2)$ の 2 つの部分空間のみに依存するから，最初から $\tilde{\boldsymbol{X}}_1$ の列，および $\tilde{\boldsymbol{X}}_2$ の列として正規直交基底をとり

$$\frac{1}{n}\tilde{\boldsymbol{X}}_1'\tilde{\boldsymbol{X}}_1=\boldsymbol{S}_{11}=\boldsymbol{I}_{p_1},\quad \frac{1}{n}\tilde{\boldsymbol{X}}_2'\tilde{\boldsymbol{X}}_2=\boldsymbol{S}_{22}=\boldsymbol{I}_{p_2}$$

としてよい．ただし，ここの議論では「正規直交基底」というときに，互いに直交し長さが $\sqrt{n}$ のベクトルを意味するものとする．あるいはより明示的に $\boldsymbol{S}_{11}^{-1/2}$ を $\boldsymbol{S}_{11}^{-1}$ の行列平方根(付録参照)として，$\tilde{\boldsymbol{X}}_1$ のかわりに $\tilde{\boldsymbol{X}}_1\boldsymbol{S}_{11}^{-1/2}$ を考えれば

$$\frac{1}{n}(\tilde{\boldsymbol{X}}_1\boldsymbol{S}_{11}^{-1/2})'(\tilde{\boldsymbol{X}}_1\boldsymbol{S}_{11}^{-1/2}) = \boldsymbol{S}_{11}^{-1/2}\boldsymbol{S}_{11}\boldsymbol{S}_{11}^{-1/2} = \boldsymbol{I}_{p_1}$$

となり正規直交化される．したがって，$\tilde{\boldsymbol{X}}_1$ を $\tilde{\boldsymbol{X}}_1\boldsymbol{S}_{11}^{-1/2}$ でおきかえ，$\tilde{\boldsymbol{X}}_2$ を $\tilde{\boldsymbol{X}}_2\boldsymbol{S}_{22}^{-1/2}$ でおきかえて考えればよい．

以上のように正規直交基底をとれば，$\boldsymbol{a}_i'\boldsymbol{S}_{11}\boldsymbol{a}_j = \boldsymbol{a}_i'\boldsymbol{a}_j$ となり，無相関性は係数ベクトル間の直交性 $(\boldsymbol{a}_i'\boldsymbol{a}_j = 0)$ と等しくなる．また $\|\boldsymbol{a}\| = 1$ とすれば合成変数の分散も 1 に基準化される．つまり合成変数の正規直交性は係数ベクトルの正規直交性と同値になる．ここで正準変数のペアごとの無相関性を行列表示してみると，$q = \min(p_1, p_2)$ として

$$\begin{pmatrix} \boldsymbol{a}_1' \\ \vdots \\ \boldsymbol{a}_q' \end{pmatrix} \boldsymbol{S}_{12}(\boldsymbol{b}_1, \cdots, \boldsymbol{b}_q) = \mathrm{diag}(r_1, \cdots, r_q)$$

と対角化されることがわかる．これより，式(35)のような書き方で $\boldsymbol{S}_{12}$ を表わせば，容易にわかるように，

$$\boldsymbol{S}_{12} = \sum_{i=1}^{q} r_i \boldsymbol{a}_i \boldsymbol{b}_i', \quad q = \min(p_1, p_2) \tag{43}$$

と表わされる．この表現を $p_1 \times p_2$ 行列 $\boldsymbol{S}_{12}$ の**特異値分解**(singular value decomposition)とよび，r_i を**特異値**という．式(43)を導くには，例えば $p_2 \leq p_1$，$q = p_2$ の場合には，$\boldsymbol{a}_1, \cdots, \boldsymbol{a}_q$ に正規直交ベクトル $\boldsymbol{a}_{q+1}, \cdots, \boldsymbol{a}_{p_1}$ をつけ加えて考えるとよい．$\tilde{\boldsymbol{X}}_1$ の列および $\tilde{\boldsymbol{X}}_2$ が必ずしも正規直交でない場合に戻れば，正準相関係数は

$$\boldsymbol{S}_{11}^{-1/2}\boldsymbol{S}_{12}\boldsymbol{S}_{22}^{-1/2}$$

の特異値として求められることがわかった．

質的変数からなるデータ行列については，正準相関分析は**数量化第 III 類**，**コレスポンデンス・アナリシス**，**双対尺度法**，などとよばれて多くの

応用がある．

5 多変量分布

前章までの記述的多変量解析の手法は，データ行列を与えられたものとし，データ行列の持つ情報を記述し要約することを目的としていた．ここからは，データの背後に確率構造を考える推測統計的な多変量解析の手法を説明する．

ここではまず多変量分布について基本的な事項を述べ，具体的な多変量分布として多項分布および多変量正規分布を導入する．多変量正規分布のより詳しい性質については 8 章で述べる．また 1 変量正規分布などの 1 変量分布に関する事項や，2 変量の密度関数などの基本的な事項についての結果を前提とした上で，多変量分布について述べる．本稿での記述は簡潔なものにならざるを得ないが，より詳しい内容については，統計学の入門的な教科書に加えて，例えば竹村(1991b)などの中級の教科書も参照されたい．

5.1 同時密度関数と分布族

複数の確率変数をまとめてベクトルとしたものを**確率ベクトル**(random vector)という．確率ベクトルはデータ行列の 1 行にあたるものであり，ここでは確率ベクトル $\boldsymbol{x}$ の次元を p とする．$\boldsymbol{x}$ の属する空間 $\mathcal{X} = R^p$ を**標本空間**という．$\boldsymbol{x}$ の**同時密度関数**あるいは**同時確率関数**を $f(\boldsymbol{x})$ と表わす．同時密度関数という用語は，以下の周辺密度関数や条件つき密度関数との違いを明示する場合に用いられるが，文脈から区別が明らかなときは単に密度関数(あいるは確率関数)という．密度関数と確率関数では，式を操作する際に積分を用いるか和を用いるか，というような違いがあるが，この違いは 1 変量の場合と同様であるから，以下では主に密度関数の場合を述べる．また，測度論を知っている読者は，測度論的な観点で考えてみれば，確率関数は各整数に重み 1 を与える計数測度に関する密度関数であるから，密度関数に関する記述は記法の変更のみによって確率関数にも成り立つのである．

$\boldsymbol{x}$ を 2 つの部分ベクトルに分けて $\boldsymbol{x}' = (\boldsymbol{x}_1', \boldsymbol{x}_2')$ としたときに，$\boldsymbol{x}_1$ の周辺密度関数，および $\boldsymbol{x}_1$ を与えたときの $\boldsymbol{x}_2$ の条件つき密度関数は，2 変量密度関数の場合と同様に，それぞれ

$$f_{x_1}(\boldsymbol{x}_1) = \int f(\boldsymbol{x}_1, \boldsymbol{x}_2) d\boldsymbol{x}_2$$

$$f_{x_2|x_1}(\boldsymbol{x}_2|\boldsymbol{x}_1) = \frac{f(\boldsymbol{x})}{f_{x_1}(\boldsymbol{x}_1)}$$

で定義される．周辺密度を定義する際の積分は $\boldsymbol{x}_2$ の次元を q とするとき，$\boldsymbol{x}_2$ の要素についての R^q 全域での定積分であるが，簡単のため積分記号 1 つで表わしている．以下でも同様の記法を用いる．

分布関数(あるいは累積分布関数)

$$F(x_1, \cdots, x_p) = P(X_1 \leq x_1, \cdots, X_p \leq x_p)$$

は，連続分布と離散分布の区別なく考えることができる．確率ベクトル $\boldsymbol{x}$ の分布関数が F であるとき，$\boldsymbol{x}$ は分布 F に従うといい

$$\boldsymbol{x} \sim F$$

と表わすことが多い．

データ行列の各行 $\boldsymbol{x}_t'$, $t = 1, \cdots, n$ が独立に同一の多変量分布に従う場合(独立同一分布, IID, independently and identically distributed)には，データ全体の同時分布は

$$f_n(\boldsymbol{x}) = f_n(\boldsymbol{x}_1, \cdots, \boldsymbol{x}_n) = \prod_{t=1}^{n} f(\boldsymbol{x}_t)$$

と表わされる．観測値の全体 $\boldsymbol{x} = (\boldsymbol{x}_1, \cdots, \boldsymbol{x}_n)$ は np 次元空間 R^{np} の点であり，この場合の標本空間は R^{np} である．1 章でも述べたように，最近では多変量時系列解析など，IID より複雑な確率分布を考える場合も多いが，いずれにしても IID の場合が基本的であるから，本稿では IID の場合について説明することとする．以下 $f_n(\boldsymbol{x})$ と書く場合には，$\boldsymbol{x}$ は単一の確率べ

クトルではなく n 個の IID 確率ベクトルの組 $(\boldsymbol{x}_1, \cdots, \boldsymbol{x}_n)$ を表わすことが多い．一方 $f(\boldsymbol{x})$ と書く場合には単一の確率ベクトルの密度関数である．

統計的推測においては同時密度関数あるいは同時確率関数について，関数形はわかっているものの，未知な**母数**(あるいはパラメータ)が含まれているものと想定する．未知母数を θ で表わし，θ のとり得る値の範囲を Θ で表わす．Θ を**母数空間**とよぶ．そして確率ベクトル $\boldsymbol{x}$ の同時密度関数あるいは同時確率関数を

$$f(\boldsymbol{x}, \theta)$$

と表わす．分布(あるいは密度関数)の集合 $\{f(\boldsymbol{x}, \theta) \mid \theta \in \Theta\}$ を**分布族**という．θ は通常は実数からなるベクトル $\boldsymbol{\theta} = (\theta_1, \cdots, \theta_k)$ であり，Θ は R^k の部分集合である．この場合 $\boldsymbol{\theta}$ を k 次元母数という．例えば 1 変量正規分布 $N(\mu, \sigma^2)$ では $\boldsymbol{\theta} = (\mu, \sigma^2)$ であり，母数空間は $\Theta = (-\infty, \infty) \times [0, \infty)$ で与えられる．母数については次元を意識しないでもすむ場合が多いため，以下ではベクトルであっても太文字を用いないこともある．

母数は未知ではあるが，Θ の中に真の母数 $\boldsymbol{\theta} = \boldsymbol{\theta}_0 = (\theta_{01}, \cdots, \theta_{0k})$ が存在すると考える．$\boldsymbol{\theta}_0$ を**パラメータの真の値**という．密度関数 $f(\boldsymbol{x}, \theta)$ を θ の関数と見たものを**尤度**(likelihood)あるいは尤度関数とよび，その対数 $\log f(\boldsymbol{x}, \theta)$ を**対数尤度**とよぶ．統計的推測においてはデータ $\boldsymbol{x}'_t$, $t = 1, \cdots, n$ から平均や分散などの特性値 $T(\boldsymbol{x}_1, \cdots, \boldsymbol{x}_n)$ を用いて推測をおこなうが，データの関数 $T(\boldsymbol{x}_1, \cdots, \boldsymbol{x}_n)$ を一般に**統計量**(statistic)とよぶ．

統計量 $T(\boldsymbol{x}_1, \cdots, \boldsymbol{x}_n)$ において，$\boldsymbol{x}_1, \cdots, \boldsymbol{x}_n$ はそれぞれ確率ベクトルであり分布を持つから，T 自身が確率変数である．$\boldsymbol{x}_1, \cdots, \boldsymbol{x}_n$ の分布から導かれる T の分布を**標本分布**(sampling distribution)とよぶ．$\boldsymbol{x}_1, \cdots, \boldsymbol{x}_n$ の分布が簡単でも，T が複雑な関数であれば，標本分布を明示的に評価することは一般的には困難である．

分布族は**統計的モデル**ともよばれる．考え方としては統計的モデルは分布族よりはかなり広い概念ではあるが，数学的には統計的モデルを構築することは分布族の指定に帰着されるから，以下では分布族と統計的モデルを同義的に扱うこととする．

5.2 モーメント

ここでは記法の簡単のために母数を省略して，同時密度 $f(\boldsymbol{x})$ を考える．確率ベクトルの実数値関数 $g(\boldsymbol{x})$ の期待値を

$$E[g(\boldsymbol{x})] = \int g(\boldsymbol{x}) f(\boldsymbol{x}) d\boldsymbol{x}$$

で定義する．ただし期待値が意味を持つのは，全域の積分が絶対収束

$$\int |g(\boldsymbol{x})| f(\boldsymbol{x}) d\boldsymbol{x} < \infty$$

している場合である．この場合 $g(\boldsymbol{x})$ の期待値が存在しているという．$\int |g(\boldsymbol{x})| f(\boldsymbol{x}) d\boldsymbol{x} = \infty$ となる場合は期待値が存在しないという．

複数の実数値関数がベクトル，あるいは行列の形に並んでいるときには，それらの期待値を要素ごとに評価する．例えば $\boldsymbol{g}(\boldsymbol{x}) = (g_1(\boldsymbol{x}), \cdots, g_q(\boldsymbol{x}))'$ のとき

$$E[\boldsymbol{g}(\boldsymbol{x})] = \begin{pmatrix} E[g_1(\boldsymbol{x})] \\ \vdots \\ E[g_q(\boldsymbol{x})] \end{pmatrix}$$

である．特に $\boldsymbol{x} = (x_1, \cdots, x_p)'$ 自身の期待値ベクトルは

$$E[\boldsymbol{x}] = \boldsymbol{\mu} = \begin{pmatrix} \mu_1 \\ \vdots \\ \mu_p \end{pmatrix} = \begin{pmatrix} E[x_1] \\ \vdots \\ E[x_p] \end{pmatrix} \tag{44}$$

である．これはデータ行列での標本平均ベクトルに対応している．

標本分散行列に対応するものは，確率ベクトルの(母)分散行列であり

$$\mathrm{Var}(\boldsymbol{x}) = \boldsymbol{\Sigma} = (\sigma_{ij}) = E[(\boldsymbol{x} - \boldsymbol{\mu})(\boldsymbol{x} - \boldsymbol{\mu})']$$

で定義される．

$$\sigma_{ij} = \mathrm{Cov}(x_i, x_j) = E[(x_i - \mu_i)(x_j - \mu_j)] = E[x_i x_j] - \mu_i \mu_j$$

は x_i と x_j の共分散である．ここでも $i = j$ のとき，共分散は分散に一致

することに注意する(2.2 節参照).「母」は確率ベクトルに関する量，あるいは「母集団」に関する量，であることを明示するために添えられることが多い．記法としては対応するギリシャ文字を用いることが多い．

母相関係数も標本の場合と並行的に

$$\rho_{ij} = \frac{\sigma_{ij}}{\sqrt{\sigma_{ii}\sigma_{jj}}}$$

と定義される．

共分散は 2 つの確率ベクトル間でも定義される．いま $\boldsymbol{x}, \boldsymbol{y}$ を確率ベクトルとして

$$\mathrm{Cov}(\boldsymbol{x}, \boldsymbol{y}) = E[(\boldsymbol{x} - E(\boldsymbol{x}))(\boldsymbol{y} - E(\boldsymbol{y}))']$$

と定義する．これは $\boldsymbol{z}' = (\boldsymbol{x}', \boldsymbol{y}')$ とおいたときの $\boldsymbol{z}$ の分散行列 $\mathrm{Var}(\boldsymbol{z})$ の(1,2)ブロックにあたる．

確率ベクトルの要素の 1 次結合 $\boldsymbol{a}'\boldsymbol{x}$ の期待値や分散は，標本における合成変数の標本平均や標本分散の評価とまったく同様であり

$$E(\boldsymbol{a}'\boldsymbol{x}) = \boldsymbol{a}'\boldsymbol{\mu}, \quad \mathrm{Var}(\boldsymbol{a}'\boldsymbol{x}) = \boldsymbol{a}'\boldsymbol{\Sigma}\boldsymbol{a} \tag{45}$$

と表わされる．$\boldsymbol{A}$ が $p \times q$ 行列の場合も

$$E(\boldsymbol{A}'\boldsymbol{x}) = \boldsymbol{A}'\boldsymbol{\mu}, \quad \mathrm{Var}(\boldsymbol{A}'\boldsymbol{x}) = \boldsymbol{A}'\boldsymbol{\Sigma}\boldsymbol{A} \tag{46}$$

である．

$\boldsymbol{x}_t$, $t = 1, \cdots, n$ が IID の場合で $\mathrm{Var}(\boldsymbol{x}_t) = \boldsymbol{\Sigma}$ の場合には，1 変量の場合と同様に確率ベクトルの和(あるいは標本平均)の分散行列について

$$\mathrm{Var}(\sum_{t=1}^{n}\boldsymbol{x}_t) = n\boldsymbol{\Sigma}, \quad \mathrm{Var}(\bar{\boldsymbol{x}}) = \frac{1}{n}\boldsymbol{\Sigma} \tag{47}$$

となることが重要である．これを示すには，独立な変数間の共分散が 0 となることを用いて，$(\boldsymbol{x}_1, \cdots, \boldsymbol{x}_n)$ を np 次元ベクトルと考えて式(46)を応用すればよい．

特に多変量正規分布を考える場合には，期待値ベクトルと分散行列を考えるだけで十分なのであるが，多変量正規分布以外の分布を扱うには，高次のモーメントも考える必要が生じる．より高次の k 次のモーメントも，重複添字記法を用いて

$$\bar{\mu}_{i_1 \cdots i_k} = E[x_{i_1} \cdots x_{i_k}]$$

と定義される．これは原点まわりのモーメントである．標本の場合と同様に，期待値ベクトルに原点を移し，通常は

$$\mu_{i_1\cdots i_k} = E[(x_{i_1} - \mu_{i_1})\cdots(x_{i_k} - \mu_{i_k})]$$

を考える．これを平均まわりのモーメントという．かっこを開いて期待値を項別に求めると，原点まわりのモーメントと平均まわりのモーメントの関係が得られる．この関係は，式を書き下すのはやや面倒であるが，単に原点の移動にともなうものであり概念的には自明なものである．

高次のモーメントについては，$\bar{\mu}_{j_1j_2}$ のようにバーをつけるものを原点まわりのモーメント，つけないものを平均まわりのモーメントと記したが，この記法は高次のモーメントを考える際の便宜的なものである．特に，式(44)にあるように通常の期待値は μ_j と表わされる．

高次のモーメントは，次に述べるように特性関数を経由してキュムラントの形に変換して用いるほうが都合のよいことが多い．

5.3 特性関数とキュムラント

確率ベクトル $\boldsymbol{x}$ の特性関数(characteristic function)は，1 変数の場合を拡張して

$$\phi(\boldsymbol{t}) = E[\mathrm{e}^{i\boldsymbol{t}'\boldsymbol{x}}] = E[\exp(i(t_1x_1 + \cdots + t_px_p))], \quad \boldsymbol{t} = (t_1, \cdots, t_p)'$$

と定義される．i は虚数単位 $i^2 = -1$ である．1 変数の場合と同様に，特性関数について論理的に以下の 2 点が重要である．

(1) 逆転公式の存在により，特性関数は分布を定める．すなわち分布と特性関数が 1 対 1 に対応する．

(2) 特性関数に関する連続定理により，分布収束と特性関数の各点収束が同値となる．

これらについて詳しくは確率論の教科書を参照されたい．

重複添字記法を用いて $e^{i\boldsymbol{t}'\boldsymbol{x}}$ を級数に展開すると

$$e^{i\boldsymbol{t}'\boldsymbol{x}} = 1 + i\sum_j t_jx_j + \frac{i^2}{2!}\sum_{j_1,j_2} t_{j_1}t_{j_2}x_{j_1}x_{j_2} + \frac{i^3}{3!}\sum_{j_1,j_2,j_3} t_{j_1}t_{j_2}t_{j_3}x_{j_1}x_{j_2}x_{j_3} + \cdots$$

と展開される．k 次までのモーメントがすべて存在するとき，この展開を

第 k 項までで止めて剰余項を評価することにより

$$\begin{aligned} E[e^{it'x}] &= \phi(\boldsymbol{t}) \\ &= 1 + i\sum_j t_j \bar{\mu}_j + \cdots + \frac{i^k}{k!}\sum_{j_1,\cdots,j_k} t_{j_1}\cdots t_{j_k}\bar{\mu}_{j_1\dots j_k} + o(\|\boldsymbol{t}\|^k) \end{aligned} \tag{48}$$

となることが示される．ただし $o(\|\boldsymbol{t}\|^k)$ は，$\boldsymbol{t}$ が 0 に近づくとき，$\boldsymbol{t}$ の要素の k 次の多項式より速く 0 に収束する量を表わす．式(48)を $\boldsymbol{t}$ の要素で偏微分した形で考えれば，k 次までのモーメントがすべて存在するとき，k 回まで微分と積分の順序が交換できて

$$\begin{aligned} \frac{\partial^m}{\partial t_{j_1}\cdots\partial t_{j_m}} E[e^{it'x}] &= E\left[\frac{\partial^m}{\partial t_{j_1}\cdots\partial t_{j_m}} e^{it'x}\right] \\ &= i^m E[x_{j_1}\cdots x_{j_m} e^{it'x}], \quad m \le k \end{aligned}$$

が成り立つ．$\boldsymbol{t}=0$ を代入することにより

$$\bar{\mu}_{j_1\cdots j_m} = i^{-m}\frac{\partial^m}{\partial t_{j_1}\cdots\partial t_{j_m}}\phi(0)$$

となるが，これは式(48)からもわかる．

式(48)は原点まわりのモーメントを用いているが，原点を $\boldsymbol{\mu}$ にずらして

$$\begin{aligned} &E[e^{it'(x-\mu)}] \\ &\quad = 1 + \frac{i^2}{2}\sum_{j_1,j_2} t_{j_1}t_{j_2}\mu_{j_1j_2} + \cdots + \frac{i^k}{k!}\sum_{j_1,\cdots,j_k} t_{j_1}\cdots t_{j_k}\mu_{j_1\dots j_k} + o(\|\boldsymbol{t}\|^k) \end{aligned}$$

を考えるほうがやや簡明となる．

特性関数の対数

$$\psi(\boldsymbol{t}) = \log\phi(\boldsymbol{t})$$

を**キュムラント母関数**(cumulant generating function)という．$\phi(\boldsymbol{t})$ は一般に複素数であるから，対数をとることに問題もあり得るが，$\boldsymbol{t}=0$ のとき $\phi(0)=1$ より，原点 $\boldsymbol{t}=0$ の近傍では特性関数の対数は一意に定まる．また $\psi(0)=0$ である．さらに原点の近傍で特性関数が式(48)の展開を持つから，$\psi(\boldsymbol{t})$ も同じオーダーまでのテーラー展開を持つ．そこで $\psi(\boldsymbol{t})$ を原点まわりで k 次まで展開して

$$\begin{aligned}\psi(\boldsymbol{t}) &= \psi_{\boldsymbol{x}}(\boldsymbol{t})\\ &= i\sum_j t_j\kappa_j + \cdots + \frac{i^k}{k!}\sum_{j_1,\cdots,j_k} t_{j_1}\cdots t_{j_k}\kappa_{j_1\cdots j_k} + o(\|\boldsymbol{t}\|^k)\end{aligned}$$

によって $\kappa_{j_1\cdots j_k}$ を定義し，$\kappa_{j_1\cdots j_k}$ を $(x_{j_1},\cdots,x_{j_k})$ の高次の(混合)キュムラントとよぶ．

キュムラントは平均ベクトルの移動について不変であることが 1 つの利点である．すなわち $E[e^{i\boldsymbol{t}'(\boldsymbol{x}-\boldsymbol{\mu})}] = e^{-i\boldsymbol{t}'\boldsymbol{\mu}}E[e^{i\boldsymbol{t}'\boldsymbol{x}}]$ の右辺の対数をとると

$$\psi_{\boldsymbol{x}-\boldsymbol{\mu}}(\boldsymbol{t}) = -i\boldsymbol{t}'\boldsymbol{\mu} + \psi_{\boldsymbol{x}}(\boldsymbol{t})$$

となり $\boldsymbol{t}$ の線形項のみが異なるから，2 次以上のキュムラントにおいては $\boldsymbol{x}$ のキュムラントも $\boldsymbol{x}-\boldsymbol{\mu}$ のキュムラントも同じものとなる．したがって，2 次以上のキュムラントについては期待値ベクトル $\boldsymbol{\mu}=0$ の場合についてだけ考えればよいことがわかる．

キュムラントの他の利点は確率ベクトルのたたみこみ，すなわち独立な確率ベトクルの和，の分布のキュムラントが，個々の確率ベクトルのキュムラントの和となることである．いま $\boldsymbol{x}_1,\boldsymbol{x}_2$ を独立な確率ベクトルとし，それらの特性関数を $\phi_j(\boldsymbol{t}) = E[e^{i\boldsymbol{t}'\boldsymbol{x}_j}]$, $j=1,2$ とおこう．このとき独立性より $\boldsymbol{x}_1+\boldsymbol{x}_2$ の特性関数 $\phi(\boldsymbol{t})$ は

$$E[e^{i\boldsymbol{t}'(\boldsymbol{x}_1+\boldsymbol{x}_2)}] = E[e^{i\boldsymbol{t}'\boldsymbol{x}_1}]E[e^{i\boldsymbol{t}'\boldsymbol{x}_2}] = \phi_1(\boldsymbol{t})\phi_2(\boldsymbol{t})$$

と特性関数の積となる．この対数をとると

$$\log\phi(\boldsymbol{t}) = \log\phi_1(\boldsymbol{t}) + \log\phi_2(\boldsymbol{t})$$

と和の形になる．右辺を級数展開して考えれば，たたみこみ $\boldsymbol{x}_1+\boldsymbol{x}_2$ のキュムラントが，個々のキュムラントの和となっていることがわかる．n 個の確率ベクトルの和でも同様である．特に n 個の IID 確率ベクトルの標本平均 $\bar{\boldsymbol{x}} = (1/n)\sum_{t=1}^{n}\boldsymbol{x}_t$ について考えると，個々の $\boldsymbol{x}_t$ のキュムラント $\kappa(i_1,\cdots,i_k)$ と標本平均のキュムラント $\kappa_n(i_1,\cdots,i_k)$ の間に

$$\kappa_n(i_1,\cdots,i_k) = \frac{1}{n^{k-1}}\kappa(i_1,\cdots,i_k) \tag{49}$$

の関係のあることがわかる．以下で見るように，$\kappa_{j_1j_2} = \sigma_{j_1j_2}$ であるから，これは式(47)の一般化である．

さて，対数関数の級数展開

$$\log(1+x) = x - \frac{x^2}{2} + \frac{x^3}{3} - \cdots$$

において，$x = i\sum_j t_j\bar{\mu}_j + \cdots + (i^k/k!)\sum_{j_1,\cdots,j_k} t_{j_1}\cdots t_{j_k}\bar{\mu}_{j_1\cdots j_k}$ とおいて $\psi(\boldsymbol{t}) = \log\phi(\boldsymbol{t})$ を書き下すと，

$$\begin{aligned}
&i\sum_j t_j\bar{\mu}_j + \cdots + \frac{i^k}{k!}\sum_{j_1,\cdots,j_k} t_{j_1}\cdots t_{j_k}\bar{\mu}_{j_1\cdots j_k} \\
&\quad - \frac{1}{2}\left(i\sum_j t_j\bar{\mu}_j + \cdots + \frac{i^k}{k!}\sum_{j_1,\cdots,j_k} t_{j_1}\cdots t_{j_k}\bar{\mu}_{j_1\cdots j_k}\right)^2 \\
&\quad + \frac{1}{3}\left(i\sum_j t_j\bar{\mu}_j + \cdots + \frac{i^k}{k!}\sum_{j_1,\cdots,j_k} t_{j_1}\cdots t_{j_k}\bar{\mu}_{j_1\cdots j_k}\right)^3 - \cdots \\
&= i\sum_j t_j\kappa_j + \cdots + \frac{i^k}{k!}\sum_{j_1,\cdots,j_k} t_{j_1}\cdots t_{j_k}\kappa_{j_1\cdots j_k} + \cdots
\end{aligned}$$

となる．ここで係数を等値すれば，以下の式(52)で詳しく説明するように

$$\begin{aligned}
\kappa_j &= \bar{\mu}_j \\
\kappa_{j_1j_2} &= \bar{\mu}_{j_1j_2} - \bar{\mu}_{j_1}\bar{\mu}_{j_2} = \mu_{j_1j_2} = \sigma_{j_1j_2} \\
\kappa_{j_1j_2j_3} &= \bar{\mu}_{j_1j_2j_3} - \bar{\mu}_{j_1j_2}\bar{\mu}_{j_3}[3] + 2\bar{\mu}_{j_1}\bar{\mu}_{j_2}\bar{\mu}_{j_3} \\
\kappa_{j_1j_2j_3j_4} &= \bar{\mu}_{j_1j_2j_3j_4} - \bar{\mu}_{j_1j_2}\bar{\mu}_{j_3j_4}[3] - \bar{\mu}_{j_1j_2j_3}\bar{\mu}_{j_4}[4] \\
&\quad + 2\bar{\mu}_{j_1j_2}\bar{\mu}_{j_3}\bar{\mu}_{j_4}[6] - 6\bar{\mu}_{j_1}\bar{\mu}_{j_2}\bar{\mu}_{j_3}\bar{\mu}_{j_4} \qquad (50)
\end{aligned}$$

が得られる．ただし $\bar{\mu}_{j_1j_2}\bar{\mu}_{j_3}[3]$ の意味は，添字を入れかえると同様の項が計 3 項あることを示しており

$$\bar{\mu}_{j_1j_2}\bar{\mu}_{j_3}[3] = \bar{\mu}_{j_1j_2}\bar{\mu}_{j_3} + \bar{\mu}_{j_1j_3}\bar{\mu}_{j_2} + \bar{\mu}_{j_2j_3}\bar{\mu}_{j_1}$$

を意味している．$\bar{\mu}_{j_1j_2}\bar{\mu}_{j_3j_4}[3]$ や $\bar{\mu}_{j_1j_2}\bar{\mu}_{j_3}\bar{\mu}_{j_4}[6]$ も同様の記法である．また $j_1, j_2, \cdots$ には同じ添字が出てきてもよく，添字の重なりにかかわらず式(50)が成り立つ．

以上はキュムラントを原点まわりのモーメントで表わしたが，平均まわりのモーメントで表わすには，式(50)において平均ベクトルを 0 ベクトルとし $\bar{\mu}_j = 0$ とおけば，高次のモーメントも平均まわりのモーメントに一致するから，$\bar{\mu}_{j_1\cdots j_k}$ を $\mu_{j_1\cdots j_k}$ でおきかえればよい．これにより

$$\kappa_{j_1 j_2} = \mu_{j_1 j_2} = \sigma_{j_1 j_2}$$
$$\kappa_{j_1 j_2 j_3} = \mu_{j_1 j_2 j_3}$$
$$\kappa_{j_1 j_2 j_3 j_4} = \mu_{j_1 j_2 j_3 j_4} - \mu_{j_1 j_2}\mu_{j_3 j_4}[3] \tag{51}$$

と簡明になる．ただし以下で見るように，一般次のキュムラント $\kappa_{j_1 \cdots j_k}$ をモーメントで表現するには，まずは原点まわりのモーメントで表現しておくのがかえってわかりやすいのである．平均まわりのモーメントに直すには，ここで見たように，原点まわりのモーメントの式で $\bar{\mu}_j = 0$ とおいた上で，2 次以上のモーメントを平均まわりのものにおきかえればよい．

さて式(50)，さらには一般次の $\kappa_{j_1 \cdots j_k}$ の原点まわりのモーメントによる表現を導出しよう．ここで重要なトリックは，仮に添字 $j_1, j_2, \cdots, j_k$ がすべて異なると考えることである．これは次のように正当化される．例えば，いま 3 次のモーメント

$$E(x_1^2 x_2) = E(x_1 x_1 x_2)$$

を考えるとする．このとき新しい確率ベクトル $\boldsymbol{y} = (y_1, y_2, y_3)'$ を

$$(y_1, y_2, y_3) = (x_1, x_1, x_2)$$

と定義する．つまり確率 1 で $y_1 = y_2$ と退化するような確率ベクトルを考えるのである．このとき

$$E(x_1^2 x_2) = E(y_1 y_2 y_3)$$

となり，$\boldsymbol{y}$ で考えれば添字がすべて異なっている．このように退化した確率ベクトルをいったん考えることによって，添字 $j_1, j_2, \cdots, j_k$ がすべて異なる場合について式(50)が正しいことを示してしまえば，$j_1, j_2, \cdots, j_k$ に重複がある場合にも，式(50)が正しいことが保証されるのである．

そこで式(48)の右辺において m 次の項

$$\frac{i^m}{m!} \sum_{j_1, \cdots, j_m} t_{j_1} \cdots t_{j_m} \bar{\mu}_{j_1 \cdots j_m}$$

に注目してみると，添字がすべて異なれば $\bar{\mu}_{j_1 \cdots j_m}$ は $m!$ 回出てくるから，同じ項をまとめて考えれば

$$i^m \bar{\mu}_{j_1 \cdots j_m}$$

としてよいことがわかる．いま $\kappa_{j_1 \cdots j_m}$ を原点まわりのモーメントの積の和で表わしたときに，r 個のモーメントの積になっている項を考えると，こ

の項は

$$(-1)^{r-1}\frac{1}{r}(i\sum_j t_j\bar{\mu}_j+\cdots+\frac{i^k}{k!}\sum_{j_1,\cdots,j_k}t_{j_1}\cdots t_{j_k}\bar{\mu}_{j_1\cdots j_k})^r$$

から出てきていなければならない．しかも添字がすべて異なることから式中のべき乗 $(\cdots)^r$ をすべて展開したときに，それぞれのかっこ $(\cdots)$ から異なる項を抜き出さなければならない．したがって同じ項が $r!$ 回現れていることがわかる．このことより，任意の特定の r 個の原点まわりのモーメントの積にかかる係数は

$$(-1)^{r-1}\frac{1}{r}r! = (-1)^{r-1}(r-1)!$$

に一致しなければならない．なお，虚数単位の i の個数は i と t_j をひとまとまりにして $\theta_j = it_j$ の形で考えればよいから，無視してもよいことに注意する．以上より k 次のキュムラント $\kappa_{j_1\cdots j_k}$ を原点まわりのモーメントの積の和として表わす式が次のように求められた．

$$\kappa_{j_1\cdots j_k} = \sum_{r=1}^{k}(-1)^{r-1}(r-1)!\sum_{J_1,\cdots,J_r}\bar{\mu}_{J_1}\cdots\bar{\mu}_{J_r} \qquad (52)$$

ただし

$$\{j_1,\cdots,j_k\} = J_1\cup\cdots\cup J_r$$

は $\{j_1,\cdots,j_k\}$ の r 個の空でない排反な部分集合への分割で，和 $\sum_{J_1,\cdots,J_r}$ はこのような分割全体をわたる．式(52)の意味はそれ自体としてはややわかりにくいが，式(50)と比較すれば式(50)を一般化していることが理解される．

次に原点まわりの高次のモーメントをキュムラントの積の和として表わすことを考えよう．この場合，基礎となるのは指数関数のテーラー展開式

$$e^x = 1+x+\frac{x^2}{2}+\cdots$$

である．これは $\log(1+x)$ の展開よりも簡単な形をしており，上と同様の議論を繰り返すと $(-1)^{r-1}(r-1)!$ の係数が不要となるため，結果はより簡明となり

$$\bar{\mu}_{j_1\cdots j_k} = \sum_{r=1}^{k} \sum_{J_1,\cdots,J_r} \kappa_{J_1}\cdots\kappa_{J_r} \tag{53}$$

となることがわかる．つまり和の係数がすべて 1 となっている．これより低次の項を書き出してみると

$$\begin{aligned}
\bar{\mu}_j &= \kappa_j \\
\bar{\mu}_{j_1j_2} &= \kappa_{j_1j_2} + \kappa_{j_1}\kappa_{j_2} \\
\bar{\mu}_{j_1j_2j_3} &= \kappa_{j_1j_2j_3} + \kappa_{j_1j_2}\kappa_{j_3}[3] + \kappa_{j_1}\kappa_{j_2}\kappa_{j_3} \\
\bar{\mu}_{j_1j_2j_3j_4} &= \kappa_{j_1j_2j_3j_4} + \kappa_{j_1j_2}\kappa_{j_3j_4}[3] + \kappa_{j_1j_2j_3}\kappa_{j_4}[4] \\
&\quad + \kappa_{j_1j_2}\kappa_{j_3}\kappa_{j_4}[6] + \kappa_{j_1}\kappa_{j_2}\kappa_{j_3}\kappa_{j_4}
\end{aligned} \tag{54}$$

である．平均まわりのモーメントについては右辺で $\kappa_j = 0$ とおけばよい．

$\theta_j = it_j$ とおくと，特性関数ではこれが純虚数の場合を考えているが，θ_j を実数としたものが積率母関数である．すなわち $\boldsymbol{\theta} = (\theta_1,\cdots,\theta_p)'$ を実ベクトルとして $E(e^{\boldsymbol{\theta}'\boldsymbol{x}})$ を**積率母関数**(moment generating function)という．モーメントとキュムラントの関係のような形式的な展開を扱う限りは特性関数で考えても積率母関数で考えても同じである．ただし $\boldsymbol{\theta} = (\theta_1,\cdots,\theta_p)'$ を実ベクトルとすると，$E(e^{\boldsymbol{\theta}'\boldsymbol{x}})$ の積分の収束が問題となる．特性関数の場合，純虚数の指数関数は三角関数であり，積分が常に収束する点が利点である．指数関数は，次の意味で任意の多項式よりも速く無限大に発散する．

$$\frac{x^k}{e^{\theta x}} \to 0, \qquad \theta > 0, \quad k > 0, \quad x \to \infty \tag{55}$$

したがって，多次元で考えても $E(e^{\boldsymbol{\theta}'\boldsymbol{x}})$ が存在するためには，$\boldsymbol{\theta}$ 方向で分布の裾が指数関数的に減少する必要がある．特に都合のよい場合は，$\boldsymbol{\theta}$ に関して原点のある近傍で積率母関数が存在する場合である．この場合には式(55)より $\boldsymbol{x}$ の任意の次数のモーメントが存在し，また微分と積分の順序の交換が何回でも可能で

$$E(e^{\boldsymbol{\theta}'\boldsymbol{x}}) = 1 + \sum_j \theta_j\bar{\mu}_j + \frac{1}{2!}\sum_{j_1,j_2}\theta_{j_1}\theta_{j_2}\bar{\mu}_{j_1j_2} + \cdots \tag{56}$$

と整級数に展開される．積率母関数については，5.6 節で指数型分布族に関して再びふれる．

以上は多変量分布についてのモーメントおよびキュムラントであるが，標

本については，観測値ベクトル $\boldsymbol{x}_t$, $t=1,\cdots,n$ の各点に確率 $1/n$ の与える経験分布を考えて，経験分布を多変量分布として上と同様の扱いをすればよい．すなわち式(16)の $\bar{m}_{j_1\cdots j_m}$ を原点まわりの高次の標本モーメントとして，高次の標本キュムラントを

$$k_{j_1\cdots j_k}=\sum_{r=1}^{k}(-1)^{r-1}(r-1)!\sum_{J_1,\cdots,J_r}\bar{m}_{J_1}\cdots\bar{m}_{J_r} \tag{57}$$

と定義すればよい．標本平均まわりのモーメントで表わすには，右辺で $\bar{m}_j=0$ とおいた上で，2 次以上のモーメントを標本平均まわりのモーメントにおきかえればよい．標本平均まわりの高次キュムラントは母集団多変量分布のキュムラントの推定や，多変量正規性の検定に用いられる．

この節で扱ったモーメントとキュムラントの組合せ論的な関係についてはMcCullagh(1987)の本が詳しい．

5.4　多変量正規分布

多変量正規分布(multivariate normal distribution)は多変量連続分布の中でもっとも重要な分布である．多変量正規分布はさまざまな有用な性質を持っている．ここでは多変量正規分布の定義と基本的な性質のみを述べ，詳しい性質は 8 章でさらに説明することとする．なお，正規分布はガウス分布(Gaussian distribution)とよばれることも多い．

1 変量の標準正規分布 $N(0,1)$ の密度関数は

$$f(x)=\phi(x)=\frac{1}{\sqrt{2\pi}}e^{-x^2/2} \tag{58}$$

である．$x_1,\cdots,x_p$ が独立に $N(0,1)$ に従うとしたときの確率ベクトル $\boldsymbol{x}=(x_1,\cdots,x_p)$ の分布を p 変量標準多変量正規分布という．その同時密度関数は式(58)の積であり

$$f(\boldsymbol{x})=\prod_{i=1}^{p}\phi(x_i)=\frac{1}{(2\pi)^{p/2}}e^{-(x_1^2+\cdots+x_p^2)/2}=\frac{1}{(2\pi)^{p/2}}e^{-\boldsymbol{x}'\boldsymbol{x}/2}$$

と表わされる．密度関数が $\boldsymbol{x}'\boldsymbol{x}$ のみに依存するから，密度関数の等高線は R^p における球面 $\{\boldsymbol{x}\mid\boldsymbol{x}'\boldsymbol{x}=c\}$ である．このことから，標準多変量正規分

布は座標軸を回転しても分布が不変であることがわかる．

多変量正規分布の一般形は，標準多変量正規分布のアフィン変換で得られる．すなわち $\boldsymbol{x} \in R^p$ を標準多変量正規分布にしたがう確率ベクトルとして

$$\boldsymbol{y} = \boldsymbol{a} + \boldsymbol{B}\boldsymbol{x}$$

とおく．ただし $\boldsymbol{a} \in R^p$ であり $\boldsymbol{B}$ は非特異な $p \times p$ 行列である．ここで $\boldsymbol{y}$ の密度関数 $f_y(\boldsymbol{y})$ を求めよう．まず $\boldsymbol{y}$ の各要素を $\boldsymbol{x}$ の各要素で偏微分した偏微係数の行列は $\boldsymbol{B}$ そのものである．また $\boldsymbol{x}$ を $\boldsymbol{y}$ で表わすと

$$\boldsymbol{x} = \boldsymbol{B}^{-1}(\boldsymbol{y} - \boldsymbol{a})$$

である．したがって，ヤコビアンを用いた同時密度関数の変換の公式により

$$\begin{aligned} f_y(\boldsymbol{y}) &= \frac{1}{(2\pi)^{p/2}} \exp(-(\boldsymbol{B}^{-1}(\boldsymbol{y}-\boldsymbol{a}))'(\boldsymbol{B}^{-1}(\boldsymbol{y}-\boldsymbol{a}))/2) \times \frac{1}{|\det \boldsymbol{B}|} \\ &= \frac{1}{(2\pi)^{p/2}|\det \boldsymbol{B}|} \exp(-(\boldsymbol{y}-\boldsymbol{a})'(\boldsymbol{B}\boldsymbol{B}')^{-1}(\boldsymbol{y}-\boldsymbol{a})/2) \end{aligned}$$

となることがわかる．ただし，ここで $|\det \boldsymbol{B}|$ は $\boldsymbol{B}$ の行列式の絶対値であり，記法の混乱を避けるために，行列式を det と表わしている．ヤコビアンを用いた同時密度関数の変換の公式については，例えば竹村(1991a)を参照されたい．

ところで期待値の線形性より

$$\begin{aligned} E(\boldsymbol{y}) &= \boldsymbol{\mu} = \boldsymbol{a} + \boldsymbol{B}E(\boldsymbol{x}) = \boldsymbol{a} \\ \mathrm{Var}(\boldsymbol{y}) &= \boldsymbol{\Sigma} = \boldsymbol{B}\,\mathrm{Var}(\boldsymbol{x})\boldsymbol{B}' = \boldsymbol{B}\boldsymbol{B}' \end{aligned}$$

であるから

$$f_y(\boldsymbol{y}) = \frac{1}{(2\pi)^{p/2}|\boldsymbol{\Sigma}|^{1/2}} \exp(-(\boldsymbol{y}-\boldsymbol{\mu})'\boldsymbol{\Sigma}^{-1}(\boldsymbol{y}-\boldsymbol{\mu})/2) \qquad (59)$$

となることがわかる．これが期待値 $\boldsymbol{\mu}$，分散行列 $\boldsymbol{\Sigma}$ の多変量正規分布 $N(\boldsymbol{\mu}, \boldsymbol{\Sigma})$ の密度関数である．確率ベクトルの次元 p を明示するときには分布を $N_p(\boldsymbol{\mu}, \boldsymbol{\Sigma})$ と表わす．

次に多変量正規分布 $N(\boldsymbol{\mu}, \boldsymbol{\Sigma})$ の特性関数を与えよう．標準正規分布からのアフィン変換という導出に戻ると $\boldsymbol{a} = \boldsymbol{\mu}$ として

$$E(e^{i\boldsymbol{t}'\boldsymbol{y}}) = E(e^{i\boldsymbol{t}'(\boldsymbol{\mu}+\boldsymbol{B}\boldsymbol{x})}) = e^{i\boldsymbol{t}'\boldsymbol{\mu}}E(e^{i\boldsymbol{t}'\boldsymbol{B}\boldsymbol{x}})$$

である．ここで $\boldsymbol{B}'\boldsymbol{t} = \tilde{\boldsymbol{t}} = (\tilde{t}_1, \cdots, \tilde{t}_p)'$ とおくと

$$\begin{aligned} E(e^{i\tilde{\boldsymbol{t}}'\boldsymbol{x}}) &= E(e^{i(\tilde{t}_1 x_1 + \cdots + \tilde{t}_p x_p)}) \\ &= \prod_{j=1}^{p} E(e^{i\tilde{t}_j x_j}) = e^{-(\tilde{t}_1^2 + \cdots + \tilde{t}_p^2)/2} = e^{-\tilde{\boldsymbol{t}}'\tilde{\boldsymbol{t}}/2} \end{aligned}$$

である．ただし，1 変量標準正規分布の特性関数が $e^{-t^2/2}$ となることを用いた．さらに

$$e^{-\tilde{\boldsymbol{t}}'\tilde{\boldsymbol{t}}/2} = e^{-\boldsymbol{t}'\boldsymbol{B}\boldsymbol{B}'\boldsymbol{t}/2} = e^{-\boldsymbol{t}'\boldsymbol{\Sigma}\boldsymbol{t}/2}$$

となることに注意すれば，$N(\boldsymbol{\mu}, \boldsymbol{\Sigma})$ の特性関数が

$$E(e^{i\boldsymbol{t}'\boldsymbol{y}}) = e^{i\boldsymbol{t}'\boldsymbol{\mu} - \boldsymbol{t}'\boldsymbol{\Sigma}\boldsymbol{t}/2} \tag{60}$$

と表わされることがわかる．特に $p=1$ とおけば 1 次元の正規分布の特性関数 $e^{it\mu - t^2\sigma^2/2}$ に帰着する．また式(60)の対数をとるとキュムラント母関数が

$$\psi(\boldsymbol{t}) = i\boldsymbol{t}'\boldsymbol{\mu} - \frac{1}{2}\boldsymbol{t}'\boldsymbol{\Sigma}\boldsymbol{t}$$

で与えられるから，多変量正規分布においては 3 次以上のキュムラントはすべて 0 である．逆に，キュムラント母関数が分布を定めるから，3 次以上のキュムラントがすべて 0 となる分布は多変量正規分布に限られる．このことから，多変量正規分布以外の分布を用いる際には，3 次以上のキュムラントの扱いが 1 つの焦点となる．

多変量正規分布 $N(\boldsymbol{\mu}, \boldsymbol{\Sigma})$ の特性関数が式(60)のように 1 変量の場合と同様の形で与えられることにより，**中心極限定理**(central limit theorem)も多変量の形で成り立つことがわかる．すなわち，$\boldsymbol{x}_1, \boldsymbol{x}_2, \cdots$ が IID と仮定し，

$$E(\boldsymbol{x}_j) = \boldsymbol{\mu}, \quad \mathrm{Var}(\boldsymbol{x}_j) = \boldsymbol{\Sigma}$$

とおくとき，$\boldsymbol{x}_j$ の分布にかかわらず，標本平均 $\bar{\boldsymbol{x}}_n$ について

$$\sqrt{n}\,(\bar{\boldsymbol{x}}_n - \boldsymbol{\mu}) \xrightarrow{d} N(0, \boldsymbol{\Sigma}) \qquad (n \to \infty) \tag{61}$$

が成り立つ．ただし $\xrightarrow{d}$ は**分布収束**(法則収束，弱収束)を表わす．証明は 1 変量の場合とまったく同様であり，特性関数の連続定理を用いればよい．

5.5　多項分布

前節の多変量正規分布は多変量連続分布の中で最も重要な分布であるが，多変量離散分布の中で最も重要な分布が多項分布である．多項分布は 2 項分布を多カテゴリーの場合に拡張したものである．いま 1 回の試行で複数のカテゴリーの 1 つが起こる場合を考えよう．例えば，サイコロの目の場合，各回の試行で $\{1,\cdots,6\}$ の 6 通りの目の 1 つが実現する．カテゴリー数を k とし，一般性を失うことなくカテゴリーを $\{1,\cdots,k\}$ とおく．1 回の試行でカテゴリー i が起こる確率を p_i とおく．このとき $p_i \geq 0$, $i=1,\cdots,k$ かつ $p_1+\cdots+p_k=1$ である．$\boldsymbol{p}=(p_1,\cdots,p_k)'$ を**確率ベクトル**(probability vector)とよぶこともあるが，5.1 節の通常の意味での random vector $\boldsymbol{x}$ と区別する必要がある．2 項分布の場合と同様に，各回の試行を(多次元)**ベルヌーイ試行**とよぶ．

ベルヌーイ試行を n 回独立におこなったときのカテゴリー i の頻度を x_i とするとき，$\boldsymbol{x}=(x_1,\cdots,x_k)$ の分布を**多項分布**(multinomial distribution)という．本稿では多項分布を $\mathrm{Mn}(n,p_1,\cdots,p_k)$ と表わすことにする．多項分布の同時確率関数は，2 項分布の導出と同様に考えて，

$$p(x_1,\cdots,x_k)=\binom{n}{x_1,\cdots,x_k}p_1^{x_1}\cdots p_k^{x_k}=\frac{n!}{x_1!\cdots x_k!}p_1^{x_1}\cdots p_k^{x_k} \qquad (62)$$

で与えられる．$\binom{n}{x_1,\cdots,x_k}$ は多項係数である．

多項分布ではカテゴリーを併合することによって，より次元の小さな多項分布が導かれる．例えば第 1 カテゴリーと第 2 カテゴリーの区別を無視して頻度の和をとれば，$(x_1,\cdots,x_k)\sim \mathrm{Mn}(n,p_1,p_2,\cdots,p_k)$ のとき $(x_1+x_2,x_3,\cdots,x_k)\sim \mathrm{Mn}(n,p_1+p_2,p_3,\cdots,p_k)$ となることは明らかである．同様に，特定のカテゴリー以外のカテゴリーをすべて併合して考えることにより，x_i の周辺分布が 2 項分布 $\mathrm{Bin}(n,p_i)$ に従う．2 項分布のモーメントの結果を用いれば

$$E(x_i)=np_i, \quad \mathrm{Var}(x_i)=np_i(1-p_i)$$

となる．また $i \neq j$ について $\mathrm{Cov}(x_i, x_j)$ は次のようにして求められる．式(45)より，$\mathrm{Var}(x_i + \quad x_j)$ は

$$\begin{aligned}\mathrm{Var}(x_i + x_j) &= \mathrm{Var}(x_i) + \mathrm{Var}(x_j) + 2\,\mathrm{Cov}(x_i, x_j) \\ &= np_i(1-p_i) + np_j(1-p_j) + 2\,\mathrm{Cov}(x_i, x_j)\end{aligned}$$

と表わされる．一方，$x_i + x_j \sim \mathrm{Bin}(n, p_i + p_j)$ より $\mathrm{Var}(x_i + x_j) = n(p_i + p_j)(1 - p_i - p_j)$ である．$\mathrm{Var}(x_i + x_j)$ の 2 つの式を等値することにより

$$\mathrm{Cov}(x_i, x_j) = -np_ip_j$$

となることがわかる．期待値ベクトルと分散行列を行列表記すれば $\boldsymbol{x} \sim \mathrm{Mn}(n, \boldsymbol{p})$ のとき

$$E(\boldsymbol{x}) = n\boldsymbol{p}, \quad \mathrm{Var}(\boldsymbol{x}) = n(\mathrm{diag}(\boldsymbol{p}) - \boldsymbol{p}\boldsymbol{p}')$$

と表わされる．ただし，$\mathrm{diag}(\boldsymbol{p})$ は $\boldsymbol{p}$ の要素を対角要素とする対角行列を表わす．

5.6　指数型分布族

多変量分布には，多変量正規分布と多項分布の他にも有用な分布があり，さまざまな用途に用いられているが，ここでは個々の分布に立ち入ることはさけて，指数型分布族とよばれる，より抽象的な分布族の性質を述べる．多変量正規分布族も多項分布族も指数型分布族の一例である．ここでの説明は一部測度論の概念を用いている．また指数型分布族に関連して，十分統計量の概念についてもここでごく簡単にふれる．

$\boldsymbol{\theta}$ を(1 次元でもよいが)一般に多次元のパラメータとする．密度関数，あるいは確率関数 $f(\boldsymbol{x}, \boldsymbol{\theta})$ が次の形に書けるとき，分布族 $\{f(\boldsymbol{x}, \boldsymbol{\theta}) \mid \boldsymbol{\theta} \in \Theta\}$ は**指数型分布族**(exponential family)であるという．

$$f(\boldsymbol{x}, \boldsymbol{\theta}) = c(\boldsymbol{\theta})h(\boldsymbol{x})\exp\Big(\sum_{j=1}^{k} T_j(\boldsymbol{x})q_j(\boldsymbol{\theta})\Big) \tag{63}$$

ただし $c(\boldsymbol{\theta})$ は基準化定数であり，$T_j(\boldsymbol{x})$, $q_j(\boldsymbol{\theta})$ はそれぞれ観測値 $\boldsymbol{x}$ およびパラメータ $\boldsymbol{\theta}$ の実数値関数とする．$h(\boldsymbol{x}) > 0$ は $\boldsymbol{x}$ のみの関数である．以下 $\boldsymbol{q}(\boldsymbol{\theta}) = (q_1(\boldsymbol{\theta}), \cdots, q_k(\boldsymbol{\theta}))'$, $\boldsymbol{T}(\boldsymbol{x}) = (T_1(\boldsymbol{x}), \cdots, T_k(\boldsymbol{x}))'$ と表わす．

例えば多変量正規分布の密度関数は

$$\frac{1}{(2\pi)^{p/2}|\boldsymbol{\Sigma}|^{1/2}}\exp(-(\boldsymbol{x}-\boldsymbol{\mu})'\boldsymbol{\Sigma}^{-1}(\boldsymbol{x}-\boldsymbol{\mu})/2)$$
$$=\frac{e^{-\boldsymbol{\mu}'\boldsymbol{\Sigma}^{-1}\boldsymbol{\mu}/2}}{(2\pi)^{p/2}|\boldsymbol{\Sigma}|^{1/2}}\exp(\boldsymbol{x}'\boldsymbol{\Sigma}^{-1}\boldsymbol{\mu}-\boldsymbol{x}'\boldsymbol{\Sigma}^{-1}\boldsymbol{x}/2)$$

である．分散行列 $\boldsymbol{\Sigma}^{-1}$ の要素を $\boldsymbol{\Sigma}^{-1}=(\sigma^{ij})$ と上付きの添字で表わせば，$-\boldsymbol{x}'\boldsymbol{\Sigma}^{-1}\boldsymbol{x}/2$ を

$$\sum_{i=1}^{p}-\frac{\sigma^{ii}}{2}x_i^2+\sum_{i<j}-\sigma^{ij}x_ix_j$$

と書くことができるから

$$\boldsymbol{T}(\boldsymbol{x})=\left(x_1,\cdots,x_p,-\frac{1}{2}x_1^2,\cdots,-\frac{1}{2}x_p^2,-x_1x_2,\cdots,-x_{p-1}x_p\right)' \tag{64}$$

と $\boldsymbol{x}$ の要素の 2 次項までを並べることにより，多変量正規分布族が指数型分布族をなすことがわかる．対角要素に 1/2 をかけるかどうかは非本質的であるが，8.4 節で多変量正規分布の Fisher 情報行列を求める際にこの形の十分統計量(後で定義)を用いるので，対角要素に 1/2 をかけておくこととする．

多項分布の場合には，確率関数が

$$h(\boldsymbol{x})\exp(x_1\log p_1+\cdots+x_k\log p_k),\qquad h(\boldsymbol{x})=\binom{n}{x_1,\cdots,x_k} \tag{65}$$

となるから，やはり指数型分布族である．

式(65)は $x_1,\cdots,x_k$ 間の対称性を残した表わし方であるが，この表わし方を用いると，定義的に $x_1+\cdots+x_k=n$ が成り立ち，特に $\boldsymbol{T}(\boldsymbol{x})=(x_1,\cdots,x_p)'$ の分散行列が特異となる．また，これに対応して生起確率についても $1=p_1+\cdots+p_k$ という制約がある．そこで例えば最後のカテゴリーを別に扱い，$x_k=n-(x_1+\cdots+x_{k-1})$, $p_k=1-p_1-\cdots-p_{k-1}$ とおき，確率関数を

$$\begin{aligned}p(x_1,\cdots,x_{k-1}) &= h(\boldsymbol{x})\exp(x_1\log(p_1/p_k)+\cdots\\ &\qquad +x_{k-1}\log(p_{k-1}/p_k)+n\log p_k),\\ &\qquad p_k=1-p_1-\cdots-p_{k-1}\end{aligned} \tag{66}$$

と表わすことも多い．多変量正規分布についても式(64)の $\boldsymbol{T}(\boldsymbol{x})$ の 2 次式

で表わされる要素は $x_1, \cdots, x_p$ の関数であり，その意味で退化しているが，$\boldsymbol{T}(\boldsymbol{x})$ の要素が線形独立，すなわち線形式で分布が退化しているものはないため，式(64)の形で考えてよい．

指数型分布族の定義は以上であるが，ここで式(63)を単純化することを考える．まず基準化定数は

$$c(\boldsymbol{\theta})^{-1} = \int h(\boldsymbol{x}) \exp(\boldsymbol{T}(\boldsymbol{x})' \boldsymbol{q}(\boldsymbol{\theta})) d\boldsymbol{x}$$

である．ただし連続分布の場合積分は標本空間全域での定積分であり，離散分布の場合は積分を和でおきかえて考える．測度論的な観点からは，和を計数測度に関する積分と見ることができるから，一般に積分で表わしておいてよい．右辺は $\boldsymbol{q} = \boldsymbol{q}(\boldsymbol{\theta})$ の値のみに依存するから，基準化定数も $c(\boldsymbol{\theta}) = c(\boldsymbol{q}(\boldsymbol{\theta}))$ と表わされる．すなわち $c(\boldsymbol{q})^{-1} = \int h(\boldsymbol{x}) \exp(\boldsymbol{T}(\boldsymbol{x})' \boldsymbol{q}) d\boldsymbol{x}$ である．

ここで $\boldsymbol{\theta}$ の関数として表わしていた $\boldsymbol{q}$ を独立したパラメータと考え

$$\Omega = \{\boldsymbol{q} \mid \int h(\boldsymbol{x}) \exp(\boldsymbol{T}(\boldsymbol{x})' \boldsymbol{q}) d\boldsymbol{x} < \infty\}$$

とおく． 基準化定数の部分について $-\log c(\boldsymbol{q}) = \psi(\boldsymbol{q})$ と書けば，Ω を母数空間とする分布族を

$$h(\boldsymbol{x}) \exp(\boldsymbol{T}(\boldsymbol{x})' \boldsymbol{q} - \psi(\boldsymbol{q})), \qquad \boldsymbol{q} \in \Omega$$

と定義することができる．このように $\boldsymbol{q}$ をパラメータと考えたとき，$\boldsymbol{q}$ を自然母数という．

なお指数関数は凸関数であるから，Jensen の不等式より $0 \leq a \leq 1$ について

$$\exp(\boldsymbol{T}(\boldsymbol{x})'(a\boldsymbol{q}_1 + (1-a)\boldsymbol{q}_2)) \leq a \exp(\boldsymbol{T}(\boldsymbol{x})' \boldsymbol{q}_1) + (1-a) \exp(\boldsymbol{T}(\boldsymbol{x})' \boldsymbol{q}_2)$$

である．両辺に $h(\boldsymbol{x})$ をかけて積分することにより，Ω が R^k の凸集合であることがわかる．

上の正規分布の例で，十分統計量 $\boldsymbol{T}(\boldsymbol{x})$ を式(64)の形にとった場合には，自然母数の要素は $\boldsymbol{\Sigma}^{-1}\boldsymbol{\mu}$ の要素および $\boldsymbol{\Sigma}^{-1} = (\sigma^{ij})$ の $i \leq j$ となる要素であり，必ずしも「自然」な母数とは思えない点に注意が必要である．また十分統計量の 2 次項の係数に $1:2$ の違いがあるが，これは $\boldsymbol{T}(\boldsymbol{x})$ に吸

収するのでも，$\boldsymbol{q}(\boldsymbol{\theta})$ に吸収するのでもよい．より一般的に言えば，$\boldsymbol{A}$ を任意の非特異な行列とすれば $\boldsymbol{T}(\boldsymbol{x})'\boldsymbol{q} = (\boldsymbol{A}'\boldsymbol{T}(\boldsymbol{x}))'\boldsymbol{A}^{-1}\boldsymbol{q}$ であるから，$\boldsymbol{q}$ のかわりに $\boldsymbol{A}^{-1}\boldsymbol{q}$ を考えてもよい．すなわち $\boldsymbol{q},\boldsymbol{T}$ には

$$(\boldsymbol{q},\boldsymbol{T}) \mapsto (\boldsymbol{A}^{-1}\boldsymbol{q},\boldsymbol{A}'\boldsymbol{T}),\quad |\boldsymbol{A}| \neq 0 \tag{67}$$

の形の線形変換の不定性があることに注意する．

次に $\boldsymbol{x}$ のみに依存する $h(\boldsymbol{x})$ は，基準測度であるルベーグ測度あるいは計数測度のほうにしわ寄せし，基準測度に吸収することを考える．より厳密には，標本空間の部分集合 $A \subset \mathcal{X}$ の測度 μ を

$$\mu(A) = \int_A h(\boldsymbol{x})d\boldsymbol{x} \tag{68}$$

で定義して $h(\boldsymbol{x})$ を μ に吸収すれば，μ に関する密度関数は $\exp(\boldsymbol{T}(\boldsymbol{x})'\boldsymbol{q} - \psi(\boldsymbol{q}))$ となる．このように $h(\boldsymbol{x})$ を基準測度に吸収しても，パラメータ $\boldsymbol{q}$ の統計的推測には影響がないので，基準測度を一般化して考えれば，密度関数が

$$\exp(\boldsymbol{T}(\boldsymbol{x})'\boldsymbol{q} - \psi(\boldsymbol{q})) \tag{69}$$

の形であるとしてもよい．実際の計算においては，パラメータ $\boldsymbol{q}$ の統計的推測においては $h(\boldsymbol{x})$ は共通なのでこれを無視した計算をしておいて，例えば具体的な確率の計算などの必要が生じた際に $h(\boldsymbol{x})$ を明示的に考慮するのでも同じこととなる．

さらに $\boldsymbol{x}$ の分布ではなく $\boldsymbol{T}(\boldsymbol{x})$ の分布を考慮する．式(69)の密度関数は $\boldsymbol{T}(\boldsymbol{x})$ のみに依存する関数であるから，式(69)を $\boldsymbol{T}(\boldsymbol{x})$ の密度とみることができる．$\boldsymbol{x}$ の密度関数から $\boldsymbol{T}(\boldsymbol{x})$ の密度関数に移るには通常はヤコビアンを操作して必要に応じて周辺密度を求めればよいが，測度論的に考えると次のように単純となる．いま写像 $\boldsymbol{T}$ によって μ から 誘導される R^k の測度 $\tilde{\mu}$ を

$$\tilde{\mu}(A) = \int_{\boldsymbol{x}:\boldsymbol{T}(\boldsymbol{x})\in A} d\mu(\boldsymbol{x})$$

と定義する．関数の逆像の記法を用いれば $\{\boldsymbol{x}|\boldsymbol{T}(\boldsymbol{x}) \in A\} = \boldsymbol{T}^{-1}(A)$ であり，$\tilde{\mu}(A) = \mu(\boldsymbol{T}^{-1}(A))$ である．このとき R^k での $\boldsymbol{t} = \boldsymbol{T}(\boldsymbol{x})$ の $\tilde{\mu}$ に関する密度関数は

$$\exp(\boldsymbol{t}'\boldsymbol{q} - \psi(\boldsymbol{q})) \tag{70}$$

で与えられる．ヤコビアンを用いた操作は $\tilde{\mu}(A)$ を具体的に評価するときには必要となるが，指数型分布族の推測理論においてはしばしば $\tilde{\mu}(A)$ の具体的な形は不要であり，式(70)を $\boldsymbol{t}$ の密度関数と考えて議論を進めてかまわないことが多い．

さて $\boldsymbol{q}$ が Ω の内点であるとし，式(70)の密度関数に従う確率ベクトル $\boldsymbol{t}$ の積率母関数を評価しよう．積率母関数は

$$\begin{aligned} E(e^{\boldsymbol{\theta}'\boldsymbol{t}}) = E_q(e^{\boldsymbol{\theta}'\boldsymbol{t}}) &= \int \exp(\boldsymbol{t}'\boldsymbol{\theta} + \boldsymbol{t}'\boldsymbol{q} - \psi(\boldsymbol{q}))d\tilde{\mu} \\ &= \exp(\psi(\boldsymbol{q}+\boldsymbol{\theta}) - \psi(\boldsymbol{q})) \end{aligned}$$

で与えられる．ここで積率母関数の場合には $\boldsymbol{\theta}$ はパラメータではなく，積率母関数の引数であることに注意する．パラメータは $\boldsymbol{q}$ である．$\boldsymbol{q}$ が Ω の内点としたから，原点のある近傍の $\boldsymbol{\theta}$ について積率母関数が存在することがわかる．また

$$\log E(e^{\boldsymbol{\theta}'\boldsymbol{t}}) = \psi(\boldsymbol{q}+\boldsymbol{\theta}) - \psi(\boldsymbol{q})$$

より，$\psi(\boldsymbol{q}+\boldsymbol{\theta}) - \psi(\boldsymbol{q})$ が $\boldsymbol{t}$ のキュムラント母関数であることがわかる．これより $\boldsymbol{t}$ の期待値と分散行列が

$$E(t_i) = \frac{\partial}{\partial\theta_i}\psi(\boldsymbol{\theta})\bigg|_{\boldsymbol{\theta}=\boldsymbol{q}}, \qquad \mathrm{Cov}(t_i, t_j) = \frac{\partial^2}{\partial\theta_i\partial\theta_j}\psi(\boldsymbol{\theta})\bigg|_{\boldsymbol{\theta}=\boldsymbol{q}} \tag{71}$$

と，$\psi(\boldsymbol{q})$ の勾配とヘッセ行列で与えられることがわかる．分散行列は非負定値であるから，$\psi(\boldsymbol{q})$ が凸関数であることもわかる．さらに $\boldsymbol{t}$ の分散行列が各 $\boldsymbol{q}$ で正定値であると仮定すれば，$\boldsymbol{t}$ の期待値 $E_q(\boldsymbol{t})$ と $\boldsymbol{q}$ が 1 対 1 に対応することが示される．したがって，この場合には，$\boldsymbol{q}$ のかわりに

$$\boldsymbol{\eta} = E_q(\boldsymbol{t}) \tag{72}$$

を分布のパラメータとして用いることができる．$\boldsymbol{\eta}$ を指数型分布族の期待値母数(期待値パラメータ)とよぶ．

以上で，指数型分布族では自然母数と期待値母数の 2 通りのパラメータの表わし方があることがわかったが，自然母数はもともとはパラメータ $\boldsymbol{\theta}$ の関数として $\boldsymbol{q}(\boldsymbol{\theta})$ の形に表わされていたものであった．ここで $\boldsymbol{\theta}$ と $\boldsymbol{q}$ の関係が 1 対 1 ならばパラメータとしては $\boldsymbol{\theta}$ と $\boldsymbol{q}$ のどちらを用いてもよいが，

$\boldsymbol{\theta}$ の次元が $\boldsymbol{q}$ の次元より低く，$\{\boldsymbol{q}(\boldsymbol{\theta}) \mid \boldsymbol{\theta} \in \Theta\}$ が Ω の部分集合となることがある．あるいはモデルを単純化するために積極的にそのような部分集合のモデル化をおこなうこともある．このような場合 $\{\boldsymbol{q}(\boldsymbol{\theta}) \mid \boldsymbol{\theta} \in \Theta\} \subset \Omega$ を全体の指数型分布族 Ω の中の**曲指数型分布族**とよぶ．「曲」とよぶのは一般には $\boldsymbol{q}(\boldsymbol{\theta})$ が $\boldsymbol{\theta}$ の非線形関数となるからである．ただし，$\{\boldsymbol{q}(\boldsymbol{\theta}) \mid \boldsymbol{\theta} \in \Theta\}$ が Ω の中の線形部分空間となるようなモデルのほうがより簡明であり取扱いも容易であり，実際のデータ解析では重要な役割をはたしている．このようなモデルとしては，7.1 節で述べる分割表に関する対数線形モデルや，8.4 節で述べる多変量正規分布に関するグラフィカルモデルがあげられる．

次に指数型分布族から IID でサイズ n の標本を得ることを考えよう．$\boldsymbol{t}_1, \cdots, \boldsymbol{t}_n$ を標本とすれば，式(70)より（測度 $\tilde{\mu}^n$ に関する）同時密度関数が

$$\exp(\sum_{i=1}^{n} \boldsymbol{t}_i' \boldsymbol{q} - n\psi(\boldsymbol{q})) = \exp(n\bar{\boldsymbol{t}}' \boldsymbol{q} - n\psi(\boldsymbol{q})), \qquad \bar{\boldsymbol{t}} = \frac{1}{n}\sum_{i=1}^{n} \boldsymbol{t}_i \tag{73}$$

と表わされる．この密度関数は $\bar{\boldsymbol{t}}$ のみに依存し，また $\bar{\boldsymbol{t}}$ の関数として見ると指数型分布族の形をしている．したがって，上と同様に $(\boldsymbol{t}_1, \cdots, \boldsymbol{t}_n) \mapsto \bar{\boldsymbol{t}}$ の変換にともなう基準測度の誘導を考えれば，$\bar{\boldsymbol{t}}$ 自身を標本の大きさが 1 の確率ベクトルとし，その密度関数が式(73)で与えられると考えてよいことがわかる．

ここで以上の測度論的な議論を一度忘れて，もとの確率変数 $\boldsymbol{x}_1, \cdots, \boldsymbol{x}_n$ にもどって考えるとその同時密度関数は

$$\prod_{i=1}^{n} h(\boldsymbol{x}_i) \exp(\boldsymbol{q}' \sum_{i=1}^{n} \boldsymbol{T}(\boldsymbol{x}_i) - n\psi(\boldsymbol{q}))$$

であるから，密度関数が次の 2 つの部分の積に書ける．

（1）$\prod_{i=1}^{n} h(\boldsymbol{x}_i)$ ：パラメータと無関係な部分

（2）$\exp(\boldsymbol{q}' \sum_{i=1}^{n} \boldsymbol{T}(\boldsymbol{x}_i) - n\psi(\boldsymbol{q}))$ ： $\sum_{i=1}^{n} \boldsymbol{T}(\boldsymbol{x}_i) = n\bar{\boldsymbol{t}}$ のみに依存する部分

一般に $\boldsymbol{x}_1, \cdots, \boldsymbol{x}_n$ の密度関数が

$$h(\boldsymbol{x}_1, \cdots, \boldsymbol{x}_n) g(\boldsymbol{T}(\boldsymbol{x}_1, \cdots, \boldsymbol{x}_n), \boldsymbol{q})$$

のように，パラメータを含まない部分 h と，$\boldsymbol{T}(\boldsymbol{x}_1, \cdots, \boldsymbol{x}_n)$ およびパラメータ $\boldsymbol{q}$ を含む部分 g の積に書けるとき，$\boldsymbol{T}(\boldsymbol{x}_1, \cdots, \boldsymbol{x}_n)$ は**十分統計量**（sufficient statistic)とよばれる．パラメータ $\boldsymbol{q}$ に関する推測は十分統計量に基づくものだけ考えればよいことが知られているから，指数型分布族においては $\bar{\boldsymbol{t}}$ の分布にのみ注目すればよいのである．さらに指数型分布族の場合，十分統計量 $\bar{\boldsymbol{t}}$ は完備性という望ましい性質を持ち，このために指数型分布族の統計的推測に関してさまざまな望ましい結果が成り立つ．すなわち指数型分布族においては，$\bar{\boldsymbol{t}}$ の任意の関数 $g(\bar{\boldsymbol{t}})$ について，その期待値が常に 0

$$E_{\boldsymbol{q}}[g(\bar{\boldsymbol{t}})] = 0, \qquad \forall \boldsymbol{q} \tag{74}$$

であるならば，$g \equiv 0$ でなければならないのである．式(74)の性質を十分統計量の**完備性**という．十分統計量について詳しくは竹村(1991b)の 6 章を参照されたい．

6 統計的推測

統計的推測における典型的な問題は，統計的推定と統計的検定である．ここでは推定論および検定論に関して，諸概念の定義および基本的な結果の概観を与える．

6.1 推定論と Fisher 情報量

統計的推定(点推定)においては，未知母数 $\boldsymbol{\theta}$ の真の値をデータに基づいて $\hat{\boldsymbol{\theta}} = \hat{\boldsymbol{\theta}}(\boldsymbol{x}_1, \cdots, \boldsymbol{x}_n)$ と当てることを目的とする．$\hat{\boldsymbol{\theta}}$ は標本空間 $\mathcal{X}$ から母数空間 Θ への写像であり，**推定量**とよばれる．推定量 $\hat{\boldsymbol{\theta}}$ は確率変数の関数であるから，それ自身確率変数である．つまり $\hat{\boldsymbol{\theta}}$ が良い推定量であっても $\boldsymbol{\theta}$ にいつも一致することはできず，$\boldsymbol{\theta}$ のまわりにある程度のばらつきを持つことになる．このばらつきの少ない推定量が望ましい推定量である．

推定量の望ましさをはかる基準にはいろいろなものが提案されている．最も単純な基準は，推定値とパラメータの真値の間のユークリッド距離の 2 乗 $\|\hat{\boldsymbol{\theta}} - \boldsymbol{\theta}\|^2$ の期待値をとり

$$R(\hat{\boldsymbol{\theta}}, \boldsymbol{\theta}) = E_{\boldsymbol{\theta}}(\|\hat{\boldsymbol{\theta}} - \boldsymbol{\theta}\|^2) \tag{75}$$

を基準とするものである．ただし，右辺の期待値は真のパラメータの値 $\boldsymbol{\theta}$ のもとでの $\boldsymbol{x}_1, \cdots, \boldsymbol{x}_n$ の分布に関して計算している．式(75)を**平均 2 乗誤差**(mean square error)とよぶ．また $\hat{\boldsymbol{\theta}}$ が期待値として $\boldsymbol{\theta}$ に一致することを重んじる場合がある．

$$E_{\boldsymbol{\theta}}(\hat{\boldsymbol{\theta}}) = \boldsymbol{\theta}, \qquad \forall \boldsymbol{\theta} \in \Theta \tag{76}$$

を満たす推定量を**不偏推定量**とよぶ．不偏推定量においては平均 2 乗誤差は分散 $\mathrm{Var}_{\boldsymbol{\theta}}(\hat{\boldsymbol{\theta}})$ に一致しているので，不偏推定量の比較はその分散に基づいておこなうこととなる．不偏推定量の中で，もしすべての $\boldsymbol{\theta}$ について同時に分散を最小化するような推定量があれば，それが最も望ましい不偏推定量であり，**一様最小分散不偏推定量**(UMVU, uniformly minimum variance unbiased estimator)とよばれる．すなわち $\hat{\boldsymbol{\theta}}^*$ が UMVU とは，任意の不偏推定量 $\hat{\boldsymbol{\theta}}$ について

$$\mathrm{Var}_{\boldsymbol{\theta}}(\hat{\boldsymbol{\theta}}^*) \leq \mathrm{Var}_{\boldsymbol{\theta}}(\hat{\boldsymbol{\theta}}), \qquad \forall \boldsymbol{\theta} \in \Theta$$

が成り立つことである．不偏推定量が UMVU であることを示すためには，以下の Fisher 情報量に基づく情報量不等式を用いる．

対数尤度関数を

$$l(\boldsymbol{\theta}) = l(\boldsymbol{\theta}; \boldsymbol{x}) = \log f(\boldsymbol{x}, \boldsymbol{\theta})$$

と書く．分布族 $\{f(\boldsymbol{x}, \boldsymbol{\theta}) \mid \boldsymbol{\theta} \in \Theta\}$ に関する **Fisher 情報量**，あるいは Fisher 情報行列は

$$\boldsymbol{I}(\boldsymbol{\theta})_{ij} = E_{\boldsymbol{\theta}}\Big[\frac{\partial l(\boldsymbol{\theta})}{\partial \theta_i}\frac{\partial l(\boldsymbol{\theta})}{\partial \theta_j}\Big] \tag{77}$$

と定義される．$\boldsymbol{\theta}$ を k 次元母数として，式(77)は $k \times k$ Fisher 情報行列 $\boldsymbol{I}(\boldsymbol{\theta})$ の (i, j) 要素を表わしている．$l(\boldsymbol{\theta})$ の勾配

$$\nabla l(\boldsymbol{\theta}) = \frac{\partial l(\boldsymbol{\theta})}{\partial \boldsymbol{\theta}} = \Big(\frac{\partial l(\boldsymbol{\theta})}{\partial \theta_i}\Big)_{i=1,\cdots,k} \tag{78}$$

を**尤度スコア関数**，あるいは単に**スコア関数**とよぶ．式(77)の期待値をより詳しく書けば

$$\int \frac{\partial \log f(\boldsymbol{x}, \boldsymbol{\theta})}{\partial \theta_i}\frac{\partial \log f(\boldsymbol{x}, \boldsymbol{\theta})}{\partial \theta_j} f(\boldsymbol{x}, \boldsymbol{\theta}) d\boldsymbol{x} = \int \frac{\partial f(\boldsymbol{x}, \boldsymbol{\theta})}{\partial \theta_i}\frac{\partial f(\boldsymbol{x}, \boldsymbol{\theta})}{\partial \theta_j}\frac{1}{f(\boldsymbol{x}, \boldsymbol{\theta})} d\boldsymbol{x}$$

である．

密度関数の全積分は常に 1 であるが，通常は微分と積分の順序の交換が許されるから

$$0 = \frac{\partial 1}{\partial \theta_i} = \frac{\partial}{\partial \theta_i}\int f(\boldsymbol{x},\boldsymbol{\theta})d\boldsymbol{x} = \int \frac{\partial}{\partial \theta_i} f(\boldsymbol{x},\boldsymbol{\theta})d\boldsymbol{x} \tag{79}$$
$$= \int \frac{\partial \log f(\boldsymbol{x},\boldsymbol{\theta})}{\partial \theta_i} f(\boldsymbol{x},\boldsymbol{\theta})d\boldsymbol{x} = E_{\boldsymbol{\theta}}\Big[\frac{\partial}{\partial \theta_i} l(\boldsymbol{\theta})\Big]$$

が成り立つ．つまりスコア関数の期待値は 0 である．これより Fisher 情報行列 $\boldsymbol{I}(\boldsymbol{\theta})$ は，スコア関数 $\partial l(\boldsymbol{\theta})/\partial \boldsymbol{\theta}$ の分散行列に一致しており

$$\boldsymbol{I}(\boldsymbol{\theta}) = \mathrm{Var}_{\boldsymbol{\theta}}(\nabla l(\boldsymbol{\theta})) \tag{80}$$

と書ける．式(79)の微分と積分の順序の交換が再度許されるとすれば

$$0 = \int \frac{\partial^2}{\partial \theta_i \partial \theta_j} f(\boldsymbol{x},\boldsymbol{\theta})d\boldsymbol{x}$$

となる．

$$\frac{\partial^2 \log f(\boldsymbol{x},\boldsymbol{\theta})}{\partial \theta_i \partial \theta_j} = \frac{\dfrac{\partial^2}{\partial \theta_i \partial \theta_j} f(\boldsymbol{x},\boldsymbol{\theta})}{f(\boldsymbol{x},\boldsymbol{\theta})} - \frac{\partial f(\boldsymbol{x},\boldsymbol{\theta})}{\partial \theta_i}\frac{\partial f(\boldsymbol{x},\boldsymbol{\theta})}{\partial \theta_j}\frac{1}{(f(\boldsymbol{x},\boldsymbol{\theta}))^2}$$

の両辺の期待値をとれば

$$\boldsymbol{I}(\boldsymbol{\theta})_{ij} = -E_{\boldsymbol{\theta}}\Big[\frac{\partial^2 \log f(\boldsymbol{x},\boldsymbol{\theta})}{\partial \theta_i \partial \theta_j}\Big] \tag{81}$$

と書くこともできる．Fisher 情報量の実際の計算には式(81)を用いたほうが簡単なことが多い．

以上の Fisher 情報量の定義は単一の確率ベクトル $\boldsymbol{x}$ の確率分布に基づくものであったが，n 個の IID 確率ベクトル $\boldsymbol{x}_t$, $t = 1, \cdots, n$ の場合には，対数尤度が

$$l_n(\boldsymbol{\theta}; \boldsymbol{x}_1, \cdots, \boldsymbol{x}_n) = \sum_{t=1}^{n} l(\boldsymbol{\theta}; \boldsymbol{x}_t)$$

と和の形に書ける．スコア関数やヘッセ行列についても同様に

$$\frac{\partial}{\partial \theta_i} l_n(\boldsymbol{\theta}) = \sum_{t=1}^{n} \frac{\partial}{\partial \theta_i} l(\boldsymbol{\theta}; \boldsymbol{x}_t), \qquad \frac{\partial^2}{\partial \theta_i \partial \theta_j} l_n(\boldsymbol{\theta}) = \sum_{t=1}^{n} \frac{\partial^2}{\partial \theta_i \partial \theta_j} l(\boldsymbol{\theta}; \boldsymbol{x}_t) \tag{82}$$

である．式(47)と式(80)を用いれば，$l_n(\boldsymbol{\theta}; \boldsymbol{x}_1, \cdots, \boldsymbol{x}_n)$ に基づく Fisher 情報行列 $\boldsymbol{I}_n(\boldsymbol{\theta})$ は

$$\boldsymbol{I}_n(\boldsymbol{\theta}) = n\boldsymbol{I}(\boldsymbol{\theta})$$

となり，単一の確率ベクトルの Fisher 情報行列の n 倍となることがわかる．

不偏推定量の分散行列に関する情報量不等式(あるいは Cramér–Rao 不等式)は，Fisher 情報行列を用いて次のように述べられる．$\hat{\boldsymbol{\theta}}$ を不偏推定量とするとき，$\boldsymbol{I}_n(\boldsymbol{\theta})$ が正定値行列でかつ微分と積分の順序の交換が許されるという正則条件のもとで

$$\mathrm{Var}_{\boldsymbol{\theta}}(\hat{\boldsymbol{\theta}}) \geq \boldsymbol{I}_n(\boldsymbol{\theta})^{-1}, \qquad \forall\boldsymbol{\theta} \tag{83}$$

が成り立つ．ただし $A \geq B$ は $A - B$ が非負定値行列であることを意味する．等号条件は

$$\hat{\boldsymbol{\theta}} = \boldsymbol{\theta} + \boldsymbol{I}_n(\boldsymbol{\theta})^{-1}\nabla l_n(\boldsymbol{\theta}) \tag{84}$$

で与えられる．左辺は統計量であるから $\boldsymbol{\theta}$ を含まないのに対して，右辺は $\boldsymbol{\theta}$ に依存した形をしている．したがって，情報量不等式において等号が成り立つためには，右辺で $\boldsymbol{\theta}$ が相殺されなければならず，特殊な状況に対応していることがわかる．

式(83)は不偏推定量に関する情報量不等式であるが，不偏でない場合を含めより一般には情報量不等式は次の形で述べられる．簡単のため T を 1 次元の統計量とし，その期待値を $g(\boldsymbol{\theta}) = E_{\boldsymbol{\theta}}(T)$ とおく．このとき

$$\mathrm{Var}_{\boldsymbol{\theta}}(T) \geq \nabla g(\boldsymbol{\theta})'\boldsymbol{I}_n(\boldsymbol{\theta})^{-1}\nabla g(\boldsymbol{\theta}), \qquad \forall\boldsymbol{\theta} \tag{85}$$

が成り立つ．等号条件は

$$T = T(\boldsymbol{x}_1, \cdots, \boldsymbol{x}_n) = g(\boldsymbol{\theta}) + \nabla g(\boldsymbol{\theta})'\boldsymbol{I}_n(\boldsymbol{\theta})^{-1}\nabla l_n(\boldsymbol{\theta}) \tag{86}$$

である．ここでは簡単のために式(85)の形の情報量不等式と等号条件を証明する．式(83)の証明も同様である．また記法の簡単のため $(\boldsymbol{x}_1, \cdots, \boldsymbol{x}_n)$ を単に $\boldsymbol{x}$ と書き，$\boldsymbol{x} = (\boldsymbol{x}_1, \cdots, \boldsymbol{x}_n)$ の同時密度を $f_n(\boldsymbol{x}, \boldsymbol{\theta})$ と書く．式(79)より，微分と積分の順序の交換が許されるという条件のもとで $\int g(\boldsymbol{\theta})\nabla f_n(\boldsymbol{x}, \boldsymbol{\theta})d\boldsymbol{x} = 0$ であるから

$$\nabla g(\boldsymbol{\theta}) = \int (T(\boldsymbol{x}) - g(\boldsymbol{\theta}))\nabla l_n(\boldsymbol{\theta}) f_n(\boldsymbol{x}, \boldsymbol{\theta})d\boldsymbol{x}$$

である．これに左から $\nabla g(\boldsymbol{\theta})'\boldsymbol{I}_n(\boldsymbol{\theta})^{-1}$ をかけると

$$\nabla g(\boldsymbol{\theta})'\boldsymbol{I}_n(\boldsymbol{\theta})^{-1}\nabla g(\boldsymbol{\theta}) \\ = \int (T(\boldsymbol{x}) - g(\boldsymbol{\theta})) \times \nabla g(\boldsymbol{\theta})'\boldsymbol{I}_n(\boldsymbol{\theta})^{-1}\nabla l_n(\boldsymbol{\theta}) f_n(\boldsymbol{x},\boldsymbol{\theta}) d\boldsymbol{x}$$

となる．右辺に $f_n(\boldsymbol{x},\boldsymbol{\theta})$ を重みとする積分型の Cauchy-Schwartz 不等式を適用すれば

$$(\nabla g(\boldsymbol{\theta})'\boldsymbol{I}_n(\boldsymbol{\theta})^{-1}\nabla g(\boldsymbol{\theta}))^2 \\ \leq \mathrm{Var}_{\boldsymbol{\theta}}(T) \times \nabla g(\boldsymbol{\theta})'\boldsymbol{I}_n(\boldsymbol{\theta})^{-1}\,\mathrm{Var}_{\boldsymbol{\theta}}(\nabla l_n(\boldsymbol{\theta}))\boldsymbol{I}_n(\boldsymbol{\theta})^{-1}\nabla g(\boldsymbol{\theta}) \\ = \mathrm{Var}_{\boldsymbol{\theta}}(T) \times \nabla g(\boldsymbol{\theta})'\boldsymbol{I}_n(\boldsymbol{\theta})^{-1}\nabla g(\boldsymbol{\theta})$$

となり，両辺で $\nabla g(\boldsymbol{\theta})'\boldsymbol{I}_n(\boldsymbol{\theta})^{-1}\nabla g(\boldsymbol{\theta}) > 0$ を 1 回相殺すれば式(85)を得る．Cauchy-Schwartz 不等式の等号条件は（$\boldsymbol{\theta}$ には依存してよいが $\boldsymbol{x}$ には依存しない）比例定数 $c(\boldsymbol{\theta})$ を用いて

$$T(\boldsymbol{x}) - g(\boldsymbol{\theta}) = c(\boldsymbol{\theta})\nabla g(\boldsymbol{\theta})'\boldsymbol{I}_n(\boldsymbol{\theta})^{-1}\nabla l_n(\boldsymbol{\theta})$$

と書けることであるが，右辺の分散が $c(\boldsymbol{\theta})^2\nabla g(\boldsymbol{\theta})'\boldsymbol{I}_n(\boldsymbol{\theta})^{-1}\nabla g(\boldsymbol{\theta})$ であり，これが $\nabla g(\boldsymbol{\theta})'\boldsymbol{I}_n(\boldsymbol{\theta})^{-1}\nabla g(\boldsymbol{\theta})$ に一致することより $c(\boldsymbol{\theta}) \equiv 1$ でなければならない．$c(\boldsymbol{\theta}) \equiv -1$ は符号を考慮することで排除される．したがって等号条件は式(86)で与えられる．以上は T が 1 次元の関数として証明したが，ベクトル値関数であっても同様の議論が成り立つ．

特に指数型分布族で $T = \bar{\boldsymbol{t}}$ が式(73)の十分統計量である場合を考えよう．このとき，以下の指数型分布族の Fisher 情報量の計算（節末の式(92)）より $\bar{\boldsymbol{t}}$ 自身が情報量不等式を等号で達成し，期待値パラメータ $\boldsymbol{\eta} = E(\boldsymbol{t})$ の UMVU であることがわかる．このことの証明は $\boldsymbol{t}$ の完備性を用いてもおこなうこともできるが，ここでは省略する．

この節の最後にパラメータの変換に関する Fisher 情報行列の変換について述べる．またその例として指数型分布族において，自然母数に関する Fisher 情報行列と，期待値母数に関する Fisher 情報量の関係を述べる．

分布のパラメータのとり方は一意的ではない．例えば分散と標準偏差のいずれをパラメータと考えても，同じ分布を指定している限りどちらを用いてもよいと考えられる．どのパラメータを用いるかを決めることをパラメトリゼーション（parameterization）とよぶ．実際には解釈の容易さや数学的な取扱いやすさを考慮して，パラメトリゼーションをおこなう．さてパ

ラメータベクトル $\boldsymbol{\theta}$ が他のパラメータによって $\boldsymbol{\theta}(\boldsymbol{\tau})$ と表わされたとする．ここで $\boldsymbol{\theta}$ と $\boldsymbol{\tau}$ の関係が 1 対 1 であり，特に $\boldsymbol{\theta}$ と $\boldsymbol{\tau}$ の次元が一致している場合を考える．いま $\log f(\boldsymbol{x}, \boldsymbol{\theta}(\boldsymbol{\tau}))$ を τ_i で偏微分すれば

$$\frac{\partial}{\partial \tau_i} \log f(\boldsymbol{x}, \boldsymbol{\theta}(\boldsymbol{\tau})) = \sum_k \frac{\partial \theta_k}{\partial \tau_i} \frac{\partial \log f(\boldsymbol{x}, \boldsymbol{\theta}(\boldsymbol{\tau}))}{\partial \theta_k}$$

となる．これをさらに τ_j で偏微分すれば

$$\begin{aligned}\frac{\partial^2}{\partial \tau_i \partial \tau_j} \log f(\boldsymbol{x}, \boldsymbol{\theta}(\boldsymbol{\tau})) &= \sum_{k,l} \frac{\partial \theta_k}{\partial \tau_i} \frac{\partial \theta_l}{\partial \tau_j} \frac{\partial^2 \log f(\boldsymbol{x}, \boldsymbol{\theta}(\boldsymbol{\tau}))}{\partial \theta_k \partial \theta_l} \\ &\quad + \sum_k \frac{\partial^2 \theta_k}{\partial \tau_i \partial \tau_j} \frac{\partial \log f(\boldsymbol{x}, \boldsymbol{\theta}(\boldsymbol{\tau}))}{\partial \theta_k}\end{aligned}$$

を得る．ここで両辺の期待値をとれば，右辺第 2 項の期待値は 0 となるから，パラメータを $\boldsymbol{\tau}$ としたときの Fisher 情報行列 $\boldsymbol{I}(\boldsymbol{\tau})$ の要素は

$$\boldsymbol{I}(\boldsymbol{\tau})_{ij} = -E\left[\frac{\partial^2}{\partial \tau_i \partial \tau_j} \log f(\boldsymbol{x}, \boldsymbol{\theta}(\boldsymbol{\tau}))\right] = \sum_{k,l} \frac{\partial \theta_k}{\partial \tau_i} \frac{\partial \theta_l}{\partial \tau_j} \boldsymbol{I}(\boldsymbol{\theta})_{kl}$$

と表わされる．すなわち $\boldsymbol{\tau} \mapsto \boldsymbol{\theta}$ の変換のヤコビ行列を

$$\boldsymbol{J} = \left(\frac{\partial \theta_j}{\partial \tau_i}\right)$$

とおけば

$$\boldsymbol{I}(\boldsymbol{\tau}) = \boldsymbol{J}\boldsymbol{I}(\boldsymbol{\theta})\boldsymbol{J}' \tag{87}$$

と表わされる．

以上の議論を指数型分布族の自然母数と期待値母数の場合について考えよう．指数型分布族の場合の Fisher 情報量は簡明となる．指数型分布族を式(70)のように簡略化して，密度関数を $f(\boldsymbol{t}, \boldsymbol{q}) = \exp(\boldsymbol{t}'\boldsymbol{q} - \psi(\boldsymbol{q}))$ の形で考える．$\boldsymbol{q} = (q_1, \cdots, q_k)$ は自然母数である．$\log f(\boldsymbol{t}, \boldsymbol{q}) = \boldsymbol{t}'\boldsymbol{q} - \psi(\boldsymbol{q})$ において $\boldsymbol{t}'\boldsymbol{q}$ の項は $\boldsymbol{q}$ について線形であるから，$\boldsymbol{q}$ の要素で 2 回偏微分すると

$$\boldsymbol{I}(\boldsymbol{q})_{ij} = -\frac{\partial^2 \log f(\boldsymbol{t}, \boldsymbol{q})}{\partial q_i \partial q_j} = \frac{\partial^2 \psi(\boldsymbol{q})}{\partial q_i \partial q_j} \tag{88}$$

となり，期待値をとる操作も不要となる．また $\psi(\boldsymbol{q}+\boldsymbol{\theta}) - \psi(\boldsymbol{q})$ が $\boldsymbol{t}$ のキュムラント母関数であったから，$\psi(\boldsymbol{q})$ を $\boldsymbol{q}$ で 2 回偏微分したものは $\boldsymbol{t}$ の分散行列であり

$$\boldsymbol{I}(\boldsymbol{q}) = \mathrm{Var}(\boldsymbol{t}) \tag{89}$$

と簡便に表わされることもわかる．さらに式(71),(72)より期待母数 $\boldsymbol{\eta} = (\eta_1, \cdots, \eta_k)$ は $\eta_j = \partial\psi(\boldsymbol{q})/\partial q_j$ と表わされるが，これをさらに q_i で偏微分することにより

$$\frac{\partial \eta_j}{\partial q_i} = \frac{\partial^2 \psi(\boldsymbol{q})}{\partial q_i \partial q_j} = \boldsymbol{I}(\boldsymbol{q})_{ij} \tag{90}$$

も成り立つ．

$$\left(\frac{\partial q_i}{\partial \eta_j}\right) = \left(\frac{\partial \eta_j}{\partial q_i}\right)^{-1} = \boldsymbol{I}(\boldsymbol{q})_{ij}^{-1} \tag{91}$$

であることから，式(87)より期待値母数に関する Fisher 情報行列は

$$\boldsymbol{I}(\boldsymbol{\eta}) = \boldsymbol{I}(\boldsymbol{q})^{-1}\boldsymbol{I}(\boldsymbol{q})\boldsymbol{I}(\boldsymbol{q})^{-1} = \boldsymbol{I}(\boldsymbol{q})^{-1} \tag{92}$$

と表わされる．ただし右辺で $\boldsymbol{q} = \boldsymbol{q}(\boldsymbol{\eta})$ は，自然母数と期待値母数の 1 対 1 対応により，$\boldsymbol{q}$ を $\boldsymbol{\eta}$ で表わして代入したものである．

6.2 最尤推定量

不偏推定量に関しては前節の情報量不等式を用いて推定量のよしあしを評価することができる．ただし複雑な統計モデルになると必ずしも不偏推定量が存在するとは限らないし，厳密な不偏性の概念も，パラメトリゼーションに依存してしまうなど，それほど説得的なものではない．例えば分散 σ^2 の不偏推定量の平方根は，標準偏差 σ の不偏推定量とはならない．一般の統計モデルにおいて汎用的に用いることのできる推定量が**最尤推定量**(MLE, maximum likelihood estimator)である．特に，指数型分布族においては最尤推定量は扱いやすい性質を持っている．

最尤推定量は尤度関数(あるいは対数尤度関数)を最大化する母数の値として定義される．arg max を関数の最大値を達成する変数の値を表わす記号とすれば，最尤推定量 $\hat{\boldsymbol{\theta}}_n^{\mathrm{MLE}}$ は

$$\hat{\boldsymbol{\theta}}_n^{\mathrm{MLE}} = \arg\max l_n(\boldsymbol{\theta})$$

で定義される．ここで最大値を達成する母数の値が一意的に存在すると仮定している．その他最尤推定量を理論的に扱う際には，微分可能性などの

さまざまな正則条件を暗黙に仮定することが多い.

最尤推定量は次のような考え方で導出される. 密度関数 $f_n(\boldsymbol{x}, \boldsymbol{\theta})$ がデータ $\boldsymbol{x} = (\boldsymbol{x}_1, \cdots, \boldsymbol{x}_n)$ に適合しているかどうかは, $f_n(\boldsymbol{x}, \boldsymbol{\theta})$ の大きさである程度判断できる. すなわち尤度の値が相対的に大きければデータに適合しているとしてよいであろう. したがって, 尤度を最大にするパラメータの値が最もデータにあてはまっていると考えるのが, 最尤推定量の考え方である.

適当な正則条件のもとで最尤推定量は(a)一致性, および, (b)漸近有効性, という望ましい性質を持つことが知られている. 以下では, 一致性については認めた上で, 漸近有効性の導出の概略を示す. より詳しい導出は竹村(1991b)の 13 章を参照されたい.

$n \to \infty$ のとき真の母数の値に確率収束する推定量は**一致性**を持つといわれる. 適当な正則条件のもとで最尤推定量は一致性を持つ. すなわち $\boldsymbol{\theta}_0$ を真の母数の値として

$$\hat{\boldsymbol{\theta}}_n^{\mathrm{MLE}} \xrightarrow{p} \boldsymbol{\theta}_0 \qquad (n \to \infty)$$

が成り立つ. ここで $\xrightarrow{p}$ は確率収束を表わす.

最尤推定量は実際には $l_n(\boldsymbol{\theta})$ の 1 次微分を 0 とおいて求める. すなわち $\hat{\boldsymbol{\theta}}_{\mathrm{MLE}}$ は

$$\nabla l_n(\boldsymbol{\theta}) = 0 \tag{93}$$

を満たす. 式(93)を**尤度方程式**という.

最尤推定量の一致性を前提とし, 十分大なる n について $\hat{\boldsymbol{\theta}}_{\mathrm{MLE}} \doteq \boldsymbol{\theta}_0$ として, 尤度方程式をパラメータの真値 $\boldsymbol{\theta}_0$ のまわりで 1 項だけテーラー展開して近似すれば

$$0 = \frac{\partial}{\partial \boldsymbol{\theta}} l_n(\hat{\boldsymbol{\theta}}_n^{\mathrm{MLE}}) \doteq \frac{\partial}{\partial \boldsymbol{\theta}} l_n(\boldsymbol{\theta}_0) + \frac{\partial^2}{\partial \boldsymbol{\theta} \partial \boldsymbol{\theta}'} l_n(\boldsymbol{\theta}_0)(\hat{\boldsymbol{\theta}}_n^{\mathrm{MLE}} - \boldsymbol{\theta}_0) \tag{94}$$

を得る. ただし $\partial^2/(\partial \boldsymbol{\theta} \partial \boldsymbol{\theta}') l_n(\boldsymbol{\theta}_0)$ は l_n の 2 階偏微係数からなるヘッセ行列である. このヘッセ行列を $-\tilde{\boldsymbol{I}}_n(\boldsymbol{\theta}_0)$ と書いて, 式(94)を解けば

$$\hat{\boldsymbol{\theta}}_n^{\mathrm{MLE}} - \boldsymbol{\theta}_0 \doteq \tilde{\boldsymbol{I}}_n(\boldsymbol{\theta}_0)^{-1} \nabla l_n(\boldsymbol{\theta}_0)$$

と書ける. さらに両辺を $\sqrt{n}$ 倍して

$$\sqrt{n}\,(\hat{\boldsymbol{\theta}}_n^{\mathrm{MLE}} - \boldsymbol{\theta}_0) \doteq \left(\frac{1}{n}\tilde{\boldsymbol{I}}_n(\boldsymbol{\theta}_0)\right)^{-1} \frac{1}{\sqrt{n}} \nabla l_n(\boldsymbol{\theta}_0)$$

と書く．ここで式(82)を用いると，まず $\dfrac{1}{\sqrt{n}}\nabla l_n(\boldsymbol{\theta}_0)$ については式(61)の中心極限定理が使えて

$$\frac{1}{\sqrt{n}}\nabla l_n(\boldsymbol{\theta}_0) \ \xrightarrow{d}\ N(0, \boldsymbol{I}(\boldsymbol{\theta}_0))$$

となる．また $\tilde{\boldsymbol{I}}_n(\boldsymbol{\theta}_0)/n$ の項については標本平均の形をしているため大数法則が使えて式(81)により

$$\frac{1}{n}\tilde{\boldsymbol{I}}_n(\boldsymbol{\theta}_0) \ \xrightarrow{p}\ \boldsymbol{I}(\boldsymbol{\theta}_0)$$

となる．これらを組み合わせれば，十分な正則条件のもとで

$$\sqrt{n}\,(\hat{\boldsymbol{\theta}}_n^{\mathrm{MLE}} - \boldsymbol{\theta}_0) \ \xrightarrow{d}\ N(0, \boldsymbol{I}(\boldsymbol{\theta}_0)^{-1}) \qquad (n \to \infty) \tag{95}$$

となることがわかる．式(95)は n が大きいときに最尤推定量がほぼ不偏で，その分散行列が情報量不等式による下限 $\boldsymbol{I}(\boldsymbol{\theta}_0)^{-1}$ をほぼ達成することを示している．この事実を最尤推定量の**漸近有効性**(asymptotic efficiency)とよんでいる．さらに最尤推定量の分布も多変量正規分布で近似できるので，最尤推定量に基づいた近似的な信頼区間なども容易に構成することができる．理論的には，漸近展開の手法を用いて式(95)の近似を精密化することにより，より強い意味での最尤推定量の望ましさが知られている．

以上のように最尤推定量は汎用的な推定方法であり，また一般的な正則条件のもとで漸近有効性という望ましい性質を持つ．このために統計モデルがいったん設定されれば，その推定は最尤推定によっておこなうのが一般的である．ただし想定したモデルが現実の現象をうまく近似できない場合や，正則条件を満たさない非正則なモデルについては，最尤推定量の良さは必ずしも成り立たないことに注意する必要がある．

最尤推定量のもう 1 つの利点としてパラメトリゼーションに依存しないという点がある．$\boldsymbol{\theta} = \boldsymbol{\theta}(\boldsymbol{\tau})$ と他のパラメータ $\boldsymbol{\tau}$ で表わしたとき，密度関数は単に $f(\boldsymbol{x}, \boldsymbol{\theta}(\boldsymbol{\tau}))$ となるだけだから，$\boldsymbol{\theta}$ と $\boldsymbol{\tau}$ の対応が 1 対 1 である限り，最尤推定量同士が $\hat{\boldsymbol{\theta}} = \boldsymbol{\theta}(\hat{\boldsymbol{\tau}})$ という自明な形で対応する．

この節の最後に指数型分布族における最尤推定について述べる．上述の

ように最尤推定量はパラメトリゼーションに依存しないから，パラメータとして自然母数 $\boldsymbol{q}$ を用いることとする．式(73)より対数尤度関数の $1/n$ は

$$\bar{\boldsymbol{t}}'\boldsymbol{q} - \psi(\boldsymbol{q})$$

と表わされる．ψ は凸関数であったから，対数尤度は $\boldsymbol{q}$ の凹関数であり，極大値が存在すればそれは一意で最大値でもある．尤度方程式は

$$\bar{\boldsymbol{t}} = \nabla\psi(\boldsymbol{q}) = E_{\boldsymbol{q}}(\boldsymbol{t}) \tag{96}$$

で表わされる．ただし 2 つ目の等式は式(71)による．すなわち指数型分布族においては，尤度方程式は，十分統計量について標本平均とその期待値を等値する形で与えられる．

さらに応用上重要な，自然母数 $\boldsymbol{q} = (q_1, \cdots, q_k)'$ に関して線形な部分モデルの最尤推定を考えよう．式(67)にあるように，自然母数には線形変換の不定性があるから，適当な線形変換によって，部分モデルが

$$(q_1, \cdots, q_m, 0, \cdots, 0)', \qquad m < k$$

と表わされるとして一般性を失わない．$i = 1, \cdots, m$ について偏微分すれば，尤度方程式は

$$\bar{t}_i = \frac{\partial}{\partial q_i}\psi(\boldsymbol{q}) = E_{\boldsymbol{q}}(\bar{t}_i), \qquad i = 1, \cdots, m \tag{97}$$

となる．すなわち部分モデルのもとでの十分統計量 $(\bar{t}_1, \cdots, \bar{t}_m)$ をそれらの期待値と等値すればよい．式(97)の分割表と多変量正規分布のグラフィカルモデルへの応用については，7 章および 8.4 節で述べる．

6.3 検定論と尤度比検定

推定と並んで重要な統計的推測の形式が検定である．統計的検定の解釈や応用の場面での有効性をめぐってはさまざまな議論がある．

統計的検定の最も正統的な用い方は，帰無仮説と対立仮説を明確に規定し，綿密な実験計画のもとにデータを収集して，帰無仮説を受容するか棄却するかを判断する，というものであろう．医学統計における臨床試験の場面のように，ノイズが多くかつ限られたデータの中でできるだけ正確な結論を得たいという場合には，正統的な統計的検定の考え方が基本的な重

要性を持っている．このような立場では，理論的観点からは，検出力の概念に基づく最適な検定方式を定める問題や，対立仮説が複数考えられる場合の多重検定の問題が重要である．また実際の応用の場面では，検定の結論の妥当性を保証するに足る標本の大きさを確保することや，未知の効果との交絡を避けるために実験計画に基づいて標本を得ることが望ましい．ただし，以上のような形で統計的検定を用いる場面はやや限られていることも事実である．

より広く，統計的モデルをデータの生成過程の近似として利用する場合には，検定は統計的モデル選択の1つの方法論として用いられる．この場合は，検定は基本的に**適合度検定**であり，想定したモデルとデータの間に矛盾がないかどうかを判断するための手法である．適合度検定のための最も通常の検定方法が尤度比検定である．統計的な検定の枠組みを体系的に解説する余裕がないため，以下では適合度検定としての尤度比検定にしぼって検定論を説明する．

母数空間の部分集合を $\Theta_0 \subset \Theta$ とし，入れ子になった2つの統計的モデル

$$\{f(\boldsymbol{x},\boldsymbol{\theta}) \mid \boldsymbol{\theta} \in \Theta_0\} \quad \text{および} \quad \{f(\boldsymbol{x},\boldsymbol{\theta}) \mid \boldsymbol{\theta} \in \Theta\}$$

を考える．前者を後者の部分モデルという．$\boldsymbol{\theta} = (\theta_1, \cdots, \theta_k) \in \Theta \subset R^k$ として，部分モデルは $\boldsymbol{\theta}$ の要素の一部を特定の値に指定したり，あるいは，要素間に特定の関数制約をおくことで得られる．指定する要素の個数，あるいは関数制約の個数を r とすると，部分モデルの次元は $\dim \Theta_0 = k - r$ となる．母数の次元の少ないより簡明なモデルが現象に適合するならば，簡明なモデルのほうが複雑なモデルより望ましいから，部分モデルが現象に適合するかどうかを判断することが必要となる．

真の $\boldsymbol{\theta}$ が Θ_0 に属するという仮説を**帰無仮説**とよび，$H_0 : \boldsymbol{\theta} \in \Theta_0$ と表わす．逆に $\boldsymbol{\theta}$ が Θ_0 に属さないという仮説を**対立仮説**とよび，$H_1 : \boldsymbol{\theta} \notin \Theta_0$ と表わす．帰無仮説に対応する部分モデルが次元の低いモデルであるとしたから，対立仮説は $H_1 : \boldsymbol{\theta} \in \Theta$ と書いても実質的には同じである．帰無仮説のデータへの適合が悪く部分モデルは適切でないと判断するとき，帰無仮説を**棄却**するといい，帰無仮説のデータへの適合がよいと判断するとき，帰無仮説を**受容**するという．

最尤推定量に関して述べたように，尤度は確率密度のデータへの適合度を表わすと考えられる．そこで**尤度比**(LR, likelihood ratio)を次で定義する．

$$\mathrm{LR} = \frac{\max_{\boldsymbol{\theta}\in\Theta} f_n(\boldsymbol{x}, \boldsymbol{\theta})}{\max_{\boldsymbol{\theta}\in\Theta_0} f_n(\boldsymbol{x}, \boldsymbol{\theta})} \tag{98}$$

尤度比は常に 1 以上であるが，それが 1 に近ければ帰無仮説を受容し，逆に 1 よりかなり大きければ帰無仮説を棄却することとなる．このような検定方法を**尤度比検定**とよぶ．分母および分子の最大値を与えるパラメータ値を

$$\tilde{\boldsymbol{\theta}} = \arg\max_{\boldsymbol{\theta}\in\Theta_0} f_n(\boldsymbol{x}, \boldsymbol{\theta}), \qquad \hat{\boldsymbol{\theta}} = \arg\max_{\boldsymbol{\theta}\in\Theta} f_n(\boldsymbol{x}, \boldsymbol{\theta})$$

と書いて，それぞれ「帰無仮説(部分モデル)のもとでの最尤推定量」および「対立仮説のもとでの最尤推定量」とよぶこととする．このとき式(98)の対数をとった**対数尤度比**(LLR, log likelihood ratio)は

$$\mathrm{LLR} = l_n(\hat{\boldsymbol{\theta}}) - l_n(\tilde{\boldsymbol{\theta}})$$

と表わされる．すなわち部分モデルと全体モデルのそれぞれの最尤推定量が求められれば，尤度比が求められる．

尤度比あるいは対数尤度比が，帰無仮説を棄却する程度に大きいかどうかの判断は，帰無仮説が正しいと仮定したときの LR あるいは LLR の確率分布に基づいておこなわれる．対数尤度比の帰無仮説のもとでの分布については，正則条件のもとで次の簡明な事実が成り立つ．すなわち $n \to \infty$ のとき $2 \times$ (対数尤度比) の分布は自由度 r のカイ 2 乗分布に分布収束する．ここで $r = \dim\Theta - \dim\Theta_0$ は部分モデルにおいて制約されるパラメータ数である．

伝統的な統計的検定の手続きでは，**有意水準** α を 5% あるいは 1% に定めておき

$$2 \times \mathrm{LLR} > \chi^2_r(\alpha)$$

ならば帰無仮説を棄却する．ただし $\chi^2_r(\alpha)$ は自由度 r のカイ 2 乗分布の上側 α 点である．n が大のとき，この検定方法は有意水準，すなわち H_0 が正しいときに誤って H_0 を棄却してしまう確率，がほぼ α となる．このよう

に尤度比検定を用いると，カイ 2 乗分布表のみに基づいて検定をおこなうことができて汎用性があり便利である．ただし，正則条件が成り立っている状況でも，モデルの次元が大きくかつ標本の大きさ n が小さいような状況では，カイ 2 乗分布の近似が十分でない場合もあり得る．この場合，帰無仮説のもとでの LLR の分布をモンテカルロ法で求めるなどの工夫が必要となる．

尤度比検定について以上のような簡明な結果が成り立つのは，正則条件が満たされている場合であって，例えば Θ_0 が Θ の境界に来るような非正則な場合には漸近的に，つまり $n \to \infty$ となっても，$2 \times$ LLR はカイ 2 乗分布に従わないことがある．また母数空間の次元が無限大と考えられるような場合にも尤度比の分布は複雑となる．

また，ここでは適合度検定の立場から仮説検定を説明したので，帰無仮説が受容されれば簡明なモデルが支持されて具合がよいが，帰無仮説が棄却されたときの解釈が必ずしも明確ではない．検出力を確保し，また帰無仮説が棄却されたときの解釈を明確にするためには，実体科学的な観点から対立仮説を明確に設定し，設定された対立仮説に対して敏感な検定をおこなう必要がある．さらに，有意水準 α を 5% あるいは 1% とおくのは，適合度検定の場面では必ずしも説得性がないことにも注意する必要がある．

本節では，尤度比検定の説明にしぼって検定を説明したために，一様最強力検定，Neyman–Pearson の補題，などの検定の最適性に関する基本的な事項についてふれなかった．これらの点については竹村(1991b)の 7 章を参照されたい．

7 分割表のモデルとグラフ表現

多変量推測統計は，次章以降で述べるような多変量正規分布に基づく理論体系が中心となっているが，分割表のモデルも重要なトピックである．分割表のような多次元の離散分布を扱う手法は離散多変量解析とよばれることがある．特に分割表の場合は，標本空間が有限集合であり扱いが容易であるために，逆に考え得る確率構造に自由度があり，変数間の相関や従属の関係をより詳細に研究することができる．連続分布の場合には，多変量正規分布以外に扱いやすい分布族がほとんどないために，多変量正規分布の持つ特有の単純さにとらわれすぎる面がある．

ここではこのような視点に基づき，2 元や 3 元のみならず，より多元の分割表のモデルに関する基本的な概念を説明していく．ただし説明の順序としては 2 元や 3 元の場合で諸概念を説明した後で，多元の場合に一般化する形をとる．本章では 2 元や 3 元の分割表についてはごく簡単にしか触れないが，応用上は 2 元，3 元の分割表の詳しい解析が重要であることが多い．これらの解析については広津(1982)が参考になる．

7.1　2 元および 3 元分割表のモデル

まず 2 元の分割表から考える．2.5 節のように $I \times J$ 分割表を考える．ここでは確率分布として簡単のため 5.5 節の多項分布の場合のみ考える．すなわち，セルの頻度 $(f_{11}, f_{12}, \cdots, f_{IJ})$ が多項分布 $\mathrm{Mn}(n, p_{11}, p_{12}, \cdots, p_{IJ})$ に従うとする．応用の場面では，分割表からの標本抽出として分割表全体からの多項分布以外の抽出法も用いられることも多いが，分割表全体からの多項分布の場合が基本的である．p_{ij} をセル (i,j) の**生起確率**とよぶ．頻度の場合と同様に，周辺確率を $p_{i\cdot}$ あるいは p_{i+} などと表わす．

まず生起確率 p_{ij} に，確率の和が 1 $(\sum_{i,j} p_{ij} = 1)$ という制約以外の制約を設けないモデルを**飽和モデル**(saturated model)とよぶ．2 元分割表において基本的な部分モデルは**独立モデル**であり

$$p_{ij} = p_{i\cdot} p_{\cdot j}, \quad \forall i, j \tag{99}$$

と書ける．独立モデルは分割表を 2 次元分布と見たときに 2 つの変数が独立であることを意味しており，分割表の解析においては基本的な重要性を持っている．

ここで式(65)のように多項分布を指数型分布族の形に書くことを考える．式(65)の $h(\boldsymbol{x})$ を無視し，確率関数の対数を考えれば，独立モデルは

$$\log p(f_{11},\cdots,f_{IJ}) = \sum_{i,j} f_{ij}\log(p_{i\cdot}p_{\cdot j}) = \sum_{i,j} f_{ij}\log p_{i\cdot} + \sum_{i,j} f_{ij}\log p_{\cdot j}$$
$$= \sum_i f_{i\cdot}\alpha_i + \sum_j f_{\cdot j}\beta_j, \quad \alpha_i = \log p_{i\cdot},\ \beta_j = \log p_{\cdot j} \tag{100}$$

と書くことができる．したがって，独立モデル自身が指数型分布族をなし，$(\alpha_1,\cdots,\alpha_I,\beta_1,\cdots,\beta_J)$ が自然母数，$(f_{1\cdot},\cdots,f_{I\cdot},f_{\cdot 1},\cdots,f_{\cdot J})$ が十分統計量であることがわかる．

さらに多項分布を指数型分布族で考えたときの飽和モデルの自然母数 $q_{ij}=\log p_{ij}$ の母数空間を Ω とし，Ω の部分集合として独立モデルを解釈しよう．重要な点は Ω の中で独立モデルの空間が線形部分空間をなすことである．独立モデルは

$$q_{ij} = \log p_{ij} = \alpha_i + \beta_j \tag{101}$$

と表わされるモデルである．a,b をスカラーとして

$$a(\alpha_i+\beta_j) + b(\tilde{\alpha}_i+\tilde{\beta}_j) = (a\alpha_i + b\tilde{\alpha}_i) + (a\beta_j + b\tilde{\beta}_j), \qquad \forall i,j$$

であるから，q_{ij} を要素とする $I\times J$ 分割表の空間 R^{IJ} において，(i,j) 要素が $\alpha_i+\beta_j$ の形に表わされる $I\times J$ 分割表の全体は線形部分空間をなしている．これは，5.6 節の曲指数型分布族に関する項ですでに述べたように，独立モデルが自然母数について線形な部分モデルとなっていることを示している．このように多項分布を指数型分布族として表わし，生起確率の対数のベクトルに線形なモデルを仮定したモデルを**対数線形モデル**とよぶ．

ただし以上の説明は，セルの生起確率の和が 1 であるという制約を無視して単純化されすぎているのでその点をここでやや丁寧に説明しよう．まず自然母数に関して $\sum_{i,j} e^{q_{ij}}=1$ という制約があるのだが，q_{ij} が必ずしもこの制約を満たしていなくても，式(65)に指数型分布族の基準化定数 $\psi(\boldsymbol{q})$ を導入して，確率関数を比例的に調整すれば，$\boldsymbol{q}=(q_{ij})$ を $I\times J$ 次元の自由なパラメータベクトルと考えることができる．$q_{ij}=\alpha_i+\beta_j$ と表わされる場合についても，α_i,β_j を自由なパラメータと考えることができる．ただし，このように考えた場合，$q_{ij}=\alpha_i+\beta_j$ の両辺に定数を加えても確率ベクトルは比例的となるため，確率分布は変わらないから，パラメータの表

わす確率分布の一意性が問題となる．

そこで $\alpha_i = \log p_{i\cdot}$，$\beta_j = \log p_{\cdot j}$ の形の母数の一意性についてより詳しく考える．$\alpha_i = \log p_{i\cdot}$ とすれば $\sum_i p_{i\cdot} = 1$ であるから α_i，$i = 1, \cdots, p$ には 1 個の制約がはいる．β_j についても同様である．$\alpha_i = \log p_{i\cdot}$ とおいたことをいったん忘れて，単に $\log p_{ij}$ がある α_i, β_j を用いて，$q_{ij} = \alpha_i + \beta_j$ と表わされたとしよう．このとき右辺の表現は一意ではない．右辺を一意とするためには(分散分析でおこなうように)，「全平均」μ をくくり出して

$$\log p_{ij} = \mu + \alpha_i + \beta_j, \qquad 0 = \sum_i \alpha_i = \sum_j \beta_j$$

と表わせばよい．ただし，確率の和が 1 の制約も考慮しなければならないので，実際には μ は確率の和の制約により (α_i, β_j) から定まる．つまり μ は実際には基準化定数となる．したがって，確率の和の制約を考慮して，$0 = \sum_i \alpha_i = \sum_j \beta_j$ を満たす (α_i, β_j) の全体を考えても，これは自然母数空間の線形部分空間をなすことがわかった．

しかしながら，以上のような母数の一意性の問題は線形部分空間の基底のとり方の問題であり，パラメータの解釈上は重要な問題であるものの，数学的には本質的な問題ではない．それよりも式(101)の右辺が，自然母数について線形な部分モデルを表わすことが数学的には重要な点である．ここまで 2 元分割表の独立モデルについて，それが対数線形モデルをなすことをやや詳しく説明したが，以下で述べる 3 元分割表やより多元の分割表に関する対数線形モデルでも同様である．

次に 3 元の分割表で考えよう．飽和モデルの定義は 2 元分割表と同様である．飽和モデルの次に単純なモデルは，「3 変数交互作用のない」モデルである．**3 変数交互作用**とは，飽和モデルを

$$\log p_{ijk} = \mu + \alpha_i + \beta_j + \gamma_k + (\alpha\beta)_{ij} + (\alpha\gamma)_{ik} + (\beta\gamma)_{jk} + (\alpha\beta\gamma)_{ijk} \tag{102}$$

$$0 = \sum_i \alpha_i = \sum_j \beta_j = \sum_k \gamma_k, \ 0 = \sum_i (\alpha\beta)_{ij} = \sum_j (\alpha\beta)_{ij}, \ \cdots,$$
$$0 = \sum_i (\alpha\beta\gamma)_{ijk} = \sum_j (\alpha\beta\gamma)_{ijk} = \sum_k (\alpha\beta\gamma)_{ijk}$$

の形に表わしてパラメータの一意性を確保したときの $\{(\alpha\beta\gamma)_{ijk}\}$ と定義される．3 変数交互作用のないモデルは

$$\log p_{ijk} = (\alpha\beta)_{ij} + (\alpha\gamma)_{ik} + (\beta\gamma)_{jk}, \qquad \forall i, j, k \tag{103}$$

と表わされる．2 元分割表の独立モデルの式(101)と同様，3 変数交互作用のないモデルは，パラメータの一意性にこだわらず式(103)の右辺の形で考えればよい．また 2 元分割表に関する独立モデルと同様に考えれば，このモデルも対数線形モデルであることがわかる．式(100)と同様の操作により，十分統計量は $\{f_{ij\cdot}, f_{i\cdot k}, f_{\cdot jk}\}$ の組となる．

次に簡単な対数線形モデルは式(103)の右辺のどれかの 1 項を除いたモデルであり，例えば

$$\log p_{ijk} = (\alpha\beta)_{ij} + (\alpha\gamma)_{ik}, \qquad \forall i, j, k \tag{104}$$

の形のモデルである．このモデルで i を固定して考えると，$(\alpha\beta)_{ij}$ は j のみを含み，$(\alpha\gamma)_{ik}$ は k のみを含むとみることができる．したがって，このモデルは第 1 変数のカテゴリー i を与えたとき，第 2 変数と第 3 変数が条件つき独立となるモデルである．実際，容易に示されるように，式(104)は条件つき確率に関する次のモデル

$$\frac{p_{ijk}}{p_{i\cdot\cdot}} = \frac{p_{ij\cdot}}{p_{i\cdot\cdot}}\frac{p_{i\cdot k}}{p_{i\cdot\cdot}}, \qquad \forall i, j, k \tag{105}$$

と同値である．以下でより詳しく説明するように，i を固定したときに $\log p_{ijk}$ を表わす項が j のみを含む項と k のみを含む項に分離できることは，グラフにおける頂点集合の分離の概念に対応している．

次に簡単なモデルとして

$$\log p_{ijk} = (\alpha\beta)_{ij} + \gamma_k, \qquad \forall i, j, k \tag{106}$$

が考えられるが，このモデルは (i, j) の組と k が独立となるモデルである．最後に最も簡単な部分モデルは独立モデルであり，2 元分割表と同様に

$$\log p_{ijk} = \alpha_i + \beta_j + \gamma_k, \qquad \forall i, j, k \tag{107}$$

と表わされる．

以上の 3 元分割表のさまざまなモデルは変数を頂点とするグラフの辺の連結関係に対応させると理解しやすくなる．これは以下で述べるグラフィカルモデルの考え方である．頂点間の辺がないことを独立性に対応させる．

辺がある場合には，変数間に何らかの相関があることを示しているものとする．

図7の(a)の場合は，辺がまったくないから，独立モデル(式(107))に対応する．(b)の場合は i と j には相関があるが，この組が k と離れているから式(106)に対応している．(c)の場合は i の頂点をとり除いて考えると j, k は直接は結ばれていない．これを i を与えた条件のもとで j と k が条件つき独立であることを示していると考え，(c)の図を式(104)に対応させる．また以下で述べるように，式(104)において $(\alpha\beta)_{ij}$ の項を i, j を結ぶ辺，$(\alpha\gamma)_{ik}$ を i, k を結ぶ辺，に対応させることができる．(d)の図についてはやや問題がある．以上のグラフによる表現では(d)の図に関しては，これを飽和モデルに対応させるか，式(103)の3変数交互作用のないモデルに対応させるかが決まらないという問題である．以下に述べるように，グラフィカルモデルでは(d)を飽和モデルに対応させ，このことによってモデルとグラフの対応の一意性を確保することになる．

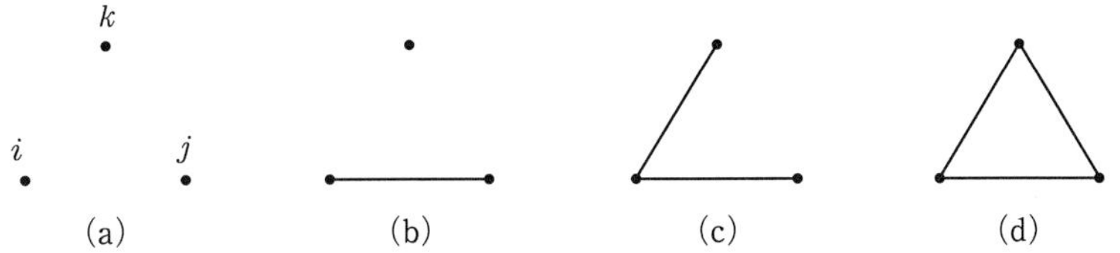

図7　3変数の場合のグラフ表現

7.2　多元分割表のモデル

ここでは前節の2元および3元の分割表のモデルを一般の元数の多元分割表に一般化する．記法としては2.5節後半の一般元数の場合の記法を用いる．m 元分割表を考え，変数の集合を $\Delta = \{1, \cdots, m\}$ とおく．多元分割表のモデルとしては，階層モデル，グラフィカルモデル，分解可能モデル，の3つの一般的なモデルがよく知られており，これらの間には

$$\text{分解可能モデル} \subset \text{グラフィカルモデル} \subset \text{階層モデル} \qquad (108)$$

の包含関係がある．本節で考えるグラフィカルモデルは，因果方向を考えない無向グラフについてのモデルである．グラフィカルモデルの専門書(例えば宮川，1997; Lauritzen, 1996)を見ると，有向グラフを用いた因果関係の分析もグラフィカルモデルの重要な話題である．

まず階層モデルを定義しよう．Δ の部分集合の族 $\mathcal{A}$ で，$\mathcal{A}$ の要素間に包含関係がないものを考える．すなわち $a, b \in \mathcal{A}$ で $a \subset b$ となるものを含まないような集合族である．$\mathcal{A}$ を**生成集合**とよぶ．3 変数交互作用のないモデルの場合には $m=3$ で

$$\mathcal{A} = \{\{1,2\},\{1,3\},\{2,3\}\}$$

である．生成集合の元 a に対して $\mu_a : \mathcal{I} \to R$ を a に含まれる変数のみに依存する関数と定義する．すなわち $\boldsymbol{i}=(i_1,\cdots,i_m)$，$\boldsymbol{j}=(j_1,\cdots,j_m)$ とおくとき

$$\boldsymbol{i}_a = \boldsymbol{j}_a \quad \Rightarrow \quad \mu_a(\boldsymbol{i}) = \mu_a(\boldsymbol{j})$$

であるとする．このとき $\mathcal{A}$ を生成集合族とする**階層モデル**はセル $\boldsymbol{i}$ の生起確率 $p(\boldsymbol{i})$ が

$$\log p(\boldsymbol{i}) = \sum_{a \in \mathcal{A}} \mu_a(\boldsymbol{i}) \tag{109}$$

と表わされるようなモデルである．階層モデルは生成集合のいずれかの元の部分集合に対応する主効果および交互作用のみを仮定するモデルと考えることができる．

式(109)の右辺のパラメータの表わし方は一意的ではないが，すでに述べたようにパラメトリゼーションの問題は本質的ではない．またパラメトリゼーションの非一意性に関して次の論点も重要である．例えば 3 元分割表のセルの生起確率を式(102)の形で表わしたときに，「3 変数交互作用 $\{(\alpha\beta\gamma)_{ijk}\}$ は非ゼロであるが，2 変数交互作用 $\{(\alpha\beta)_{ij}\}$ はゼロである」というようなモデルを考えることはパラメトリゼーションに依存しており，不自然だと考えられる．したがって，分割表の解析において階層モデルは当然のモデルとして通常仮定されることとなる．前節の 3 元分割表について考えたモデルもすべて階層モデルである．

一般の階層モデルについて，式(100)と同様に多項分布の確率関数の対

数を考えると，階層モデルの十分統計量が，すべての生成集合の周辺セル頻度

$$\{f(\boldsymbol{i}_a) \mid \boldsymbol{i}_a \in \mathcal{I}_a,\, a \in \mathcal{A}\}$$

で与えられることがわかる．また指数型分布族の同時密度関数(式(73))で，積和 $\bar{\boldsymbol{t}}'\boldsymbol{q}$ の項を考えると，階層モデルではこの積和の各項で $\mu_a(\boldsymbol{i})$ と $f(\boldsymbol{i}_a)$ が対応していることがわかる．この事実と，式(97)での結果を用いると，階層モデルの最尤推定のための尤度方程式が

$$\frac{f(\boldsymbol{i}_a)}{n} = p(\boldsymbol{i}_a), \quad \forall \boldsymbol{i}_a \in \mathcal{I}_a,\ \forall a \in \mathcal{A} \tag{110}$$

となり，十分統計量をなす周辺頻度とその期待値を等値する形で与えられることがわかる．ここで $p(\boldsymbol{i}_a)$ は周辺セル $\boldsymbol{i}_a$ の周辺確率である．このように階層モデルの尤度方程式が明示的に書けることから，階層モデルの最尤推定は比較的容易である．

実際には式(110)を自然母数である $\mu_a(\boldsymbol{i}), a \in \mathcal{A}$ について解かなければいけないので，近似解法によって解を求めるための繰り返し計算が必要となる．また，セル頻度が 0 すなわち $f(\boldsymbol{i}_a) = 0$ となる場合には，最尤推定量が指数型分布族の母数空間の境界に来るために，式(97)をこの場合にも拡張する必要がある．

次にグラフィカルモデルを考える．グラフィカルモデルは生成集合が，あるグラフ G のクリークの集合として表わされるような階層モデルである．グラフのクリークの概念を説明するためには，グラフ理論の基礎的な用語を用いる必要がある．ここで考えるグラフは，単純無向グラフとよばれるグラフであり，いくつかの頂点(vertex)と，異なる頂点間を結ぶいくつかの辺(edge)からなる．2 つの頂点を結ぶ辺は(辺があるとして) 1 本だけとする．頂点の集合を V，考える辺の集合を E と表わすと，特定のグラフ G は V と E の組

$$G = (V, E)$$

で定義される．すべての頂点間が互いに辺で結ばれているグラフを**完全グラフ**という．V の部分集合 $u \subset V$ に対して，u に属する頂点とこれらの頂点の間を結ぶ辺のみを取り出したグラフを G_u と書き，部分グラフとい

う．G_u が完全グラフであるとき u が完全であるという．u が完全ならば，$w \subset u$ となる w も完全である．したがって，各 $u \subset V$ について u が完全か否かを考えると，V の部分集合の中で包含関係の意味で極大な完全部分集合を考えることができる．そこで $c \subset V$ がグラフ G のクリークであるとは，c が完全であり，任意の $u \supsetneq c$ について u が完全でないことと定義する．

以上の概念を例で説明しよう．図8のグラフ G において $V=\{1,2,3,4,5,6\}$，$E=\{\{1,3\},\{2,3\},\{3,4\},\{4,5\},\{4,6\},\{5,6\}\}$ である．クリークは

$$\{1,3\},\ \{2,3\},\ \{3,4\},\ \{4,5,6\}$$

と 4 個ある．生起確率を p_{ijklmn} と表わすこととすると，G に基づく 6 元の分割表の対数線形モデルは

$$\log p_{ijklmn} = \mu_{ik} + \mu_{jk} + \mu_{kl} + \mu_{lmn} \tag{111}$$

と表わされるようなモデルである．

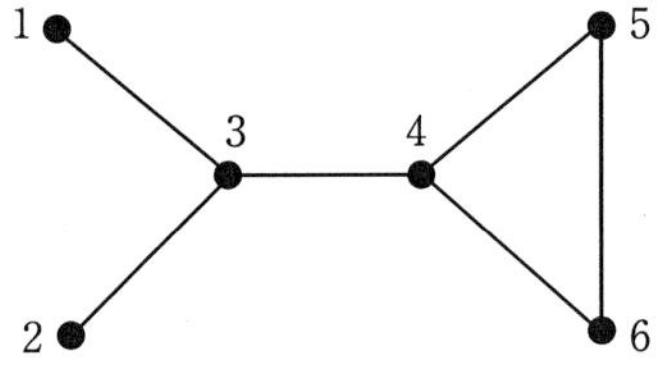

図 **8**　グラフィカルモデルの例

ここで 3 元分割表において飽和モデルと 3 変数交互作用のないモデルの区別を再度考察しよう．図 7 の(d)はそれ自身で完全グラフであり，クリークは $\{1,2,3\}$ である．したがって(d)の表わすグラフィカルモデルは $\log p_{ijk} = \mu_{ijk}$ となり，これは飽和モデルである．すなわち，3 変数交互作用のない 3 元分割表のモデルは階層モデルではあるがグラフィカルモデルではない．実際この例は階層モデルであるがグラフィカルモデルではないもっとも簡単な例である．

このようにグラフィカルモデルは階層モデルのサブモデルとなっているが，逆に特定の階層モデルが与えられたときには，その階層モデルをあるグラフィカルモデルにおいてパラメータに 0 制約をおいたものとみること

もできる．すなわち $\mathcal{A}$ を生成集合とする階層モデルが与えられたときに，任意の生成集合の元 $a \in \mathcal{A}$ に属する変数間にはすべて辺があるとするグラフ G を考える．この G を生成集合 $\mathcal{A}$ から誘導されるグラフとよぶことにする．すなわち G の辺集合 E は

$$E = \bigcup_{a \in \mathcal{A}} \bigcup_{\substack{i,j \in a \\ i \neq j}} \{\{i,j\}\} \tag{112}$$

と定義される．グラフ G に基づくグラフィカルモデルを考えれば，もとの階層モデルは，グラフ G に基づくグラフィカルモデルにおいて，生成集合に含まれない変数群のパラメータが 0 と制約されたモデルとなる．

この最も簡単な例は，3 変数の場合の飽和モデルと式(103)の 3 変数交互作用のないモデルの関係である．3 変数交互作用のないモデルは，飽和モデルにおいて 3 変数交互作用のパラメータを 0 とおいたモデルであり，この場合，飽和モデルのパラメータに 0 制約の追加されたグラフィカルモデルとみることができる．このように考えることの利点は，グラフ G における頂点集合の分離の概念を用いて，階層モデルにおいても条件つき独立性が容易に読み取れることである．G の頂点集合を V として，V の 3 つの互いに排反な集合を a, b, s とする．s が a と b を**分離**するとは，a の任意の頂点 v_1 と b の任意の頂点 v_2 を結ぶ道が必ず s の頂点を通ることをいう．ただし「道」とは互いに異なる頂点の列 $v_1 = w_0, w_1, \cdots, w_k = v_2$ で $\{w_i, w_{i+1}\} \in E, i = 0, \cdots, k-1$ となるものをいう．ここで a, b は共に空でないとするが，s は空でもよい．s が空のときは G において a と b が連結していないものと定義する．

ここで階層モデルとグラフィカルモデルでの変数の条件つき独立性について一般的に考えよう．まず階層モデルで考える．式(109)の階層モデルにおいて，変数群 s に属する変数の値を固定したときに，式(109)の右辺の各項が変数群 a を含む項かあるいは変数群 b を含む項のいずれかのみであり，変数群 a, b の両方を同時に含む項がないとする．このとき式(104)，(105)と同様に，変数群 s のカテゴリーを与えたときに，変数群 a と変数群 b は互いに独立である．この条件つき独立性を

$$a \perp\!\!\!\perp b \mid s \tag{113}$$

の記法で表わすこととする．以上の条件をグラフィカルモデルで考えれば，s が a と b を分離するときに，$a \perp\!\!\!\perp b \mid s$ が成り立つことがわかる．例えば図8において，変数 $\{1, 2, 3, 4\}$ の周辺分布を考えれば，変数 $\{3\}$ は $\{1, 2\}$ と $\{4\}$ を分離しているから $\{1, 2\} \perp\!\!\!\perp \{4\} \mid \{3\}$ が成り立っていることがわかる．個々の階層モデルについても，上で述べたように生成集合から誘導されるグラフ G を考えれば，グラフィカルモデルにおける条件つき独立性はパラメータに0制約が入っても入らなくても成り立つから，階層モデルにおける条件つき独立性を G における分離によって容易に判定することができる．

以上のように，グラフ G に基づくグラフィカルモデルにおいて s が a と b を分離すれば $a \perp\!\!\!\perp b \mid s$ となることがわかったが，各セルの確率が正であるという仮定のもとで，この逆も成立するのである．これが Hammersly-Clifford の定理である．ここでは Lauritzen(1996)の3.2節に従ってこの定理を証明する．

いま $\Delta = \{1, \cdots, m\}$ を変数とする m 元の分割表の確率分布 $\boldsymbol{p} = (p(\boldsymbol{i}))_{i \in \mathcal{I}}$ と，$\Delta = \{1, \cdots, m\}$ を頂点集合とするグラフ G を考える．分布 $\boldsymbol{p}$ が G に関して**大域的マルコフ性**(global Markov property)を持つとは，G において s が a と b を分離するならば，$\boldsymbol{p}$ のもとで $a \perp\!\!\!\perp b \mid s$ が成り立つこと，と定義する．このとき次の定理が成り立つ．

定理 m 元の分割表の確率分布 $\boldsymbol{p} = (p(\boldsymbol{i}))_{i \in \mathcal{I}}$ がグラフ G に基づくグラフィカルモデルであれば，$\boldsymbol{p}$ は G に関して大域的マルコフ性を持つ．逆に，$\boldsymbol{p}$ が各セル $\boldsymbol{i}$ で正 $p(\boldsymbol{i}) > 0, \forall \boldsymbol{i} \in \mathcal{I}$ という条件のもとで，$\boldsymbol{p}$ が G に関して大域的マルコフ性を持つならば，$\boldsymbol{p}$ は G に基づくグラフィカルモデルである．▌

［証明］（⇒） $p(\boldsymbol{i})$ が G に基づくグラフィカルモデルであるとする．すなわち $p(\boldsymbol{i})$ が

$$\log p(\boldsymbol{i}) = \sum_{c \in \mathcal{C}} \mu_c(\boldsymbol{i}) \tag{114}$$

と書けているとする．ただし $\mathcal{C}$ は G のクリークの集合である．示すべきことは，a, b, s が互いに排反な Δ の部分集合で s が a と b を分離するとき，$a \perp\!\!\!\perp b \mid s$ となることである．

$\tilde{a}$ を Δ の部分集合で a のいずれかの点から s の点を通らずに到達できる

点の集合とする．また $\tilde{b}=\Delta-\tilde{a}-s$ とおく．ここで $-$ は集合の差の意味である．このとき $\tilde{a},\tilde{b},s$ は互いに排反，$\Delta=\tilde{a}\cup\tilde{b}\cup s$，かつ s は $\tilde{a}$ と $\tilde{b}$ を分離している．いま $i\in\tilde{a}$ と $j\in\tilde{b}$ が G の同じクリーク c に属する頂点であったとすると，i と j は直接辺で結ばれていることになるから s で分離されていることに矛盾してしまう．したがって任意のクリークは $\tilde{a}$ の頂点と $\tilde{b}$ の頂点の両方を含むことはできないことがわかる．そこで式(114)の右辺の和をクリーク c が $\tilde{a}$，あるいは $\tilde{b}$ と交わるかどうかで分類することにより

$$\log p(\boldsymbol{i})=\sum_{c\cap\tilde{a}\neq\emptyset}\mu_c(\boldsymbol{i})+\sum_{c\cap\tilde{b}\neq\emptyset}\mu_c(\boldsymbol{i})+\sum_{c\subset s}\mu_c(\boldsymbol{i})$$

と書くことができる．ここで $\sum_{c\cap\tilde{a}\neq\emptyset}\mu_c(\boldsymbol{i})$ には $\tilde{b}$ の変数は現れず，$\sum_{c\cap\tilde{b}\neq\emptyset}\mu_c(\boldsymbol{i})$ には $\tilde{a}$ の変数は現れていない．$\sum_{c\subset s}\mu_c(\boldsymbol{i})$ の項はどちらに含めて考えてもよいが $\sum_{c\cap\tilde{a}\neq\emptyset}\mu_c(\boldsymbol{i})$ に含めて考えることとする．ここで $\tilde{a}-a$ に属する変数および $\tilde{b}-b$ に属する変数について $p(\boldsymbol{i})$ の和をとることにより $a\cup b\cup s$ の変数の周辺確率を求めれば

$$g_{a\cup s}(\boldsymbol{i})=\sum_{i_{\tilde{a}-a}}\exp(\sum_{c\cap\tilde{a}\neq\emptyset}\mu_c(\boldsymbol{i})+\sum_{c\subset s}\mu_c(\boldsymbol{i}))$$
$$h_{b\cup s}(\boldsymbol{i})=\sum_{i_{\tilde{b}-b}}\exp(\sum_{c\cap\tilde{b}\neq\emptyset}\mu_c(\boldsymbol{i}))$$

とおくことにより $p_{a\cup b\cup s}(\boldsymbol{i})=g_{a\cup s}(\boldsymbol{i})h_{b\cup s}(\boldsymbol{i})$ と書ける．したがって $a\perp\!\!\!\perp b\mid s$ が成り立つ．

（$\Leftarrow$） $p(\boldsymbol{i})$ がすべてのセル $\boldsymbol{i}$ で正でかつ大域的マルコフ性を持つと仮定する．いまセル $\boldsymbol{i}^*=(i_1^*,\cdots,i_m^*)$ を勝手に選んで固定する．V の部分集合 a に対して

$$H_a(\boldsymbol{i})=\log p(\boldsymbol{i}_a,\boldsymbol{i}^*_{a^C})$$

とおく．ただし $(\boldsymbol{i}_a,\boldsymbol{i}^*_{a^C})$ は $j\in a$ については i_j は自由にカテゴリーを動くが，$j\notin a$ については $i_j=i_j^*$ と固定されたカテゴリーの組を表わすとする．H_a は関数としては $\boldsymbol{i}_a$ のみに依存することに注意する．ここで

$$\phi_a(\boldsymbol{i})=\sum_{b:\,b\subset a}(-1)^{|a-b|}H_b(\boldsymbol{i})$$

とおく．ただし $|a-b|$ は集合 $a-b$ の要素数を表わす．このときメビウスの反転公式を用いることにより，$H_b(\boldsymbol{i})=\sum_{a:\,a\subset b}\phi_a(\boldsymbol{i})$，特に $b=\Delta$ として

$$\log p(\boldsymbol{i})=\sum_{a:\,a\subset\Delta}\phi_a(\boldsymbol{i}) \tag{115}$$

と書けることが容易に確かめられる．実際右辺を展開したとき $H_\Delta(\boldsymbol{i})=\log p(\boldsymbol{i})$ の係数は 1 であるが，$a\neq\Delta$ となる a について $H_a(\boldsymbol{i})$ の係数は $\sum_{b:\,a\subset b\subset\Delta}(-1)^{|b-a|}=(1-1)^{|\Delta-a|}=0$ となる．ここで G_a が完全部分グラフでないような a については $\phi_a\equiv 0$ であることを示そう．もしこのことが示されれば，任意の完全部分グラフはいずれかのクリーク c の部分グラフとなるから，$\phi_a(\boldsymbol{i})$ を $\phi_c(\boldsymbol{i})$ に吸収して考えれば

$$\log p(\boldsymbol{i})=\sum_{c\in\mathcal{C}}\phi_c(\boldsymbol{i})$$

となり式(114)の形に書けることがわかる．以上より，式(115)において G_a が完全でなければ $\phi_a\equiv 0$ となることを示せばよい．

そこで a に含まれる 2 つの頂点(変数) j, k でこれらが G において辺で結ばれていないとする．$c=a-\{j,k\}$ とおくと

$$\phi_a(\boldsymbol{i})=\sum_{b:\,b\subset c}(-1)^{|c-b|}\{H_b(\boldsymbol{i})-H_{b\cup\{j\}}(\boldsymbol{i})-H_{b\cup\{k\}}(\boldsymbol{i})+H_{b\cup\{j,k\}}(\boldsymbol{i})\} \tag{116}$$

と書ける．さらに $d=V-\{j,k\}$ とおくと，d が $\{j\}$ と $\{k\}$ を分離していることに注意して

$$\begin{aligned}
H_{b\cup\{j,k\}}(\boldsymbol{i})-H_{b\cup\{j\}}(\boldsymbol{i})&=\log\frac{p(\boldsymbol{i}_b,i_j,i_k,\boldsymbol{i}^*_{d-b})}{p(\boldsymbol{i}_b,i_j,i^*_k,\boldsymbol{i}^*_{d-b})}\\
&=\log\frac{p(i_j\mid\boldsymbol{i}_b,\boldsymbol{i}^*_{d-b})p(i_k\mid\boldsymbol{i}_b,\boldsymbol{i}^*_{d-b})}{p(i_j\mid\boldsymbol{i}_b,\boldsymbol{i}^*_{d-b})p(i^*_k\mid\boldsymbol{i}_b,\boldsymbol{i}^*_{d-b})}\\
&=\log\frac{p(i^*_j\mid\boldsymbol{i}_b,\boldsymbol{i}^*_{d-b})p(i_k\mid\boldsymbol{i}_b,\boldsymbol{i}^*_{d-b})}{p(i^*_j\mid\boldsymbol{i}_b,\boldsymbol{i}^*_{d-b})p(i^*_k\mid\boldsymbol{i}_b,\boldsymbol{i}^*_{d-b})}\\
&=\log\frac{p(\boldsymbol{i}_b,i^*_j,i_k,\boldsymbol{i}^*_{d-b})}{p(\boldsymbol{i}_b,i^*_j,i^*_k,\boldsymbol{i}^*_{d-b})}\\
&=H_{b\cup\{k\}}(\boldsymbol{i})-H_b(\boldsymbol{i})
\end{aligned}$$

となることがわかる．したがって a が完全でないならば，式(116)の { } 内

の和がそれぞれ 0 となり，$\phi_a \equiv 0$ が示された．　　　　　　　　　　　　（終）

以上で Hammersly-Clifford の定理の証明をおこなったが，実はこの定理の証明では分割表のカテゴリー数が有限であることを用いていないのである．したがって，この定理は任意の多変量確率関数について成り立つことがわかる．さらには，連続分布の場合でも密度関数が連続ならばやはり同じ形で成り立つことがわかる．したがって，以上ではグラフィカルモデルを分割表のモデルとしてのみ説明してきたが，実は任意の離散多変量分布や連続分布についてもグラフィカルモデルを考えることができる．実際グラフィカルモデルの文献では，多変量正規分布の分散行列のモデル化の方法として，グラフィカルモデルを用いているものが多い．これについては，8.4 節でふれている．

最後に分解可能モデルを定義する．分解可能モデルは式(108)の包含関係の中で最も単純なモデルであり，さまざまな扱いやすい性質を持っており詳しく研究されている．特に式(110)の尤度方程式が明示的に解け，最尤推定量を求める際に繰り返し計算が不要である．ただし，その定義はやや複雑なものである．分割表における分解可能モデルの概念はグラフィカルモデルより以前に 1970 年代に Goodman, Bishop, Haberman などによって定式化されたが，複数の同値な定義が存在する．ここでは宮川(1997)，Lauritzen(1996)に従って，分解可能なモデルを「分解可能なグラフに基づくグラフィカルモデル」として定義する．

まずグラフの分解を定義する．a, b, s を G の頂点集合 V の互いに排反な部分集合として G が (a, b, s) に分解されることを次の 3 つの条件で定義する．

(1) $V = a \cup b \cup s$.

(2) s は a と b を分離する．

(3) s は完全である．

ここで注意すべき点は，s による分離というときには s が完全であることを要求していないが，分解というときには s が完全であることを要求している点である．さらに G の分解可能性を以下のように再帰的に定義する．グラフ G が分解可能であるとは

（1）G 自体が完全グラフであるか，あるいは

（2）G が (a, b, s) に分解され，$G_{a\cup s}$ および $G_{b\cup s}$ がそれぞれ分解可能となることである．

以上の分解可能なグラフの定義に基づき，分割表の分解可能モデルは分解可能なグラフ G に基づくグラフィカルモデルとして定義される．このように分解可能モデルの定義は再帰性を用いたやや複雑なものであるが，$G=(a, b, s)$ の分解は s に属する変数の値を固定したときの，a に属する変数と b に属する変数の条件つき独立性に対応しており，ここではさらに s が完全であることを要求することにより，s に属する変数間のパラメータには制約がない．このような意味で，分解可能なモデルは条件つき独立性を入れ子にした形で確率関数が書き下せるモデルであり，数学的な扱いが非常に容易である．

例として図 8 のグラフ G に基づくグラフィカルモデルを考えよう．まず $a=\{1, 2, 3\}, b=\{5, 6\}, s=\{4\}$ とすると，(a, b, s) は G の分解となっていることがわかる．次に $G_{b\cup s}=G_{\{4, 5, 6\}}$ は完全グラフであるからそれ自身で分解可能である．そこで $G_{a\cup s}=G_{\{1, 2, 3, 4\}}$ が分解可能であることを示せばよい．今度は $a=\{1, 2\}, b=\{4\}, s=\{3\}$ とすればこれも $G_{\{1, 2, 3, 4\}}$ の分解である．$G_{\{3,4\}}$ は完全グラフで，$G_{\{1, 2, 3\}}$ が残るが，再度 $s=\{3\}$ ととれば最後まで分解される．したがって G 自体が分解可能であり，式(111)の G に基づくグラフィカルモデルは分解可能モデルである．

なお，グラフィカルモデルであるが，分解可能モデルでないもっとも簡単な例として，図 9 の 4 サイクルモデルが知られている．このモデルは 4 元の分割表でセル確率が

$$\log p_{ijkl} = \alpha_{ij} + \beta_{jk} + \gamma_{kl} + \delta_{li}$$

の形に書けるモデルである．図 9 では，例えば $s=\{i, k\}$ が j と l を分離しているが，i と k を結ぶ辺がないために s が完全ではない．したがって分解にはなっていないことに注意する．同様に $\{j, l\}$ が i と k を分離しているから，4 サイクルモデルにおいてはこれらの 2 つの条件つき独立性が成り立つが，それらが入れ子になってはいない．

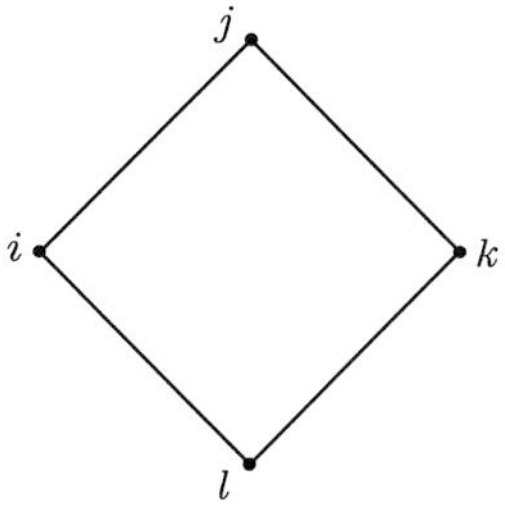

図 9　4 サイクルモデル

8 多変量正規分布の性質

多変量正規分布の定義はすでに 5.4 節で与えたが，ここでは多変量正規分布の性質についてより詳しく説明する．

8.1 多変量正規分布の周辺分布と条件つき分布

まず多変量正規分布の周辺分布と条件つき分布が，やはり多変量正規分布であることを示す．ここでは特性関数を用いて簡明な導出を行なうが，密度関数を用いて示すこともできる．多変量正規分布 $N(\boldsymbol{\mu}, \boldsymbol{\Sigma})$ に従う確率ベクトル $\boldsymbol{x}$ の特性関数は式(60)のように $E(e^{i\boldsymbol{t}'\boldsymbol{x}}) = e^{i\boldsymbol{t}'\boldsymbol{\mu}-\boldsymbol{t}'\boldsymbol{\Sigma}\boldsymbol{t}/2}$ で与えられた．ここで確率ベクトル $\boldsymbol{x}$ を部分ベクトルに分割して $\boldsymbol{x}' = (\boldsymbol{x}_1', \boldsymbol{x}_2')$ とする．これに対応して，$\boldsymbol{x}$ の期待値ベクトル $\boldsymbol{\mu}$ と分散行列 $\boldsymbol{\Sigma}$，および特性関数の変数ベクトル $\boldsymbol{t}$ を

$$\boldsymbol{\mu} = \begin{pmatrix} \boldsymbol{\mu}_1 \\ \boldsymbol{\mu}_2 \end{pmatrix}, \quad \boldsymbol{\Sigma} = \begin{pmatrix} \boldsymbol{\Sigma}_{11} & \boldsymbol{\Sigma}_{12} \\ \boldsymbol{\Sigma}_{21} & \boldsymbol{\Sigma}_{22} \end{pmatrix}, \quad \boldsymbol{t} = \begin{pmatrix} \boldsymbol{t}_1 \\ \boldsymbol{t}_2 \end{pmatrix}$$

と分割する．このとき $\boldsymbol{x}$ の特性関数は

$$E(e^{i(\boldsymbol{t}_1'\boldsymbol{x}_1+\boldsymbol{t}_2'\boldsymbol{x}_2)}) = \exp\Big\{i(\boldsymbol{t}_1'\boldsymbol{\mu}_1 + \boldsymbol{t}_2'\boldsymbol{\mu}_2) - \frac{1}{2}(\boldsymbol{t}_1'\boldsymbol{\Sigma}_{11}\boldsymbol{t}_1 + \boldsymbol{t}_2'\boldsymbol{\Sigma}_{22}\boldsymbol{t}_2 + 2\boldsymbol{t}_1'\boldsymbol{\Sigma}_{12}\boldsymbol{t}_2)\Big\} \quad (117)$$

と表わされる．ここで $\boldsymbol{t}_2 = 0$ とおけば

$$E(e^{i\boldsymbol{t}_1'\boldsymbol{x}_1}) = \exp\left(i\boldsymbol{t}_1'\boldsymbol{\mu}_1 - \frac{1}{2}\boldsymbol{t}_1'\boldsymbol{\Sigma}_{11}\boldsymbol{t}_1\right)$$

となる．このことは $\boldsymbol{x}_1$ の周辺分布が $N(\boldsymbol{\mu}_1, \boldsymbol{\Sigma}_{11})$ であることを示している．すなわち多変量正規分布の周辺分布はそれ自身が多変量正規分布である．より一般に，5.4 節での多変量正規分布の導出からもわかるように，多変量正規ベクトルの任意の線形変換の分布は多変量正規分布である．

次に式(117)において $\mathrm{Cov}(\boldsymbol{x}_1, \boldsymbol{x}_2) = \boldsymbol{\Sigma}_{12} = 0$ の場合を考えると

$$E(e^{i(\boldsymbol{t}_1'\boldsymbol{x}_1+\boldsymbol{t}_2'\boldsymbol{x}_2)}) = \exp\Big(i\boldsymbol{t}_1'\boldsymbol{\mu}_1 - \frac{1}{2}\boldsymbol{t}_1'\boldsymbol{\Sigma}_{11}\boldsymbol{t}_1\Big) \times \exp\Big(i\boldsymbol{t}_2'\boldsymbol{\mu}_2 - \frac{1}{2}\boldsymbol{t}_2'\boldsymbol{\Sigma}_{22}\boldsymbol{t}_2\Big)$$

となり，特性関数が積の形に書けることがわかる．このことは $\boldsymbol{x}_1$ と $\boldsymbol{x}_2$ が互いに独立であることを示している．すなわち，多変量正規分布においては無相関性($\boldsymbol{\Sigma}_{12} = 0$)が独立性を含意することがわかる．一般の多変量分布では，独立性は無相関性の十分条件ではあるが必要条件ではない．しかし，多変量正規分布においては独立性と無相関性が同値な条件となる．2 次モーメントの計算は比較的容易であることが多いから，無相関性の確認も比較的容易である．多変量正規分布においては，無相関性が確認されれば独立性が保証されるから，独立性の確認も容易となる．この方法は，以下に示すように，多変量正規分布の条件つき分布の導出にも用いることができる．

上と同様の設定で $\boldsymbol{x}_1$ を与えたときの $\boldsymbol{x}_2$ の条件つき分布を考えよう．この条件つき分布は

$$\boldsymbol{x}_2 \mid \boldsymbol{x}_1 \sim N(\boldsymbol{\mu}_2 + \boldsymbol{\Sigma}_{21}\boldsymbol{\Sigma}_{11}^{-1}(\boldsymbol{x}_1 - \boldsymbol{\mu}_1), \boldsymbol{\Sigma}_{22\cdot 1}) \quad (118)$$

となることが示される．ここで $\boldsymbol{\Sigma}_{22\cdot 1}$ は母分散行列に基づく残差分散行列であり，式(10)と同様

$$\boldsymbol{\Sigma}_{22\cdot 1} = \boldsymbol{\Sigma}_{22} - \boldsymbol{\Sigma}_{21}\boldsymbol{\Sigma}_{11}^{-1}\boldsymbol{\Sigma}_{12} \quad (119)$$

で定義される．また条件つき期待値にあらわれる $\boldsymbol{\Sigma}_{21}\boldsymbol{\Sigma}_{11}^{-1}$ は式(9)と同様，母分散行列に基づく回帰係数行列である．ただし，列ベクトルとして扱っている確率ベクトルが，データ行列では各行にあたるために，式(9)と比べて回帰係数行列の定義が転置された形になっていることに注意する．

さて，ここで式(118)を証明しよう．この式を直接証明するには，$N(\boldsymbol{\mu}, \boldsymbol{\Sigma})$ の密度関数を $N(\boldsymbol{\mu}_1, \boldsymbol{\Sigma}_{11})$ の密度関数で割り，2.3 節と同様の掃き出しの操作をおこなうことによっても示すことができる．ここでは上の無相関性と独立性の結果を用いることによって，より簡単な証明を与えよう．まず $\boldsymbol{x}$ のかわりに $\boldsymbol{x}-\boldsymbol{\mu}$ を考えることによって，一般性を失うことなく $\boldsymbol{\mu}=0$ の場合について式(118)を示せばよい．そこで $\boldsymbol{x}_1$ と $\boldsymbol{x}_2-\boldsymbol{\Sigma}_{21}\boldsymbol{\Sigma}_{11}^{-1}\boldsymbol{x}_1$ の同時分布を考えよう．

$$\mathrm{Cov}(\boldsymbol{x}_1, \boldsymbol{x}_2-\boldsymbol{\Sigma}_{21}\boldsymbol{\Sigma}_{11}^{-1}\boldsymbol{x}_1) = \boldsymbol{\Sigma}_{12}-\boldsymbol{\Sigma}_{11}\boldsymbol{\Sigma}_{11}^{-1}\boldsymbol{\Sigma}_{12} = \boldsymbol{\Sigma}_{12}-\boldsymbol{\Sigma}_{12} = 0$$

であるから，$\boldsymbol{x}_1$ と $\boldsymbol{x}_2-\boldsymbol{\Sigma}_{21}\boldsymbol{\Sigma}_{11}^{-1}\boldsymbol{x}_1$ は独立である．したがって $\boldsymbol{x}_1$ を与えたときの $\boldsymbol{x}_2-\boldsymbol{\Sigma}_{21}\boldsymbol{\Sigma}_{11}^{-1}\boldsymbol{x}_1$ の条件つき分布は $\boldsymbol{x}_2-\boldsymbol{\Sigma}_{21}\boldsymbol{\Sigma}_{11}^{-1}\boldsymbol{x}_1$ の周辺分布に一致する．ここで

$$E(\boldsymbol{x}_2-\boldsymbol{\Sigma}_{21}\boldsymbol{\Sigma}_{11}^{-1}\boldsymbol{x}_1) = 0, \quad \mathrm{Var}(\boldsymbol{x}_2-\boldsymbol{\Sigma}_{21}\boldsymbol{\Sigma}_{11}^{-1}\boldsymbol{x}_1) = \boldsymbol{\Sigma}_{22\cdot1}$$

であるから，$\boldsymbol{x}_2-\boldsymbol{\Sigma}_{21}\boldsymbol{\Sigma}_{11}^{-1}\boldsymbol{x}_1$ の周辺分布は $N(0, \boldsymbol{\Sigma}_{22\cdot1})$ である．$\boldsymbol{x}_1$ を固定すれば $\boldsymbol{\Sigma}_{21}\boldsymbol{\Sigma}_{11}^{-1}\boldsymbol{x}_1$ も固定されるから，

$$\boldsymbol{x}_2 = (\boldsymbol{x}_2-\boldsymbol{\Sigma}_{21}\boldsymbol{\Sigma}_{11}^{-1}\boldsymbol{x}_1) + \boldsymbol{\Sigma}_{21}\boldsymbol{\Sigma}_{11}^{-1}\boldsymbol{x}_1$$

の条件つき期待値は $\boldsymbol{\Sigma}_{21}\boldsymbol{\Sigma}_{11}^{-1}\boldsymbol{x}_1$ である．条件つき期待値をずらしても条件つき分散は変わらないから，$\boldsymbol{x}_2|\boldsymbol{x}_1$ の条件つき分散は $\boldsymbol{\Sigma}_{22\cdot1}$ のままである．以上により式(118)が示された．

8.2　多変量正規分布のモーメントとキュムラント

次に多変量正規分布の高次のモーメントを求める．5.4 節で述べたように，多変量正規分布の 3 次以上の同時キュムラントはすべて 0 である．したがって，多変量正規分布の原点まわりの高次のモーメントは式(53)において集合 $J_1, \cdots, J_r$ の要素数が 1 か 2 の場合に限られることがわかる．具体的に 3 次以上のモーメントを書き下してみると，添字 $a, b, c, \cdots$ に重な

りがあってもなくても

$$
\begin{aligned}
E(y_a y_b y_c) &= \sigma_{ab}\mu_c[3] \\
E(y_a y_b y_c y_d) &= \sigma_{ab}\sigma_{cd}[3] + \sigma_{ab}\mu_c\mu_d[6] + \mu_a\mu_b\mu_c\mu_d \\
E(y_a y_b y_c y_d y_e) &= \sigma_{ab}\sigma_{cd}\mu_e[15] + \sigma_{ab}\mu_c\mu_d\mu_e[10] + \mu_a\mu_b\mu_c\mu_d\mu_e \\
E(y_a y_b y_c y_d y_e y_f) &= \sigma_{ab}\sigma_{cd}\sigma_{ef}[15] + \sigma_{ab}\sigma_{cd}\mu_e\mu_f[45] + \sigma_{ab}\mu_c\mu_d\mu_e\mu_f[15] \\
&\quad + \mu_a\mu_b\mu_c\mu_d\mu_e\mu_f \qquad (120)
\end{aligned}
$$

などと書けることがわかる．ここで式(50)と同様に，[ ] 内の数は対称的な項の数を表わしている．より一般に $E(y_{j_1}\cdots y_{j_k})$ を書き下すと $(j_1,\cdots,j_k)$ から 2 つ組(ペア)を m 個$(0 \le m \le k/2)$とるとして，対称的な項の数は

$$
\frac{k(k-1)\cdots(k-2m+1)}{2^m m!}
$$

である．分子は k 個の異なるものから $2m$ 個を順に選ぶ個数であり，分母はペア内の 2 個の要素の並べかえの個数 2^m と m 個のペアの並べかえの個数 $m!$ の積である．特に，平均まわりのモーメントで考えると，$E(\boldsymbol{y}) = 0$ として，奇数次のモーメントはすべて 0 であり，偶数次のモーメントは

$$
E(y_{j_1}\cdots y_{j_{2m}}) = \sigma_{j_1 j_2}\cdots\sigma_{j_{2m-1} j_{2m}}\,[(2m-1)!!] \qquad (121)
$$

と書ける．ただし

$$
(2m-1)!! = (2m-1)(2m-3)\cdots 3\cdot 1 = \frac{(2m)!}{2^m m!}
$$

である．

8.3 多変量エルミート多項式

次に多変量正規分布の場合のエルミート多項式(Hermite polynomial)の定義を与える．多変量正規性の適合度検定などの目的で，標本の高次のモーメントを扱う際には，標本キュムラントの形で用いるか，あるいはエルミート多項式の形で扱うのが扱いやすい．またエルミート多項式は多変量正規分布のまわりでの漸近展開を扱う際にも必要とされる．

まず準備として 1 変量の場合のエルミート多項式の定義と性質を述べる．

$\phi(x) = 1/\sqrt{2\pi}\exp(-x^2/2)$ を 1 変量標準正規分布の密度関数とし k 次のエルミート多項式を

$$H_k(x) = (-1)^k \frac{\partial^k}{\partial x^k}\phi(x)/\phi(x)$$

と定義する．$H_k(x)$ が k 次の多項式であることは容易に示される．また部分積分を繰り返すことにより特性関数について

$$\int e^{itx} H_k(x)\phi(x)dx = (it)^k \exp(-t^2/2)$$

が成り立つ．

さて以上の 1 変量のエルミート多項式を多変量に拡張する．平均 0 の多変量正規分布の密度関数を

$$\phi(\boldsymbol{x};\boldsymbol{\Sigma}) = \frac{1}{(2\pi)^{p/2}|\boldsymbol{\Sigma}|^{1/2}} \exp\left(-\frac{1}{2}\boldsymbol{x}'\boldsymbol{\Sigma}^{-1}\boldsymbol{x}\right)$$

とおく．x_a による偏微分作用素を $D_a{=}(\partial/\partial x_a)$ と書く．また $\boldsymbol{y} = \boldsymbol{\Sigma}^{-1}\boldsymbol{x}$ として，y_a による偏微分作用素を $\tilde{D}_a{=}(\partial/\partial y_a)$ と書く．このとき

$$\tilde{D}_a = \sum_b \sigma_{ab} D_b, \quad D_a = \sum_b \sigma^{ab}\tilde{D}_b$$

である．ただし $\boldsymbol{\Sigma}^{-1} = (\sigma^{ij})$ である．ここで，2 種類の多項式系を定義する．まず x_a に関する偏微分を用いて

$$H_{a_1 a_2 \cdots a_m}(\boldsymbol{x};\boldsymbol{\Sigma}) = \frac{1}{\phi(\boldsymbol{x};\boldsymbol{\Sigma})}(-D_{a_1})(-D_{a_2})\cdots(-D_{a_m})\phi(\boldsymbol{x};\boldsymbol{\Sigma})$$

と定義する．ここでの記法は重複添字を用いているが，べき添字記法を用いて定義してもよい．次に y_a に関する偏微分を用いて

$$\tilde{H}_{a_1 a_2 \cdots a_m}(\boldsymbol{x};\boldsymbol{\Sigma}) = \frac{1}{\phi(\boldsymbol{x};\boldsymbol{\Sigma})}(-\tilde{D}_{a_1})(-\tilde{D}_{a_2})\cdots(-\tilde{D}_{a_m})\phi(\boldsymbol{x};\boldsymbol{\Sigma})$$

と定義する．H を共変エルミート多項式，$\tilde{H}$ を反変エルミート多項式とよぶ．これら 2 つの多項式の間には

$$\begin{aligned}\tilde{H}_{a_1 a_2 \cdots a_m} &= \sum_{b_1,\cdots,b_m} \sigma_{a_1 b_1}\sigma_{a_2 b_2}\cdots\sigma_{a_m b_m} H_{b_1 b_2 \cdots b_m} \\ H_{a_1 a_2 \cdots a_m} &= \sum_{b_1,\cdots,b_m} \sigma^{a_1 b_1}\sigma^{a_2 b_2}\cdots\sigma^{a_m b_m} \tilde{H}_{b_1 b_2 \cdots b_m}\end{aligned}$$

の関係が成り立つ．

これらの多項式の性質を調べるには母関数を用いるのが便利である．母関数を扱うときにはべき添字記法を用いよう．$\boldsymbol{j}=(j_1,\cdots,j_p)$ を多重添字とする．以下

$$\boldsymbol{j}! = j_1!\cdots j_p!\,, \qquad \boldsymbol{t}^{\boldsymbol{j}} = t_1^{j_1}\cdots t_p^{j_p}$$

と表わす．$H_{\boldsymbol{j}}$ の定義により

$$\begin{aligned}\sum_{\boldsymbol{j}} \frac{\boldsymbol{t}^{\boldsymbol{j}}}{\boldsymbol{j}!} H_{\boldsymbol{j}}(\boldsymbol{x};\boldsymbol{\Sigma}) &= \frac{\phi(\boldsymbol{x}-\boldsymbol{t};\boldsymbol{\Sigma})}{\phi(\boldsymbol{x};\boldsymbol{\Sigma})} \\ &= \exp\left(\boldsymbol{t}'\boldsymbol{\Sigma}^{-1}\boldsymbol{x} - \frac{1}{2}\boldsymbol{t}'\boldsymbol{\Sigma}^{-1}\boldsymbol{t}\right) \qquad (122)\end{aligned}$$

が成り立つ．反変エルミート多項式の母関数については，$\tilde{D}_a=\sum_b \sigma_{ab}D_b$ の関係より，比 $\phi(\boldsymbol{x}-\boldsymbol{\Sigma t};\boldsymbol{\Sigma})/\phi(\boldsymbol{x};\boldsymbol{\Sigma})$ について，分子を $\boldsymbol{t}=0$ のまわりでテーラー展開して考えれば，式(122)において $\boldsymbol{t}$ を $\boldsymbol{\Sigma t}$ でおきかえればよい．したがって

$$\sum \frac{\boldsymbol{t}^{\boldsymbol{j}}}{\boldsymbol{j}!} \tilde{H}_{\boldsymbol{j}}(\boldsymbol{x};\boldsymbol{\Sigma}) = \exp\left(\boldsymbol{x}'\boldsymbol{t} - \frac{1}{2}\boldsymbol{t}'\boldsymbol{\Sigma t}\right) \qquad (123)$$

となることがわかる．母関数を見比べることにより，$H_{\boldsymbol{j}}$ と $\tilde{H}_{\boldsymbol{j}}$ の間の関係として

$$H_{\boldsymbol{j}}(\boldsymbol{y};\boldsymbol{\Sigma}) = \tilde{H}_{\boldsymbol{j}}(\boldsymbol{\Sigma}^{-1}\boldsymbol{y};\boldsymbol{\Sigma}^{-1})$$

となることもわかる．

$\{H_{\boldsymbol{j}}\}$ と $\{\tilde{H}_{\boldsymbol{j}}\}$ の間の関係として重要なのは，これらがお互いに直交系をなすことである．すなわち

$$\int H_{\boldsymbol{i}}(\boldsymbol{x};\boldsymbol{\Sigma})\tilde{H}_{\boldsymbol{j}}(\boldsymbol{x};\boldsymbol{\Sigma})\phi(\boldsymbol{x};\boldsymbol{\Sigma})d\boldsymbol{x} = \begin{cases} 0, & \text{if} \quad \boldsymbol{i}\neq\boldsymbol{j} \\ \boldsymbol{i}!, & \text{if} \quad \boldsymbol{i}=\boldsymbol{j} \end{cases} \qquad (124)$$

が成り立つ．これを証明するにはそれぞれの母関数を用いて以下のようにすればよい．

$$\int \sum_i \sum_j \frac{\boldsymbol{t}^{\boldsymbol{i}}}{\boldsymbol{i}!} H_{\boldsymbol{i}}(\boldsymbol{x};\boldsymbol{\Sigma}) \frac{\boldsymbol{s}^{\boldsymbol{j}}}{\boldsymbol{j}!} \tilde{H}_{\boldsymbol{j}}(\boldsymbol{x};\boldsymbol{\Sigma}) \phi(\boldsymbol{x};\boldsymbol{\Sigma}) d\boldsymbol{x}$$
$$= \exp(\boldsymbol{t}'\boldsymbol{s}) \int \frac{1}{(2\pi)^{p/2}|\boldsymbol{\Sigma}|^{1/2}} \exp\left\{-\frac{1}{2}(\boldsymbol{x}-\boldsymbol{t}-\boldsymbol{\Sigma}\boldsymbol{s})'\boldsymbol{\Sigma}^{-1}(\boldsymbol{x}-\boldsymbol{t}-\boldsymbol{\Sigma}\boldsymbol{s})\right\} d\boldsymbol{x}$$
$$= \exp(\boldsymbol{t}'\boldsymbol{s})$$
$$= \sum_{\boldsymbol{j}} \frac{\boldsymbol{t}^{\boldsymbol{j}} \boldsymbol{s}^{\boldsymbol{j}}}{\boldsymbol{j}!}$$

左辺と右辺を見比べれば式(124)が成り立つことがわかる．

最後に多変量エルミート多項式の明示的な表現について考える．多項式としては $H_{\boldsymbol{i}}$ より $\tilde{H}_{\boldsymbol{i}}$ のほうが簡明な形をしているので，ここでは反変エルミート多項式 $\tilde{H}_{\boldsymbol{i}}$ について説明しよう．実は反変エルミート多項式の明示的な表現は，多変量正規分布の原点まわりのモーメントをキュムラントで表わす式とまったく同じになるのである．それは式(123)の反変エルミート多項式の母関数において

$$i\boldsymbol{\mu} \to \boldsymbol{x}$$

と代入してみると，右辺は $\boldsymbol{y} \sim N_p(\boldsymbol{\mu}, \boldsymbol{\Sigma})$ の特性関数になっている．したがって

$$\tilde{H}_{\boldsymbol{j}}(i\boldsymbol{\mu};\boldsymbol{\Sigma}) = i^{j_1+\cdots+j_p} E(\boldsymbol{y}^{\boldsymbol{j}})$$

が成り立つことがわかる．例えば，重複添字記法に戻って式(120)を多変量エルミート多項式におきかえてみれば，添字に重なりがあってもなくても，

$$\begin{aligned}\tilde{H}_{abcdef}(\boldsymbol{x};\boldsymbol{\Sigma}) &= x_a x_b x_c x_d x_e x_f - \sigma_{ab} x_c x_d x_e x_f [15] \\ &\quad + \sigma_{ab}\sigma_{cd} x_e x_f [45] - \sigma_{ab}\sigma_{cd}\sigma_{ef} [15]\end{aligned}$$

と書けることがわかる．純虚数 i のために，モーメントの表現と比較して，符号が交代級数の形になっていることに注意する．

8.4 多変量正規分布のグラフィカルモデル

ここでは，多変量正規分布とグラフィカルモデルの関係についてふれる．

分割表に関する 7.2 節の最後で述べたように，Hammersly-Clifford の定

理は連続な多変量密度関数についても成立する．そこで p 次元正規分布の点 $\boldsymbol{x} = (x_1, \cdots, x_p)$ での密度を，p 元分割表のセル $\boldsymbol{i} = (i_1, \cdots, i_p)$ の確率に対応させて，Hammersly-Clifford の定理の観点から多変量正規分布の密度関数を眺めてみると，密度関数の対数が

$$\text{const.} - \frac{1}{2}\boldsymbol{x}'\boldsymbol{\Sigma}^{-1}\boldsymbol{x} + \boldsymbol{x}'\boldsymbol{\Sigma}^{-1}\boldsymbol{\mu} \tag{125}$$

のように $\boldsymbol{x}$ の 2 次関数となっている．ただし const. は $\boldsymbol{x}$ を含まない定数項である．分割表の用語で言えば，これは 2 変数の交互作用までを含むような確率モデルに対応している．その意味では多変量正規分布はより高次の交互作用を表わしえないモデルであると考えることができる．標本空間が有限集合である分割表のモデルにおいては，高次の交互作用までを自由にとりこむことができるが，連続分布の場合には高次の交互作用の取り入れ方が難しいことや，積分の評価の難しい確率分布は扱いにくいことから，多変量正規分布などの限られた分布を用いることが多い．

分割表の階層モデルの観点から式(125)を眺めてみると，すべての 2 変数集合を生成集合とする階層モデルと考えることができる．7.2 節で述べたように，階層モデルは必ずしもグラフィカルモデルではないが，式(112)のように生成集合から誘導されたグラフを考えれば，条件つき独立性をグラフの分離によって判断することができる．

いま $\boldsymbol{\Sigma}^{-1} = (\sigma^{ij})$ の要素がすべて非ゼロであれば，誘導されたグラフは完全グラフとなってしまい，条件つき独立性の関係はまったく存在しない．しかしながら，例えばある $i, j,\ i \neq j$ について $\sigma^{ij} = 0$ と制約をおくと，$s = V - \{i, j\}$ が $\{i\}$ と $\{j\}$ を分離するから，変数群 $s = V - \{i, j\}$ を与えたもとで x_i と x_j が条件つき独立になる．このことは式(33)の偏相関係数の表現に対応している．式(33)は標本分散行列に関するものであるが，母分散行列についてもまったく同様の式が成り立ち，$\sigma^{ij} = 0$ のとき母偏相関係数が 0 となる．多変量正規分布では無相関性は独立性を含意するから，この場合条件つき独立性が成り立つことがわかる．このように，多変量正規分布においても $\boldsymbol{\Sigma}^{-1}$ のいくつかの要素を 0 とおくことによりさまざまな条件つき独立性を持つモデルを定義することができ，多変量正規分布に

関するグラフィカルモデルとして研究されている．ただし，上に述べたように，多変量正規分布には 3 変数以上の交互作用がない形となっているから，その意味ではじめから制約の入ったモデルであり，グラフィカルモデルといっても厳密には意味が異なることに注意する必要がある．

ここで $\boldsymbol{\Sigma}^{-1}$ の要素のうち 0 と制約する添字の集合を $\mathcal{I}$ とおこう．すなわち制約を

$$\sigma^{ij} = 0\,, \quad (i,j) \in \mathcal{I} \tag{126}$$

とおく．このモデルの最尤推定を考えよう．5.6 節で見たように，多変量正規分布を指数型分布族として表わしたときに，σ^{ij} が自然母数の一部であることに注意すると，ちょうど式(97)が適用できる形であることがわかる．ただし μ の最尤推定もともなうために $\hat{\mu} = \bar{x}$ を代入するなど若干の式変形が必要となるが，式(97)より尤度方程式が

$$\sigma_{ij} = s_{ij}, \quad (i,j) \notin \mathcal{I} \tag{127}$$

の形で与えられることが導かれる．ただし $\boldsymbol{S} = (s_{ij})$ は標本分散行列である．また $(i,j) \in \mathcal{I}$ となる (i,j) についてはモデルの制約(式(126))から $\sigma^{ij} = 0$ である．繰り返し計算を用いて，式(127)と式(126)をみたす $\boldsymbol{\Sigma}$ を求めることによって，多変量正規分布のグラフィカルモデルの最尤推定量が得られる．

8.5 多変量正規分布の Fisher 情報量

ここでは多変量正規分布の Fisher 情報行列を求める．多変量正規分布の Fisher 情報行列は，平均ベクトル $\boldsymbol{\mu}$ に関する部分は簡明であるが，分散行列 $\boldsymbol{\Sigma}$ の部分はすでに添字が 2 次元であるためにやや複雑である．まず，$\boldsymbol{\Psi} = (\psi_{ij}) = (\sigma^{ij}) = \boldsymbol{\Sigma}^{-1}$ とおいて，$(\boldsymbol{\mu}, \boldsymbol{\Psi})$ をパラメータとして考えよう．密度関数の対数は

$$\log f(\boldsymbol{x}; \boldsymbol{\mu}, \boldsymbol{\Psi}) = -\frac{p}{2}\log(2\pi) + \frac{1}{2}\log|\boldsymbol{\Psi}| - \frac{1}{2}(\boldsymbol{x} - \boldsymbol{\mu})'\boldsymbol{\Psi}(\boldsymbol{x} - \boldsymbol{\mu}) \tag{128}$$

である．これを $\boldsymbol{\mu}$ で偏微分すると，付録より

$$\frac{\partial \log f(\boldsymbol{x};\boldsymbol{\mu},\boldsymbol{\Psi})}{\partial \boldsymbol{\mu}} = \boldsymbol{\Psi}(\boldsymbol{x}-\boldsymbol{\mu}) \tag{129}$$

となっている．これを $\boldsymbol{\Psi}$ の要素で偏微分すると $(\boldsymbol{x}-\boldsymbol{\mu})$ の要素が残り，その期待値は 0 となる．したがって $(\boldsymbol{\mu},\boldsymbol{\Psi})$ をパラメータとし，Fisher 情報行列を 2×2 のブロックに分割するときに，非対角ブロックは零行列となる．$(\boldsymbol{\mu},\boldsymbol{\Sigma})$ をパラメータとしても以上の議論はまったく同様であり，非対角ブロックは零行列である．式(129)を μ_j で再度偏微分すれば

$$-\frac{\partial^2 \log f(\boldsymbol{x};\boldsymbol{\mu},\boldsymbol{\Psi})}{\partial \mu_i \partial \mu_j} = \psi_{ij} = \sigma^{ij}$$

となる．したがって，Fisher 情報行列の $\boldsymbol{\mu}$ の部分は

$$\boldsymbol{I}(\boldsymbol{\mu}) = \boldsymbol{\Sigma}^{-1} \tag{130}$$

である．

次に分散行列の部分の Fisher 情報量 $\boldsymbol{I}(\boldsymbol{\Psi})$ あるいは $\boldsymbol{I}(\boldsymbol{\Sigma})$ を考える．この部分の直接の計算はかなり面倒なので，6.1 節の指数型分布族の Fisher 情報行列に関する議論を用いよう．多変量正規分布を指数型分布族の形に表わすと，$\boldsymbol{\Psi}$ が自然母数，$\boldsymbol{\Sigma}$ が期待値母数にあたる．ただし，対角要素と非対角要素の区別に注意する必要がある．$\boldsymbol{I}(\boldsymbol{\Psi})$，あるいは $\boldsymbol{I}(\boldsymbol{\Sigma})$ を求める際には $\boldsymbol{\mu}=0$ とおいてもよいので，簡単のため $\boldsymbol{\mu}=0$ とおいて計算する．式(64)の十分統計量の 2 次項を取り出して

$$\boldsymbol{t} = (t_{11},\cdots,t_{pp},t_{12},\cdots,t_{p-1,p}) = -\left(\frac{1}{2}x_1^2,\cdots,\frac{1}{2}x_p^2,x_1x_2,\cdots,x_{p-1}x_p\right)$$

とおくと，多変量正規分布の密度関数の対数は

$$\log f(\boldsymbol{x};\boldsymbol{\Psi}) = -\frac{p}{2}\log(2\pi) + \frac{1}{2}\log|\boldsymbol{\Psi}| + \sum_{i\le j}\psi_{ij}t_{ij}$$

と書ける．したがって，指数型分布族の Fisher 情報行列に関する議論を用いることにより，$\boldsymbol{\Psi}$ の Fisher 情報行列は $\boldsymbol{t}$ の分散行列により与えられる．すなわち

$$\delta_{ij} = \begin{cases} 1, & i = j \\ 0, & i \neq j \end{cases}$$

をクロネッカーのデルタとして，

$$\begin{aligned} \boldsymbol{I}(\boldsymbol{\Psi})_{ij,kl} &= \mathrm{Cov}(t_{ij}, t_{kl}) = \frac{1}{(1+\delta_{ij})(1+\delta_{kl})} \mathrm{Cov}(x_i x_j, x_k x_l) \\ &= \frac{1}{(1+\delta_{ij})(1+\delta_{kl})} (E(x_i x_j x_k x_l) - E(x_i x_j)E(x_k x_l)) \\ &= \frac{1}{(1+\delta_{ij})(1+\delta_{kl})} (\sigma_{ik}\sigma_{jl} + \sigma_{il}\sigma_{jk}) \end{aligned} \tag{131}$$

となることがわかった．最後の等式は式(121)による．

次に $\boldsymbol{I}(\boldsymbol{\Sigma})$ を求めるために式(90)および式(91)に注目しよう．ここで考えている問題では $\boldsymbol{q} = \boldsymbol{\Psi} = \boldsymbol{\Sigma}^{-1}$ と $\boldsymbol{\Sigma}$ は，いずれも正定値行列であり，お互いに逆行列の関係にある．この対称性より

$$\boldsymbol{I}(\boldsymbol{\Sigma})_{ij,kl} = \frac{1}{(1+\delta_{ij})(1+\delta_{kl})} (\sigma^{ik}\sigma^{jl} + \sigma^{il}\sigma^{jk}) \tag{132}$$

となることが導かれる．より正確には次のように考える．

ここでの十分統計量 $\boldsymbol{t}$ のとり方によって，期待値母数は

$$\boldsymbol{\eta} = E(\boldsymbol{t}) = -\left(\frac{1}{2}\sigma_{11}, \cdots, \frac{1}{2}\sigma_{pp}, \sigma_{12}, \cdots, \sigma_{p-1,p}\right)$$

であり，$\boldsymbol{\Sigma}$ の要素を並べたものである．ただし，対角要素と非対角要素の区別がやや面倒である．式(90)と式(131)より

$$-\frac{1}{1+\delta_{kl}} \frac{\partial \sigma_{kl}}{\partial \psi_{ij}} = \frac{1}{(1+\delta_{ij})(1+\delta_{kl})} (\sigma_{ik}\sigma_{jl} + \sigma_{il}\sigma_{jk})$$

であるが，$\boldsymbol{\Sigma}$ と $\boldsymbol{\Sigma}^{-1}$ の役割を入れ換えると

$$-\frac{1}{1+\delta_{kl}} \frac{\partial \psi_{kl}}{\partial \sigma_{ij}} = \frac{1}{(1+\delta_{ij})(1+\delta_{kl})} (\sigma^{ik}\sigma^{jl} + \sigma^{il}\sigma^{jk})$$

となる．式(91)，(92)を用いて

$$\begin{aligned}\boldsymbol{I}(\boldsymbol{\Sigma})_{ij,kl} &= \frac{1}{(1+\delta_{ij})(1+\delta_{kl})}\boldsymbol{I}(\boldsymbol{\eta})_{ij,kl}\\ &= \frac{1}{(1+\delta_{ij})(1+\delta_{kl})}\frac{\partial\psi_{kl}}{\partial\eta_{ij}}\\ &= -\frac{1}{1+\delta_{kl}}\frac{\partial\psi_{kl}}{\partial\sigma_{ij}}\end{aligned}$$

となるので，式(132)が従う．

式(132)は和をとって2次形式に書くと，対角要素と非対角要素の場合分けが消えて見やすくなる．いま $\boldsymbol{A}=(a_{ij})$，$\boldsymbol{B}=(b_{ij})$ を対称行列とすれば

$$\begin{aligned}\sum_{i\le j}\sum_{k\le l}a_{ij}b_{kl}\frac{\sigma^{ik}\sigma^{jl}+\sigma^{il}\sigma^{jk}}{(1+\delta_{ij})(1+\delta_{kl})} &= \frac{1}{4}\sum_{i,j}\sum_{k,l}a_{ij}b_{kl}(\sigma^{ik}\sigma^{jl}+\sigma^{il}\sigma^{jk})\\ &= \frac{1}{2}\sum_{i,j}\sum_{k,l}a_{ij}b_{kl}\sigma^{ik}\sigma^{jl}\\ &= \frac{1}{2}\operatorname{tr}\boldsymbol{A}\boldsymbol{\Sigma}^{-1}\boldsymbol{B}\boldsymbol{\Sigma}^{-1} \qquad (133)\end{aligned}$$

と書ける．

9 多変量正規分布から導かれる分布

ここでは，まず線形正規回帰モデルの分布論を与え，その準備のもとでWishart分布の密度関数を導出する．またHotellingの T^2 統計量についても説明する．

9.1 線形正規回帰モデルの分布論

ここでは3.1節の回帰分析の行列表示を用いて，線形正規回帰モデルの分布論を概観する．本節の内容は佐和(1979)，早川(1986)などの回帰分析に関する教科書に詳しく説明されているので，詳しくはこれらの教科書を参照されたい．

3章での回帰分析と最小2乗法の説明は，データを所与とした記述統計

的なものであった．回帰式に誤差項として正規分布に従う誤差を導入することにより，回帰分析を統計モデルとして扱うことができる．これにより，回帰係数の有意性の検定などをおこなうことができる．

いま式(17)で考えた近似的な線形関係を，確率的な誤差を導入することにより

$$y=\beta_0+\beta_1 x_1+\cdots+\beta_p x_p+\epsilon \tag{134}$$

と表わす．特に ϵ が平均 0 の正規分布 $N(0,\sigma^2)$ に従うとするのが**線形正規回帰モデル**である．ここで $x_1,\cdots,x_p$ は固定された説明変数，$\boldsymbol{\beta}=(\beta_0,\cdots,\beta_p)'$ および σ^2 は未知母数と考える．このモデルでは，データが与えられたときに最小 2 乗法によって求められる回帰係数 $\boldsymbol{b}=\hat{\boldsymbol{\beta}}=(\boldsymbol{X}'\boldsymbol{X})^{-1}\boldsymbol{X}'\boldsymbol{y}$ は，$\boldsymbol{\beta}$ の推定量であると考える．ただし $\boldsymbol{X}$ は式(18)で与えられている．推測統計の立場からは $\hat{\boldsymbol{\beta}}$ や残差平方和の標本分布が問題となる．多変量正規分布の理論と行列表示を用いれば，これらの標本分布は容易に求められる．

標本の大きさが n のときに式(134)の回帰モデルを行列表示して

$$\boldsymbol{y}=\boldsymbol{X}\boldsymbol{\beta}+\boldsymbol{\epsilon},\qquad \boldsymbol{\epsilon}\sim N_n(0,\sigma^2\boldsymbol{I}_n)$$

と表わす．ただし $\boldsymbol{X}$ は固定した行列と考える．このとき

$$\boldsymbol{b}=(\boldsymbol{X}'\boldsymbol{X})^{-1}\boldsymbol{X}'\boldsymbol{y}=(\boldsymbol{X}'\boldsymbol{X})^{-1}\boldsymbol{X}'(\boldsymbol{X}\boldsymbol{\beta}+\boldsymbol{\epsilon})=\boldsymbol{\beta}+(\boldsymbol{X}'\boldsymbol{X})^{-1}\boldsymbol{X}'\boldsymbol{\epsilon}$$

と書ける．これより

$$E(\boldsymbol{b})=\boldsymbol{\beta}+(\boldsymbol{X}'\boldsymbol{X})^{-1}\boldsymbol{X}'E(\boldsymbol{\epsilon})=\boldsymbol{\beta}$$

であり，$\boldsymbol{b}$ が $\boldsymbol{\beta}$ の不偏推定量であることがわかる．$\boldsymbol{b}$ の分散行列については

$$\begin{aligned}\mathrm{Var}(\boldsymbol{b})&=\mathrm{Var}((\boldsymbol{X}'\boldsymbol{X})^{-1}\boldsymbol{X}'\boldsymbol{\epsilon})\\&=\sigma^2(\boldsymbol{X}'\boldsymbol{X})^{-1}\boldsymbol{X}'\boldsymbol{I}_n\boldsymbol{X}(\boldsymbol{X}'\boldsymbol{X})^{-1}\\&=\sigma^2(\boldsymbol{X}'\boldsymbol{X})^{-1}\end{aligned}$$

で与えられる．$\boldsymbol{b}$ は $\boldsymbol{\epsilon}$ の線形変換によって求められているから，その分布は多変量正規分布であり

$$\boldsymbol{b}\sim N_{p+1}(\boldsymbol{\beta},\sigma^2(\boldsymbol{X}'\boldsymbol{X})^{-1}) \tag{135}$$

であることがわかる．

次に回帰係数ベクトル $\boldsymbol{b}$ と残差ベクトル $\boldsymbol{e}=\boldsymbol{y}-\boldsymbol{X}\boldsymbol{b}$ の独立性を示す．

$$\boldsymbol{e}=\boldsymbol{y}-\boldsymbol{X}\boldsymbol{b}=\boldsymbol{X}\boldsymbol{\beta}+\boldsymbol{\epsilon}-\boldsymbol{X}(\boldsymbol{\beta}+(\boldsymbol{X}'\boldsymbol{X})^{-1}\boldsymbol{X}'\boldsymbol{\epsilon})=(\boldsymbol{I}-\boldsymbol{P}_X)\boldsymbol{\epsilon}$$

より $E(\boldsymbol{e})=0$ である．$\boldsymbol{e}$ の分散行列は特異ではあるが，$\boldsymbol{b}$ および $\boldsymbol{e}$ は $\boldsymbol{\epsilon}$ の線形変換であるから $(\boldsymbol{b},\boldsymbol{e})$ は多変量正規分布に従っている．したがって，これらが無相関であれば独立性がいえる．ここで

$$\begin{aligned}E[(\boldsymbol{b}-\boldsymbol{\beta})\boldsymbol{e}'] &= (\boldsymbol{X}'\boldsymbol{X})^{-1}\boldsymbol{X}'E(\boldsymbol{\epsilon}\boldsymbol{\epsilon}')(\boldsymbol{I}-\boldsymbol{P_X})\\ &= \sigma^2(\boldsymbol{X}'\boldsymbol{X})^{-1}(\boldsymbol{X}'-\boldsymbol{X}')=0\end{aligned}$$

であるから，$\boldsymbol{b}$ と $\boldsymbol{e}=\boldsymbol{y}-\boldsymbol{X}\boldsymbol{b}$ は互いに独立である．

さらに残差平方和の $\boldsymbol{e}'\boldsymbol{e}$ の分布を求めよう．いま $\boldsymbol{X}$ の列の張る空間 $R(\boldsymbol{X}) \subset R^n$ の直交補空間 $R(\boldsymbol{X})^{\perp}$ を考える．$R(\boldsymbol{X})^{\perp}$ の正規直交基底からなる $n\times(n-p-1)$ 行列を $\tilde{\boldsymbol{H}}$ とすれば $\boldsymbol{I}-\boldsymbol{P_X}=\tilde{\boldsymbol{H}}\tilde{\boldsymbol{H}}'$ と書けるから，

$$\boldsymbol{e}'\boldsymbol{e}=\boldsymbol{\epsilon}'\tilde{\boldsymbol{H}}\tilde{\boldsymbol{H}}'\boldsymbol{\epsilon}$$

である．$\tilde{\boldsymbol{H}}'\boldsymbol{\epsilon}$ は $n-p-1$ 次元ベクトルで，その分布は $N_{n-p-1}(0,\sigma^2\boldsymbol{I}_{n-p-1})$ であるから

$$\frac{\boldsymbol{e}'\boldsymbol{e}}{\sigma^2}\sim\chi^2(n-p-1)$$

と $\boldsymbol{e}'\boldsymbol{e}/\sigma^2$ が自由度 $n-p-1$ のカイ 2 乗分布に従うことがわかる．したがって

$$\hat{\sigma}^2=\frac{\boldsymbol{e}'\boldsymbol{e}}{n-p-1}$$

は σ^2 の不偏推定量となる．

回帰分析においては，特定の回帰係数 β_i について，帰無仮説

$$H_0:\beta_i=0$$

を検定したい場合が多い．以上の分布論の結果を用いれば，帰無仮説のもとで t 値

$$t_i=\frac{b_i}{\hat{\sigma}\sqrt{(\boldsymbol{X}'\boldsymbol{X})^{ii}}}$$

が自由度 $n-p-1$ の t 分布に従うことを用いて H_0 の検定をおこなうことができる．ただし $(\boldsymbol{X}'\boldsymbol{X})^{ii}$ は $(\boldsymbol{X}'\boldsymbol{X})^{-1}$ の第 (i,i) 要素を表わす．

9.2 Wishart 分布

多変量推測統計において最も基本的な設定は $n \times p$ データ行列 $\boldsymbol{X}$ の各行が独立に多変量正規分布 $N_p(\boldsymbol{\mu}, \boldsymbol{\Sigma})$ に従うというものである．以下では簡単のため $n \geq p+1$ の場合を考える．ここで基本的な統計量は標本平均ベクトル $\bar{\boldsymbol{x}}$ および標本分散行列 $\boldsymbol{S}$ である．指数型分布族の議論からわかるように，これらは十分統計量である．ここで考えるのは $\bar{\boldsymbol{x}}$ および $\boldsymbol{S}$ の標本分布である．

容易にわかるように $\bar{\boldsymbol{x}}$ の分布は $N_p(\boldsymbol{\mu}, (1/n)\boldsymbol{\Sigma})$ である．また 1 変量の場合と同様に $\bar{\boldsymbol{x}}$ と $\boldsymbol{S}$ は互いに独立に分布する．その証明も 1 変量の場合と同じであり，この証明は多くの数理統計学の教科書で与えられているので，ここでは証明を省略する．問題となるのは $\boldsymbol{S}$ の分布である．1 変量の場合はこれはカイ 2 乗分布であり，これを多変量に一般化した分布が **Wishart 分布**である．以下では Wishart 分布を定義し，その密度関数を導出する．

カイ 2 乗分布の定義と同様に Wishart 分布は平均 0 の多変量正規ベクトルに基づいて定義される．$\boldsymbol{x}_1, \cdots, \boldsymbol{x}_\nu$ を互いに独立に $N_p(0, \boldsymbol{\Sigma})$ にしたがう確率ベクトルとして

$$\boldsymbol{W} = \sum_{t=1}^{\nu} \boldsymbol{x}_t \boldsymbol{x}_t'$$

とおく．W の分布を自由度 ν，分散行列 $\boldsymbol{\Sigma}$ の Wishart 分布とよび，$\mathrm{W}_p(\nu, \boldsymbol{\Sigma})$ と表わす．下付きの p は次元を表わす．ここで $\boldsymbol{\Sigma}$ はもともとの正規確率ベクトルの分散行列であり，$\boldsymbol{W}$ の要素の分散行列ではないことに注意しよう．1 変量のカイ 2 乗分布は，標準正規分布，すなわち $\boldsymbol{\Sigma}$ が単位行列 $\boldsymbol{I}$ の場合，に基づいて分布を定義するが，Wishart 分布の定義では $\boldsymbol{\Sigma} \neq \boldsymbol{I}$ の場合を含めて分布を定義していることに注意する．ただし，Wishart 分布の密度関数の導出においてはまず $\boldsymbol{\Sigma} = \boldsymbol{I}$ の場合に密度を導出すれば，$\boldsymbol{\Sigma} \neq \boldsymbol{I}$ の場合も自動的に密度関数が求まるから，まずは $\boldsymbol{\Sigma} = \boldsymbol{I}$ の場合を考えることとする．

いま $\boldsymbol{x}_1', \cdots, \boldsymbol{x}_\nu'$ を各行とする $\nu \times p$ 行列を $\boldsymbol{X}$ とおくと，$\boldsymbol{X}$ のすべての要

素は互いに独立な 1 変量標準正規分布 $N(0,1)$ に従う．$\boldsymbol{W}=\boldsymbol{X}'\boldsymbol{X}$ である．ここで $\boldsymbol{X}$ の列を Gram-Schmidt 正規直交化することを考える．いま $R(\boldsymbol{X}_i)$ を $\boldsymbol{X}$ の第 1 列から第 i 列までの張る部分空間とする．Gram-Schmidt 正規直交化は，$\boldsymbol{X}$ の第 1 列を長さ 1 に基準化することから出発して，正規直交ベクトル $\boldsymbol{h}_i,\ i=1,\cdots,p$ を $\boldsymbol{h}_1,\cdots,\boldsymbol{h}_i$ が $R(\boldsymbol{X}_i)$ の正規直交基底となるように順次決めていく方法であった．このようにして求まった正規直交ベクトルを並べた $\nu\times p$ 行列を $\boldsymbol{H}$ とすると，Gram-Schmidt 直交化の操作から

$$\boldsymbol{X}=\boldsymbol{H}\boldsymbol{T} \tag{136}$$

と書けることがわかる．ただし $\boldsymbol{T}$ は正の対角要素を持つ $p\times p$ の上三角行列であり，Gram-Schmidt 直交化の操作の一意性から式(136)の表現も一意的であることがわかる．また

$$\boldsymbol{W}=\boldsymbol{X}'\boldsymbol{X}=\boldsymbol{T}'\boldsymbol{H}'\boldsymbol{H}\boldsymbol{T}=\boldsymbol{T}'\boldsymbol{T} \tag{137}$$

と書ける．正定値行列 $\boldsymbol{W}$ の $\boldsymbol{W}=\boldsymbol{T}'\boldsymbol{T}$ という分解は **Cholesky** 分解とよばれるが，Gram-Schmidt 直交化の操作の一意性に対応して，Cholesky 分解も一意的であることがわかる．したがって $\boldsymbol{T}$ の密度関数を求めて，かつ Cholesky 分解のヤコビアンを求めれば，$\boldsymbol{W}$ の密度関数が求められる．

さて Gram-Schmidt 直交化の操作をふりかえってみると，$\boldsymbol{h}_1,\cdots,\boldsymbol{h}_{i-1}$ が求まったとして，$\boldsymbol{h}_i$ は $\boldsymbol{X}$ の第 i 列 $\boldsymbol{x}_i$ を $\boldsymbol{h}_1,\cdots,\boldsymbol{h}_{i-1}$ に回帰した残差ベクトルを長さ 1 に基準化してものである．実際，式(136)の第 i 列を取り出して

$$\boldsymbol{x}_i=\boldsymbol{h}_1t_{1i}+\cdots+\boldsymbol{h}_{i-1}t_{i-1,i}+\boldsymbol{h}_it_{ii}=\boldsymbol{H}_{i-1}\begin{pmatrix} t_{1i} \\ \vdots \\ t_{i-1,i}\end{pmatrix}+\boldsymbol{h}_it_{ii}$$

の形に書いてみると

$$(\boldsymbol{H}_{i-1}'\boldsymbol{H}_{i-1})^{-1}\boldsymbol{H}_{i-1}'\boldsymbol{x}_i=\boldsymbol{H}_{i-1}'\boldsymbol{x}_i=\begin{pmatrix} t_{1i} \\ \vdots \\ t_{i-1,i}\end{pmatrix}$$

が回帰係数部分である．したがって $\boldsymbol{h}_it_{ii}$ が残差ベクトルであり，t_{ii}^2 は残

差平方和を表わす．いま $\boldsymbol{x}_1, \cdots, \boldsymbol{x}_{i-1}$ を固定して $\boldsymbol{x}_i$ の条件つき分布を考えよう．このとき $\boldsymbol{H}_{i-1}$ も固定されるから，定数項はないものの，前節の線形正規回帰モデルの設定となる．ただし，$\boldsymbol{x}_i$ は $\boldsymbol{x}_1, \cdots, \boldsymbol{x}_{i-1}$ と独立だから，$\boldsymbol{\beta}=0$, $\sigma^2=1$ の場合にあたる．さらに $\boldsymbol{H}_{i-1}$ の列が正規直交化されていることから，式(135)より $t_{1i}, \cdots, t_{i-1,i}$ は互いに独立に 1 変量標準正規分布に従うことがわかる．また t_{ii}^2 は自由度 $\nu-i+1$ のカイ 2 乗分布に従う．この結果は $\boldsymbol{x}_1, \cdots, \boldsymbol{x}_{i-1}$ を固定した条件つき分布のものであるが，実はこれらの条件つき分布は 条件 $\boldsymbol{x}_1, \cdots, \boldsymbol{x}_{i-1}$ には依存していない．したがって，実は無条件の分布で考えても $\boldsymbol{x}_1, \cdots, \boldsymbol{x}_{i-1}$ と $t_{1i}, \cdots, t_{i-1,i}, t_{ii}$ は互いに独立である．さらに i について帰納的に考えれば次の結果が成り立つ．

定理 $\boldsymbol{X}$ を互いに独立な 1 変量標準正規分布に従う要素からなる $\nu \times p$ 確率行列とし，$\boldsymbol{X}$ の列の Gram-Schmidt 直交化により $\boldsymbol{X}$ を式(136)の形に表わす．このとき $\boldsymbol{T}$ の要素はすべて互いに独立であり，それらの分布は

$$t_{ij} \sim N(0,1),\ i<j, \qquad t_{ii}^2 \sim \chi^2(\nu-i+1)$$

で与えられる． ∎

以上を密度関数を用いて表わせば，$\boldsymbol{T}$ の上三角部分の要素 $(t_{ij})_{i \le j}$ の密度関数は

$$\begin{aligned} f(\boldsymbol{T}) &= c\prod_{i=1}^{p} t_{ii}^{\nu-i} \exp\left(-\frac{1}{2}\sum_{i\le j} t_{ij}^2\right) \qquad (138) \\ &= c\prod_{i=1}^{p} t_{ii}^{\nu-i} \exp\left(-\frac{1}{2}\operatorname{tr}\boldsymbol{T}'\boldsymbol{T}\right) \\ \frac{1}{c} &= 2^{p(\nu-2)/2}\pi^{p(p-1)/4}\prod_{i=1}^{p}\Gamma((\nu-i+1)/2) \end{aligned}$$

と書くことができる．

次に $\boldsymbol{W}=\boldsymbol{T}'\boldsymbol{T}$ の関係のヤコビアンを用いることによって $\boldsymbol{W}$ の要素の同時密度関数を求める．$\boldsymbol{W}$ は対称行列であるから，$\boldsymbol{W}$ の(対角要素を含む)上三角部分の要素の同時密度を求めればよい．さて，$\boldsymbol{W}$ の上三角部分の要素と $\boldsymbol{T}$ の上三角部分の要素の関係式を書き下してみると

$$
\begin{aligned}
w_{11} &= t_{11}^2 \\
w_{12} &= t_{11}t_{12} \\
&\cdots \\
w_{1p} &= t_{11}t_{1p} \\
w_{22} &= t_{12}^2 + t_{22}^2 \\
w_{23} &= t_{12}t_{13} + t_{22}t_{23} \\
&\cdots \\
w_{ij} &= t_{1i}t_{1j} + \cdots + t_{ii}t_{ij} \\
&\cdots
\end{aligned}
\tag{139}
$$

のようになる．ここで要素を $(1,1),(1,2),\cdots,(1,p),(2,2),\cdots,(2,p),\cdots,(p,p)$ の順に並べている．このとき w_{ij} を表わす式には t_{ij} とそれ以前の $\boldsymbol{T}$ の要素のみしか現れていない．そこで $\boldsymbol{W}$ の各要素を $\boldsymbol{T}$ の各要素で偏微分したヤコビ行列

$$
J = \frac{\partial(w_{11}, w_{12}, \cdots, w_{1p}, w_{22}, \cdots, w_{2p}, \cdots, w_{pp})}{\partial(t_{11}, t_{12}, \cdots, t_{1p}, t_{22}, \cdots, t_{2p}, \cdots, t_{pp})}
$$

は，$\boldsymbol{W}$ の要素を行に並べ $\boldsymbol{T}$ の要素を列に並べれば，下三角行列になる．そしてその対角要素は

$$
2t_{11},\ t_{11},\ \cdots,\ t_{11},\ 2t_{22},\ t_{22},\ \cdots,\ t_{22},\ \cdots,\ 2t_{pp}
$$

である．したがってヤコビアンは

$$
|J| = 2t_{11}^p \cdot 2t_{22}^{p-1} \cdots 2t_{pp} = 2^p \prod_{i=1}^{p} t_{ii}^{p-i+1}
$$

の形で与えられることがわかる．$|\boldsymbol{W}| = |\boldsymbol{T}|^2 = \prod_{i=1}^{p} t_{ii}^2$ に注意して，これより $\boldsymbol{W}$ の密度関数を求めると，

$$
\begin{aligned}
f(\boldsymbol{W}) &= c'|\boldsymbol{W}|^{(\nu-p-1)/2} \exp\left(-\frac{1}{2}\operatorname{tr}\boldsymbol{W}\right) \\
\frac{1}{c'} &= 2^p/c = 2^{p\nu/2}\pi^{p(p-1)/4}\prod_{i=1}^{p}\Gamma((\nu-i+1)/2)
\end{aligned}
\tag{140}
$$

と書ける．

以上は，$\boldsymbol{\Sigma}=\boldsymbol{I}$ の場合であったが，$\boldsymbol{\Sigma}\neq\boldsymbol{I}$ の場合にもすでに必要な計算は以上で終っているのである．まず

$$\sum_{t=1}^{\nu}\boldsymbol{x}_t'\boldsymbol{\Sigma}^{-1}\boldsymbol{x}_t=\mathrm{tr}\sum_{t=1}^{\nu}\boldsymbol{\Sigma}^{-1}\boldsymbol{x}_t\boldsymbol{x}_t'=\mathrm{tr}\,\boldsymbol{\Sigma}^{-1}\boldsymbol{X}'\boldsymbol{X}=\mathrm{tr}\,\boldsymbol{\Sigma}^{-1}\boldsymbol{W}$$

と書けることに注意すると，もともとの $\boldsymbol{X}$ の密度関数が

$$f(\boldsymbol{X};\boldsymbol{\Sigma})=\frac{1}{(2\pi)^{\nu p/2}|\boldsymbol{\Sigma}|^{\nu/2}}\exp\left(-\frac{1}{2}\,\mathrm{tr}\,\boldsymbol{\Sigma}^{-1}\boldsymbol{W}\right) \tag{141}$$

と書けるが，これは $\boldsymbol{W}$ のみの関数である．以上では $\boldsymbol{\Sigma}=\boldsymbol{I}$ の場合に

$$\boldsymbol{X}\to\boldsymbol{H}\boldsymbol{T}\to\boldsymbol{W}=\boldsymbol{T}'\boldsymbol{T}$$

と変換することによって式(140)の密度関数を得たわけであるが，この変換の過程は概念的にはヤコビアンの計算と周辺密度を求める計算のみをおこなったわけであるから，$\boldsymbol{\Sigma}$ が $\boldsymbol{I}$ か否かとは無関係である．あるいは測度論的に考えれば，$\boldsymbol{X}\mapsto\boldsymbol{W}=\boldsymbol{X}'\boldsymbol{X}$ の変換によって，$\boldsymbol{X}$ の空間 R^{pn} のルベーグ測度から誘導された $\boldsymbol{W}$ の空間の測度を求めたと考えてもよい．そして $\boldsymbol{\Sigma}=\boldsymbol{I}$ の場合の式(141)と式(140)を比較してみれば，その結果は，基準化定数が変化したことの他には $|\boldsymbol{W}|^{(\nu-p-1)/2}$ がかかったことのみであった．したがって $\boldsymbol{\Sigma}\neq\boldsymbol{I}$ の場合も基準化定数を変更し，$|\boldsymbol{W}|^{(\nu-p-1)/2}$ をかければ Wishart 分布の密度関数が求められる．したがって $\boldsymbol{\Sigma}\neq\boldsymbol{I}$ の場合を含めて $\mathrm{W}_p(\nu,\boldsymbol{\Sigma})$ に従う $\boldsymbol{W}$ の密度関数は

$$f(\boldsymbol{W})=c'\frac{|\boldsymbol{W}|^{(\nu-p-1)/2}}{|\boldsymbol{\Sigma}|^{\nu/2}}\exp\left(-\frac{1}{2}\,\mathrm{tr}\,\boldsymbol{\Sigma}^{-1}\boldsymbol{W}\right) \tag{142}$$

で与えられる．ただし基準化定数 c' は式(140)に与えられている．

9.3　多変量正規分布に基づくその他の分布

ここでは Hotelling の T^2 統計量の分布について説明する．1 変量の場合と同様に，多変量解析の検定問題において最も基本的な問題は $N_p(\boldsymbol{\mu},\boldsymbol{\Sigma})$ において帰無仮説 $H_0:\boldsymbol{\mu}=0$ の検定である．$\boldsymbol{\Sigma}$ は未知として扱う．この場合 1 変量の場合の両側 t 統計量に対応する統計量が，Hotelling の T^2 である．

1 変量の t 統計量は $t=\sqrt{n-1}\bar{x}/s$ である．ただし $s^2=\sum_t(x_t-\bar{x})^2/n$

は n で除したほうの標本分散である．両側検定に対応して t を 2 乗して $t^2=(n-1)\bar{x}^2/s^2$ の形で考えると，この多変量版として自然な統計量は

$$T^2=(n-1)\bar{\boldsymbol{x}}'\boldsymbol{S}^{-1}\bar{\boldsymbol{x}} \tag{143}$$

である．これを **Hotelling** の T^2 統計量という．ただし $\boldsymbol{S}=(1/n)\sum_{t=1}^{n}(\boldsymbol{x}_t-\bar{\boldsymbol{x}})(\boldsymbol{x}_t-\bar{\boldsymbol{x}})'=(1/n)\boldsymbol{W}$ であり，$\boldsymbol{W}$ は $\boldsymbol{x}$ と独立に $\mathrm{W}_p(n-1,\boldsymbol{\Sigma})$ に従う．

さて以下では帰無仮説のもとでの Hotelling の T^2 の分布を導出する．ここでは次章でより詳しく述べる「不変性」の観点を重視した導出をおこなう．まず最初のステップは $\boldsymbol{\Sigma}$ を $\boldsymbol{I}$ としてよいことの確認である．いま $\boldsymbol{\Sigma}^{1/2}$ を $\boldsymbol{\Sigma}$ の行列平方根(付録参照)とし，$\sqrt{n}\bar{\boldsymbol{x}}\mapsto\sqrt{n}\boldsymbol{\Sigma}^{-1/2}\bar{\boldsymbol{x}}$, $\boldsymbol{W}\mapsto\boldsymbol{\Sigma}^{-1/2}\boldsymbol{W}\boldsymbol{\Sigma}^{-1/2}$ と変換すると，これらはそれぞれ $N_p(0,\boldsymbol{I})$, $\mathrm{W}_p(n-1,\boldsymbol{I})$ に従う．ところで式(143)の T^2 の定義では，上の変換は相殺され，T^2 は上の変換に関して不変な統計量となっている．したがって T^2 の分布を考えるときは $\boldsymbol{\Sigma}=\boldsymbol{I}$ として一般性を失わないことがわかる．

次に $\boldsymbol{x}=\sqrt{n}\bar{\boldsymbol{x}}\sim N_p(0,\boldsymbol{I})$ の分布を，長さの 2 乗 $v=\boldsymbol{x}'\boldsymbol{x}$ の分布と方向ベクトル $\boldsymbol{h}=\boldsymbol{x}/\sqrt{v}$ の分布に分けて考える．$N_p(0,\boldsymbol{I})$ の密度関数は v のみに依存しており，その等高面は R^p の原点を中心とする球面となる．このことから v と $\boldsymbol{h}$ は互いに独立で，$\boldsymbol{h}$ は R^p の単位球面

$$S^{p-1}=\{\boldsymbol{z}\in R^p \mid \boldsymbol{z}'\boldsymbol{z}=1\}$$

上に一様分布することがわかる．v は自由度 p のカイ 2 乗分布に従う．そこで $T^2=n(n-1)\bar{\boldsymbol{x}}'\boldsymbol{W}^{-1}\bar{\boldsymbol{x}}=(n-1)v\times\boldsymbol{h}'\boldsymbol{W}^{-1}\boldsymbol{h}$ と書くと，$v,\boldsymbol{h},\boldsymbol{W}$ が互いに独立となる．

ここで $\boldsymbol{h}'\boldsymbol{W}^{-1}\boldsymbol{h}$ の分布について考えよう．前節のように $\boldsymbol{W}=\boldsymbol{X}'\boldsymbol{X}$ と表わす．容易にわかるように，$\boldsymbol{\Sigma}=\boldsymbol{I}$ の場合，$\boldsymbol{X}$ の右側から任意の $p\times p$ 直交行列 $\boldsymbol{G}$ をかけても $\boldsymbol{X}$ の分布は不変であるから，$\boldsymbol{G}'\boldsymbol{W}\boldsymbol{G}$ の分布も $\mathrm{W}_p(n-1,\boldsymbol{I})$ のままである．さて $\boldsymbol{h}'\boldsymbol{W}^{-1}\boldsymbol{h}$ の分布を考える際に，いったん $\boldsymbol{h}$ を固定して条件つき分布を考えることとする．いま $\boldsymbol{h}$ を固定して $\boldsymbol{W}^{-1}$ のみの分布を考えるときに，$\boldsymbol{G}$ としてその第 p 列が $\boldsymbol{h}$ であるものをとると

$$\boldsymbol{h}'\boldsymbol{W}^{-1}\boldsymbol{h}=\boldsymbol{h}'\boldsymbol{G}(\boldsymbol{G}'\boldsymbol{W}\boldsymbol{G})^{-1}\boldsymbol{G}'\boldsymbol{h}$$

となるが，$\boldsymbol{h}'\boldsymbol{G}=(0,\cdots,0,1)$ であるから $\boldsymbol{h}'\boldsymbol{G}(\boldsymbol{G}'\boldsymbol{W}\boldsymbol{G})^{-1}\boldsymbol{G}'\boldsymbol{h}$ は $(\boldsymbol{G}'\boldsymbol{W}\boldsymbol{G})^{-1}$ の第 (p,p) 要素に等しい．そこで $\mathrm{W}_p(n-1,\boldsymbol{I})$ に従う確率行列 $\tilde{\boldsymbol{W}}$ の逆行

列 $\tilde{\boldsymbol{W}}^{-1}$ の第 (p,p) 要素 $\tilde{\boldsymbol{w}}^{pp}$ の分布を考えればよいことがわかる．

ところで前節のように $\tilde{\boldsymbol{W}} = \boldsymbol{T}'\boldsymbol{T}$ と表わすと

$$\tilde{\boldsymbol{W}}^{-1} = \boldsymbol{T}^{-1}\boldsymbol{T}'^{-1}$$

であるが，$\boldsymbol{T}^{-1}$ は上三角，$\boldsymbol{T}'^{-1}$ は下三角であり

$$\tilde{\boldsymbol{w}}^{pp} = \frac{1}{t_{pp}^2}$$

となることがわかる．前節の結果より $t_{pp}^2 \sim \chi^2(n-p)$ である．ここまで $\boldsymbol{h}$ を固定した条件つき分布と考えてきたが，いま見たように $\boldsymbol{h}'\boldsymbol{W}^{-1}\boldsymbol{h} \mid \boldsymbol{h} \sim 1/\chi^2(n-p)$ であり，この分布は固定した $\boldsymbol{h}$ に依存しない．したがって $\boldsymbol{h}$ に関して積分して無条件の分布を考えても，分布は $1/\chi^2(n-p)$ の形をしている．あとは v の分布 $\chi^2(p)$ と組み合わせればよい．

以上をまとめると，帰無仮説のもとでの T^2 の分布は，独立なカイ 2 乗変量の比を用いて

$$T^2 \sim \frac{(n-1)p}{n-p}\frac{\chi^2(p)/p}{\chi^2(n-p)/(n-p)} = \frac{(n-1)p}{n-p}F$$

と表わされる．ただし F は自由度 $(p, n-p)$ の F 分布に従う確率変数を表わす．

以上のような不変性を利用した導出は，密度関数を直接操作する導出に比べてやや間接的な点が欠点ではあるが，不変性を利用することによって導出がかなり短縮されている．また不変性は多変量分布を考える際の重要な道具であり，上の導出はその一例ともなっている．

10 多変量解析に現れる不変測度

ここでは，多変量正規分布や Wishart 分布を通じて，多変量解析における不変性の議論を紹介する．統計的決定理論の枠組みにおいては群の作用に関して不変な推測方式の理論が確立している．この不変性に関する理論の全体をここで紹介する余裕はないが，多変量分布との関連で重要となる

のは不変測度の概念である．ここでは前章の Wishart 分布の導出を題材として，直交群および三角群と，それらの上の不変測度の概念について説明する．

10.1 直交群上の不変測度

前章では式(136)の Gram-Schmidt 直交化を用い，上三角行列 $\boldsymbol{T}$ の分布を求めることによって，Wishart 分布の密度関数を導いた．その際に $\boldsymbol{W}=\boldsymbol{X}'\boldsymbol{X}=\boldsymbol{T}'\boldsymbol{T}$ の形となり $\boldsymbol{H}$ の部分は消えてしまうので，$\boldsymbol{H}$ の部分の分布は無視することができた．ここでは前章で無視した $\boldsymbol{H}$ の部分の分布をまず考慮しよう．

$\boldsymbol{H}$ の第 1 列 $\boldsymbol{h}_1$ は，$\boldsymbol{X}$ の第 1 列 $\boldsymbol{x}_1$ の長さを 1 に基準化したものであり，9.3 節で述べたように，R^n 内の単位球面 S^{n-1} 上の一様分布に従っている．次に $\boldsymbol{H}$ の第 2 列 $\boldsymbol{h}_2$ は，$\boldsymbol{X}$ の第 2 列 $\boldsymbol{x}_2$ を第 1 列に回帰した残差をとることによって第 1 列と直交させた上で，長さを 1 に基準化したものである．このことから $\boldsymbol{h}_2$ は $\boldsymbol{h}_1$ の直交補空間 $R(\boldsymbol{h}_1)^{\perp}$ での単位球面 $S^{n-2}=R(\boldsymbol{h}_1)^{\perp}\cap S^{n-1}$ の一様分布に従っていることがわかる．以下同様に考えれば，$\boldsymbol{h}_1,\cdots,\boldsymbol{h}_{i-1}$ が与えられたときに $\boldsymbol{h}_i$ は $R(\boldsymbol{h}_1,\cdots,\boldsymbol{h}_{i-1})^{\perp}=R(\boldsymbol{x}_1,\cdots,\boldsymbol{x}_{i-1})^{\perp}$ 内の単位球面 $S^{n-i}=R(\boldsymbol{h}_1,\cdots,\boldsymbol{h}_{i-1})^{\perp}\cap S^{n-1}$ 上の一様分布に従っている．

ここで以上の正規直交化の過程を $\boldsymbol{X}$ が $n\times n$ の正方行列である場合に考えよう．このとき $\boldsymbol{H}$ は $n\times n$ のランダムな直交行列である．この $\boldsymbol{H}$ の分布を直交行列全体のなす**直交群** $O(n)$ 上の一様分布という．$O(n)$ 上の**不変測度**(invariant measure)，あるいは**ハール測度**(Haar measure)ともいう．ここで直交群とよぶのは，(i)直交行列 $\boldsymbol{G}$ の逆行列 $\boldsymbol{G}^{-1}=\boldsymbol{G}'$ も直交行列であること，(ii)2 つの直交行列 $\boldsymbol{G}_1,\boldsymbol{G}_2$ の積 $\boldsymbol{G}_1\boldsymbol{G}_2$ が再び直交行列となることから，直交行列の集合が行列の積に関して群をなしているからである．

以下では直交群上の一様分布の性質を考えよう．いま $\boldsymbol{G}\in O(n)$ を任意の $n\times n$ 直交行列として $\boldsymbol{G}\boldsymbol{X}$ の分布を考えると，9.3 節での議論にあるように $\boldsymbol{G}\boldsymbol{X}$ の分布は $\boldsymbol{X}$ の分布と同じである．いま $\boldsymbol{X}=\boldsymbol{H}\boldsymbol{T}$ より

$$\boldsymbol{G}\boldsymbol{X}=\boldsymbol{G}\boldsymbol{H}\boldsymbol{T}$$

と書けるが，式(136)の Gram–Schmidt 直交化の一意性により，$\boldsymbol{GH}$ は $\boldsymbol{GX}$ の列を順次正規直交化して得られる．このことより，任意の $\boldsymbol{G} \in O(n)$ について $\boldsymbol{GH}$ は $\boldsymbol{H}$ と同じ分布，すなわち一様分布を持つことがわかる．すなわち直交行列の一様分布は左から任意の直交行列をかけることについて不変であることがわかる．このことから，以上の Gram–Schmidt 直交化を用いた不変測度の定義は，より正確には**左不変測度**とよばれるものである．これに対して，直交行列を右からかけても不変な $O(n)$ 上の測度は**右不変測度**とよばれる．実は直交群はコンパクトな群であることから，左不変測度と右不変測度は一致するので，単に不変測度といってよいのである．ここでは以下のような簡単な議論によってこのことを確認する．

いま $O(n)$ 上の一様分布，すなわち以上の Gram–Schmidt 直交化によって定義されたランダムな直交行列 $\boldsymbol{H}$ の確率分布を Q^* と書く．また $O(n)$ 上の確率分布で左不変なものが他にも存在する可能性も考慮して，任意の左不変な確率分布を Q と書き，Q に従うランダムな確率行列を $\tilde{\boldsymbol{H}}$ とおく．ここで任意の可測集合 $A \subset O(n)$ について，$\tilde{\boldsymbol{H}}'\boldsymbol{H}$ が A にはいる確率を評価してみると，全確率の公式を $\boldsymbol{H}$ についての条件付けと，$\tilde{\boldsymbol{H}}$ の条件付けの 2 通り用いることにより

$$P(\tilde{\boldsymbol{H}}'\boldsymbol{H} \in A) = E(P(\tilde{\boldsymbol{H}}'\boldsymbol{H} \in A \mid \tilde{\boldsymbol{H}})) = E(Q^*(A)) = Q^*(A) \quad (144)$$

および

$$P(\tilde{\boldsymbol{H}}'\boldsymbol{H} \in A) = E(P(\boldsymbol{H}'\tilde{\boldsymbol{H}} \in A' \mid \boldsymbol{H})) = E(Q(A')) = Q(A') \quad (145)$$

と評価できる．ただし $A' = \{\boldsymbol{G}' \mid \boldsymbol{G} \in A\}$ である．ここで $Q = Q^*$ とおけば

$$Q^*(A) = Q^*(A'), \qquad \forall A$$

となることがわかる．したがって，任意の $\boldsymbol{G} \in O(n)$ と任意の可測集合 A' について $Q^*(A'\boldsymbol{G}') = Q^*(\boldsymbol{G}A) = Q^*(A) = Q^*(A')$ が成り立つから，Q^* が右不変であることがわかる．ただし $\boldsymbol{G}A = \{\boldsymbol{GH} \mid \boldsymbol{H} \in A\}$ である．さらに $Q(A') = Q^*(A) = Q^*(A')$ であるから，実は任意の左不変な Q は上で定義した Q^* に一致するから，$O(n)$ 上の一様分布の一意性も確認されたことになる．

以上で $n = p$ の場合に $\boldsymbol{H}$ が直交群上の一様分布に従うことを示したが，$p \leq n$ の場合に関しては，$\boldsymbol{H}$ の分布は一様分布に従う直交行列の最初の

p 列の分布に一致している．正規直交ベクトルからなる $n \times p$ 行列の全体 $V_{n,p} = \{\boldsymbol{H} \mid \boldsymbol{H} : n \times p,\ \boldsymbol{H}'\boldsymbol{H} = I_p\}$ は **Stiefel 多様体**とよばれるので，$p \leq n$ の場合の $\boldsymbol{H}$ の分布は Stiefel 多様体上の一様分布である．Stiefel 多様体上の一様分布は，$\boldsymbol{G} \in O(n)$ を左からかけることに関して不変な一意的な確率測度である．

さて 9.2 節の Gram–Schmidt 直交化の一意性から，$\boldsymbol{X} = \boldsymbol{HT}$ と書くときに $\boldsymbol{H}$ と $\boldsymbol{T}$ の独立性も含意されているのである．それは任意の $\boldsymbol{G} \in O(n)$ について，$\boldsymbol{X}$ と $\boldsymbol{GX}$ は $\boldsymbol{T}$ の部分を共有するから，$\boldsymbol{T}$ を与えた条件つきで考えても，$\boldsymbol{H}$ の条件つき分布は $\boldsymbol{GH}$ の条件つき分布に等しく，左不変測度の一意性から $\boldsymbol{H} \mid \boldsymbol{T}$ の条件つき分布が一様分布でなければならない．これは $\boldsymbol{T}$ に依存しないから，$\boldsymbol{H}$ と $\boldsymbol{T}$ の独立性が従う．以上を定理にまとめておこう．

定理　$n \times p$ 行列 $\boldsymbol{X}$ の要素が互いに独立に 1 変量標準正規分布 $N(0,1)$ に従うとし，$\boldsymbol{X}$ の列を Gram–Schmidt 正規直交化して $\boldsymbol{X} = \boldsymbol{HT}$ と表わす．ただし $\boldsymbol{H} \in V_{n,p}$ であり，$\boldsymbol{T}$ は正の対角要素を持つ $p \times p$ の上三角行列とする．このとき $\boldsymbol{H}$ と $\boldsymbol{T}$ は互いに独立で，$\boldsymbol{H}$ は Stiefel 多様体 $V_{n,p}$ 上の一様分布に従う．$\boldsymbol{T}$ の要素の分布は 9.2 節の定理に与えられている．■

10.2　三角群上の不変測度

不変測度のもう 1 つの例として三角群上の不変測度を考える．$\mathcal{T}$ を正の対角要素を持つ $p \times p$ 上三角行列のなす集合とすると，$\mathcal{T}$ は行列の積に関して群をなす．$\mathcal{T}$ はコンパクトな群ではないので，その上の不変測度として確率測度を考えることはできないが，実軸上のルベーグ測度のように不変な測度を考えることができる．ただし左不変測度と右不変測度が異なったものとなる．$\mathcal{T}$ 上の測度 μ_L が左不変測度とは，任意の可測集合 $A \subset \mathcal{T}$ と，任意の $\boldsymbol{G} \in \mathcal{T}$ に対して

$$\mu_L(A) = \mu_L(\boldsymbol{G}A)$$

となることをいう．ただし，$\boldsymbol{G}A = \{\boldsymbol{GT} \mid \boldsymbol{T} \in A\}$ である．また同様に $\mu_R(A) = \mu_R(A\boldsymbol{G})$ を満たす μ_R を右不変測度という．以下では，$dT = \prod_{i \leq j} dt_{ij}$

を $\mathcal{T}$ を $R^{p(p+1)/2}$ の部分集合と見たときのルベーグ測度を表わすものとし，不変測度がある関数 $f_L(\boldsymbol{T})$, $f_R(\boldsymbol{T})$ を用いて

$$\mu_L(A) = \int_A f_L(\boldsymbol{T})d\boldsymbol{T}, \qquad \mu_R(A) = \int_A f_R(\boldsymbol{T})d\boldsymbol{T} \tag{146}$$

と表わされるものと想定する．そして，不変性の条件を満たす f_L, f_R を求めることとする．

不変測度の一般論から，(左ないし右)不変測度は定数倍を除いて一意であることが知られているので，式(146)を満たす f_L, f_R が見つかれば，定数倍を除いて，不変測度が求められたことになる．さて，式(146)を満たす f_L, f_R は実は通常のヤコビアンを用いれば容易に求められる．f_L でも f_R でも同じであるから，ここでは右不変測度の場合の f_R について考えよう．$\boldsymbol{S} = \boldsymbol{T}\boldsymbol{G}^{-1}$ と変数変換すれば

$$\mu_R(A\boldsymbol{G}) = \int_{A\boldsymbol{G}} f_R(\boldsymbol{T})d\boldsymbol{T} = \int_A f_R(\boldsymbol{S}\boldsymbol{G}) \left|\frac{\partial \boldsymbol{T}}{\partial \boldsymbol{S}}\right| d\boldsymbol{S}$$

より，任意の $\boldsymbol{G}, \boldsymbol{S} \in \mathcal{T}$ について

$$f_R(\boldsymbol{S}) = f_R(\boldsymbol{S}\boldsymbol{G}) \left|\frac{\partial \boldsymbol{T}}{\partial \boldsymbol{S}}\right|, \qquad \boldsymbol{T} = \boldsymbol{S}\boldsymbol{G} \tag{147}$$

が成り立つように f_R を定めれば右不変測度が得られる．ところで $|\partial \boldsymbol{T}/\partial \boldsymbol{S}|$ を評価するために，式(139)のように要素間の関係を書き下してみると次のようになる．

$$\begin{aligned}
t_{11} &= s_{11}g_{11} \\
t_{12} &= s_{11}g_{12} + s_{12}g_{22} \\
&\cdots \\
t_{1p} &= s_{11}g_{1p} + s_{12}g_{2p} + \cdots + s_{1p}g_{pp} \\
t_{22} &= s_{22}g_{22} \\
t_{23} &= s_{22}g_{23} + s_{23}g_{33} \\
&\cdots \\
t_{ij} &= s_{ii}g_{ij} + \cdots + s_{ij}g_{jj} \\
&\cdots
\end{aligned}$$

この右辺で t_{ij} を表わす式での s_{kl} の現れ方は式(139)と同様に，すでに以前の式に現れた s_{kl} のみである．したがって，t_{ij} を行に s_{kl} を列にとったヤコビ行列は下三角となり，その対角要素は g_{ii} が i 回出てくる形となっている．したがってヤコビアンは

$$\left|\frac{\partial \boldsymbol{T}}{\partial \boldsymbol{S}}\right| = \prod_{i=1}^{p} g_{ii}^{i}$$

と求められる．ここで式(147)で特に $\boldsymbol{S} = \boldsymbol{I}$ とおいてやると，$f_R(\boldsymbol{I})$ は比例定数であり，1 とおいても差し支えないから

$$f_R(\boldsymbol{G}) = \prod_{i=1}^{p} g_{ii}^{-i}, \qquad \forall \boldsymbol{G} \in \mathcal{T} \tag{148}$$

となった．以上は未定係数法のような形で f_R を発見的に求めたが，逆に式(148)が与えられれば式(147)が成り立つから，$\mathcal{T}$ 上の不変測度が

$$d\mu_R(\boldsymbol{T}) = \prod_{i=1}^{p} t_{ii}^{-i} d\boldsymbol{T} \tag{149}$$

と求まったことになる．

さて f_L について同様の計算をおこなってやると，添字の並びを逆順に考えることにより $f_L(\boldsymbol{G}) = \prod_{i=1}^{p} g_{ii}^{-(p-i+1)}$ となることがわかるから

$$d\mu_L(\boldsymbol{T}) = \prod_{i=1}^{p} t_{ii}^{-(p-i+1)} d\boldsymbol{T} \tag{150}$$

で与えられることがわかる．$d\mu_L(\boldsymbol{T})$ と $d\mu_R(\boldsymbol{T})$ を見比べるとわかるように，三角群においては左不変測度と右不変測度は異なっていることがわかる．

左不変測度と右不変測度の以上のような違いはやや面倒であるが，統計的決定理論における最適性の議論では，これらは本質的な役割をはたしている．

付録——行列論に関する補足

ここでは，行列論に関する補足として，2 次形式の微分および行列平方

根について説明する．

$\boldsymbol{A}$ を $p \times p$ 対称行列とし $\boldsymbol{b}$ を p 次元ベクトルとする．ここでは 2 次形式

$$Q(\boldsymbol{b}) = \boldsymbol{b}'\boldsymbol{A}\boldsymbol{b} = \sum_{i,j} b_i b_j a_{ij} = \sum_i b_i^2 a_{ii} + 2\sum_{i<j} b_i b_j a_{ij}$$

を $\boldsymbol{b}$ の要素 b_i で偏微分することを考える．添字に関する対称性から $i{=}1$，すなわち b_1 に関する微分を考えればよいが，上式の右辺で b_1 を含む項は $b_1^2 a_{11}$ および $2b_1 b_j a_{1j}$, $j > 1$ である．これらを b_1 で偏微分すると

$$\frac{\partial}{\partial b_1} Q(\boldsymbol{b}) = 2b_1 a_{11} + 2\sum_{j>1} b_j a_{1j}$$

となるが，これは $\boldsymbol{A}\boldsymbol{b}$ の第 1 要素の 2 倍であることがわかる．他の b_i で偏微分しても同様である．したがって，$\partial Q(\boldsymbol{b})/\partial b_i$ を列ベクトルとして並べたベクトルを $\partial Q(\boldsymbol{b})/\partial \boldsymbol{b}$ と書けば

$$\frac{\partial Q(\boldsymbol{b})}{\partial \boldsymbol{b}} = 2\boldsymbol{A}\boldsymbol{b} \tag{151}$$

となることがわかる．

ただし，以上のように b_i^2 の項と $b_i b_j$, $i \neq j$ の項を場合分けする方法は，より難しい状況に応用するには不向きである．より一般的には次のように考えるとよい．いま $\boldsymbol{c}, \boldsymbol{d}$ を別個の p 次元ベクトルとし，$\boldsymbol{A}$ も必ずしも対称行列でないとして，双 1 次形式

$$f(\boldsymbol{c}, \boldsymbol{d}) = \boldsymbol{c}'\boldsymbol{A}\boldsymbol{d} = \sum_{i,j} c_i d_j a_{ij}$$

を考える．この形であれば場合分けは不要であり，

$$\frac{\partial f(\boldsymbol{c}, \boldsymbol{d})}{\partial \boldsymbol{c}} = \boldsymbol{A}\boldsymbol{d}, \qquad \frac{\partial f(\boldsymbol{c}, \boldsymbol{d})}{\partial \boldsymbol{d}} = \boldsymbol{A}'\boldsymbol{c}$$

と求められる．ここで，$\boldsymbol{c}, \boldsymbol{d}$ がともに $\boldsymbol{b}$ で媒介表示され $\boldsymbol{c}{=}\boldsymbol{b}, \boldsymbol{d}{=}\boldsymbol{b}$ と表わされた場合を考えると，$Q(\boldsymbol{b}){=}f(\boldsymbol{b}, \boldsymbol{b})$ と書ける．こう考えれば，微分の規則により

$$\frac{\partial Q(\boldsymbol{b})}{\partial \boldsymbol{b}} = \left.\frac{\partial f(\boldsymbol{c}, \boldsymbol{d})}{\partial \boldsymbol{c}}\right|_{\boldsymbol{c}=\boldsymbol{d}=\boldsymbol{b}} + \left.\frac{\partial f(\boldsymbol{c}, \boldsymbol{d})}{\partial \boldsymbol{d}}\right|_{\boldsymbol{c}=\boldsymbol{d}=\boldsymbol{b}} = \boldsymbol{A}\boldsymbol{b} + \boldsymbol{A}'\boldsymbol{b}$$

となり，場合分けをすることなく式(151)が直接求められる．

このような考え方は，対称行列の要素での微分などを考えるときに有用である．例えば $Q(\boldsymbol{A})$ を対称行列 $\boldsymbol{A}$ の実数値関数とするときに，まず $\boldsymbol{B}$ を対称行列とは限らない一般の正方行列と考えて $\partial Q(\boldsymbol{B})/\partial b_{ij}$ を求めておく．

$$\delta_{ij} = \begin{cases} 1, & i = j \\ 0, & i \neq j \end{cases}$$

をクロネッカーのデルタとして，$\boldsymbol{A}$ の要素で偏微分する際の対角要素と非対角要素の区別を考慮すれば

$$\frac{\partial Q(\boldsymbol{A})}{\partial a_{ij}} = \frac{2}{1+\delta_{ij}} \left. \frac{\partial Q(\boldsymbol{B})}{\partial b_{ij}} \right|_{\boldsymbol{B}=\boldsymbol{A}} \tag{152}$$

となることがわかる．

次に正定値対称行列の行列平方根について説明する．$\boldsymbol{S}$ を $p \times p$ 正定値対称行列とする．$p \times p$ 行列 $\boldsymbol{B}$ が

$$\boldsymbol{S} = \boldsymbol{B}'\boldsymbol{B}$$

を満たすとき $\boldsymbol{B}$ を $\boldsymbol{S}$ の行列平方根とよぶ．$\boldsymbol{S}$ が正定値であるから，$\boldsymbol{B}$ は非特異である．行列平方根は一意的ではない．$\boldsymbol{B}$ を正の対角要素を持つ上三角行列ととったものが式(137)の Cholesky 分解であり，これは Wishart 分布の導出に重要であった．他の行列平方根の作り方としては

$$\boldsymbol{S} = \boldsymbol{A}\boldsymbol{D}\boldsymbol{A}', \qquad \boldsymbol{D} = \mathrm{diag}(d_1, \cdots, d_p)$$

を $\boldsymbol{S}$ のスペクトル分解として

$$\boldsymbol{S}^{1/2} = \boldsymbol{B} = \boldsymbol{A}\boldsymbol{D}^{1/2}\boldsymbol{A}', \qquad \boldsymbol{D}^{1/2} = \mathrm{diag}(d_1^{1/2}, \cdots, d_p^{1/2}) \tag{153}$$

ととる方法がある．これを $\boldsymbol{S}$ の対称行列平方根という．対称行列平方根を用いると行列の転置にともなう記法の複雑さを回避することができて便利である．

文献紹介と関連図書

ここでは本稿で扱えなかった話題などについて述べ文献を紹介する．すでに本文中で紹介した文献については省略する．

冒頭で述べたように多変量解析の手法は記述統計的手法と推測統計的手法に分かれ，これらの間にかなりのギャップがある．本稿ではこの両者にわたって述べたが，スペースの制限から記述統計的手法については理論的な要点を述べるにとどまり，十分な応用例をあげることができなかった．また推測統計的手法については，多変量正規分布の性質を中心に述べ，検定論・推定論などについてはふれることができなかったし，統計量の標本分布の漸近展開に関する結果も紹介できなかった．

記述統計的な多変量解析の手法の解説に関しては，日本語でも多くの本が出版されている．まず本シリーズの大津による社会調査データの解説[11]が参考となる．記述統計的手法の諸分野での応用については，柳井他編集の『多変量解析実例ハンドブック』(2002)がさまざまな分野での多変量解析の応用例をまとめて紹介している．また柴田里程を中心とする『データサイエンスシリーズ』(2001〜)ではデータを中心とする観点から多変量解析の手法の発展方向を示している．本文中で数量化理論について何回か言及したが，数量化理論の基本的事項については岩坪(1987)を参照されたい．ヴェナブルズとリプリー(1999)はコンピュータパッケージ S-PLUS を用いて，多変量解析を含むさまざまな手法を広く解説しているが，単なるマニュアル的な説明ではなく各手法についてすぐれた解説を与えている．

多変量解析の推測理論については，Anderson(1984)による大部の教科書が標準的な教科書である．大部ではあるが記述は丁寧であり，時間をかければ読み通せる教科書である．推測理論においては，標本分布の漸近展開の理論が 1 つの大きな分野をなしており，この分野では日本人の研究者の貢献も大きい．Siotani, Hayakawa, Fujikoshi(1985)の教科書では，日本人の研究者の貢献を含め，漸近展開の結果が数多く紹介されている．漸近展開の諸結果は，甘利らによる情報幾何の方法によって幾何学的な観点から整理された．これについては本シリーズの公文による解説[7]を参照されたい．

本稿では，多変量解析における最近の重要な発展としてグラフィカルモデルについては比較的詳しく述べた．ただしおもに分割表のモデリングとしてグラフィカルモデルを説明した．そして，8.4 節では，多変量正規分布についても，分散行列の逆行列のモデル化の形でグラフィカルモデルが用いられることにふれた．他方，分散行列のモデル化の方法論としては，伝統的な因子分析を一般化した形での，共分散構造分析の方法論が一つの大きな流れをなしている．共分散構造分析については豊田(1998, 2000)にすぐれた解説が与えられている．

*　　*

謝辞　本稿については，原稿段階で宮川雅巳先生，清智也氏から貴重なコメントをいただいた．ここに記して感謝いたします．

関連図書

[1] Anderson, T.W. (1984): *An Introduction to Multivariate Statistical Analysis*, 2nd ed., Wiley: New York.
[2] 早川毅(1986): 回帰分析の基礎．朝倉書店．
[3] 広津千尋(1976): 分散分析．教育出版．
[4] 広津千尋(1982): 離散データ解析．教育出版．
[5] Hooker, R. H. (1907): Correlation of the weather and crops. *Journal of the Royal Statistical Society*, **70**, pp.1–51.
[6] 岩坪秀一(1987): 数量化法の基礎．朝倉書店．
[7] 公文雅之(2003):「統計学の基礎 II」の所収論文，統計科学のフロンティア 2．岩波書店．
[8] Lauritzen, S. L.(1996): *Graphical Models*. Oxford University Press: Oxford.
[9] McCullagh, P.(1987): *Tensor Methods in Statistics*. Chapman and Hall: London.
[10] 宮川雅巳(1997): グラフィカルモデリング．朝倉書店．
[11] 大津起夫(2003):「言語と心理の統計」の所収論文，統計科学のフロンティア 10．岩波書店．
[12] 佐和隆光(1979): 回帰分析．朝倉書店．
[13] Siotani, M., Hayakawa, T. and Fujikoshi, Y. (1985): *Modern Multivariate Statistical Analysis: A Graduate Course and Handbook*, American Sciences Press Series in Mathematical and Management Sciences, **9**.
[14] 柴田，北川，清水，神保，柳川 編集(2001～): データサイエンスシリーズ．共立出版
[15] 竹村彰通(1991a): 多変量推測統計の基礎．共立出版．
[16] 竹村彰通(1991b): 現代数理統計学．創文社．
[17] 竹村彰通(1997): 統計，共立講座 21 世紀の数学 第 14 巻．共立出版．
[18] 竹内啓，柳井晴夫(1972): 多変量解析の基礎．東洋経済新報社．
[19] 豊田秀樹(1998): 共分散構造分析 入門編—構造方程式モデリング．朝倉書店．
[20] 豊田秀樹(2000): 共分散構造分析 応用編—構造方程式モデリング．朝倉書店．
[21] ヴェナブルズ，リプリー(1999): S-PLUS による統計解析．伊藤他訳．シュプリンガー・フェアラーク東京．
[22] 柳井，岡太，繁枡，高木，岩崎編(2002): 多変量解析実例ハンドブック．朝倉書店．

II

時系列解析入門

谷口正信

目　次

1 さまざまな時系列

時と共に変動する偶然量の観測値の系列を**時系列**(time series)という．数学的にはこの系列を 1 つの確率過程(確率変数の族)の実現したものとみなす．確率過程の統計解析を**時系列解析**という．通常の統計学の議論は主に独立標本に対する議論であるが，時系列解析は過去，現在，未来の系列が互いに従属している(影響しあっている)状況での統計解析である．したがって，より一般的な設定のもとでの統計解析の議論であると思えばよい．近年，時系列解析は，自然科学，工学，経済学，生物医学などの多方面に応用されて，またその理論の進展も著しい．ここではこの時系列解析の初歩的解説をおこなう．

われわれの暮らしている実世界にはきわめて多くの時系列がある．まず，いろいろな時系列をグラフィカルに見てみよう．

図 1 は 1749 年 1 月から 1977 年 3 月までの太陽黒点数の月間平均の時系列のグラフである．図 2 は米国における 1967 年 1 月から 1974 年 12 月までの製造業の月間出荷額(単位 100 億ドル)の時系列である．図 3 はカナダのマッケンジー川流域における山猫(lynx)の 1821 年から 1934 年までの年間捕獲数の時系列グラフである．図 1 と図 3 の時系列は代表的な時系列の例で種々の文献で取り扱われている．

さてこれらのグラフを眺めてみると，太陽黒点数の時系列と山猫の捕獲数の時系列には 11 年前後の周期が見られ，また振幅が揺れていることがわかる．製造業の月間出荷額の時系列は，のこぎり状の不規則変動がゆるやかな時間の関数の傾向曲線の上にのっているように思われる．このようにグラフを見るだけで，ごくおおまかなところはわかるが，時系列解析では，目では見えない時系列の構造(統計的モデル)を推測したり，あるいは時系列を特徴づける指標を推測し，構造に関する意見を述べたり，その知見や差異を明らかにする．時系列の統計的モデルが推測されると，それから予

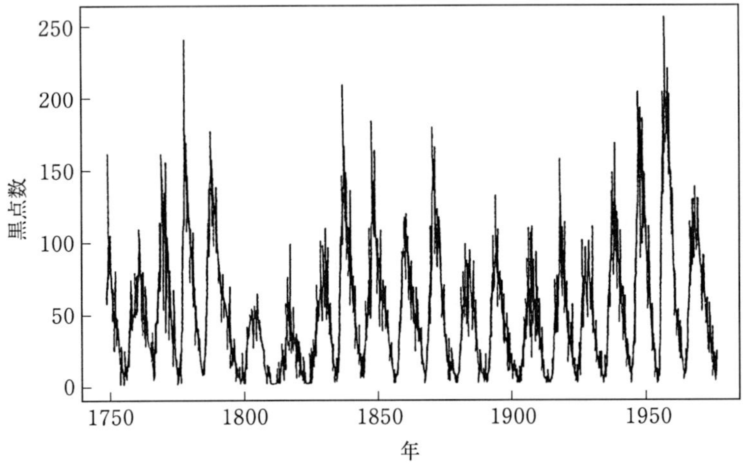

図 1 月平均の太陽黒点数

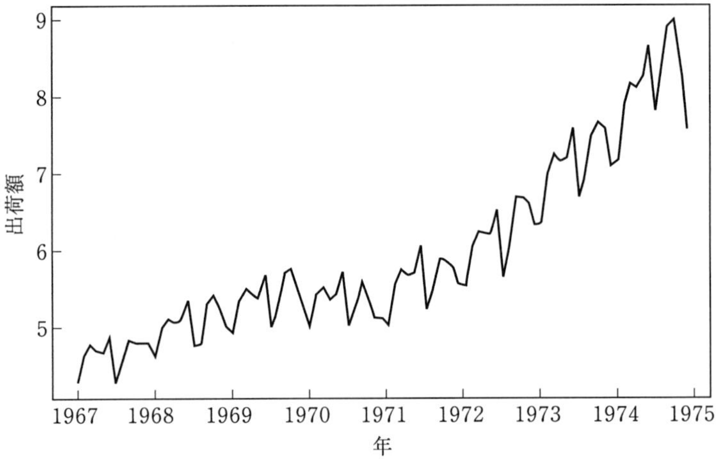

図 2 製造業出荷額

測やコントロール，判別，分類などが可能になり，それぞれの応用分野で役立つであろう．

次に具体的にどのような解析をするのか見てみよう．X_t を時刻 t での時

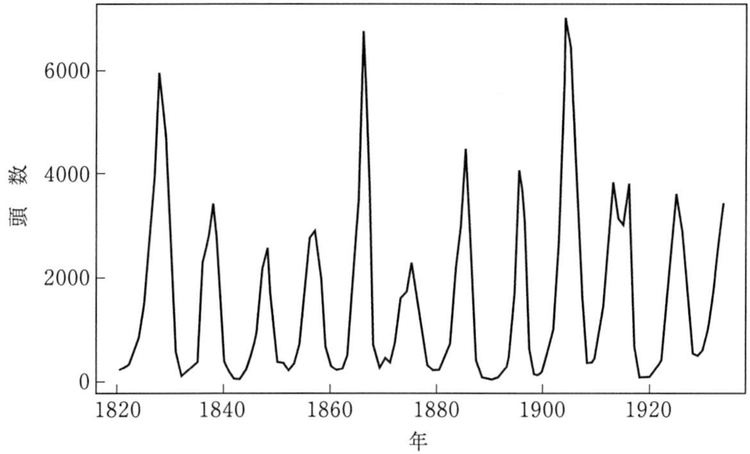

図 **3** カナダ山猫捕獲数

系列の値を表す確率変数とする．その観測系列 $X_1, X_2, \cdots, X_n$ が得られたとき初歩の解析として，次の標本自己相関関数

$$\mathrm{SACF}(l) = \frac{\sum_{t=1}^{n-l}(X_{t+l} - \bar{X}_n)(X_t - \bar{X}_n)}{\sum_{t=1}^{n}(X_t - \bar{X}_n)^2}$$

の動きを見ることが多い．ただし $\bar{X}_n = n^{-1}\sum_{t=1}^{n} X_t$ である．これは X_{t+l} と X_t の相関の強さを表す指標で $\{X_t\}$ が互いに独立，あるいは無相関であれば，SACF(l) は $l = 0$ 以外，0 に近い値となろう．たとえば図 3 に現れた山猫の年間捕獲数の時系列で

$$X_t = \log\{(t + 1820)\,年の山猫の捕獲数\}, \quad t = 1, \cdots, 114 \qquad (1)$$

として，その SACF(l) の値を棒グラフでプロットしたものが図 4 である．SACF(l) は $l \neq 0$ に対して 0 と大きくはずれた値をとるので $\{X_t\}$ は互いに独立，あるいは無相関であるとは想定しがたい．すなわち異なる時間時点の X_t が従属しているとするのが自然であろう．さてこのような X_t に対してどのような統計的モデルを構成すればよいであろうか？　通常の線形回帰分析を学んだ読者なら X_t がそれ自身の過去の線形結合と誤差項の

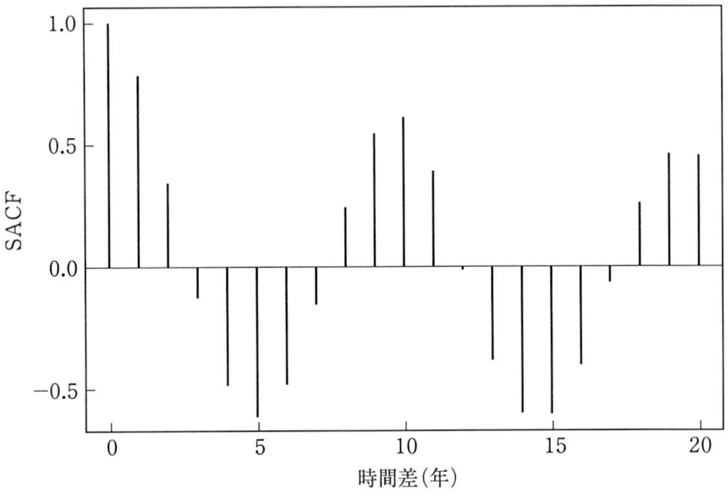

図 4 山猫の捕獲数の標本自己相関関数

和で表されるモデル:

$$X_t = a_1 X_{t-1} + a_2 X_{t-2} + \cdots + a_p X_{t-p} + \varepsilon_t \tag{2}$$

を思いつくだろう．ここに ε_t は互いに独立で，平均 0，分散 σ^2 をもつ同分布に従う確率変数列とする(以後 $\varepsilon_t \sim \mathrm{IID}(0, \sigma^2)$ と表記する)．これは最も直感的，自然に従属性を表すモデルの 1 つで，次数 p の自己回帰モデルと呼ばれている．このモデルの詳細は 2 章で述べる．次数 p や係数 $a_1, \cdots, a_p$ および誤差分散 σ^2 は未知であるので，実際の時系列解析ではこれらを観測系列 $X_1, \cdots, X_n$ から推測する必要がある．たとえば，式(1)の山猫の年間捕獲数の時系列に対して，次数 p と $(a_1, \cdots, a_p, \sigma^2)$ を代表的な推定法で推定するとそれらは，それぞれ，$\hat{p} = 11$，$(\hat{a}_1, \cdots, \hat{a}_{11}, \hat{\sigma}^2) = (1.139, -0.508, 0.213, -0.270, 0.113, -0.124, 0.068, -0.040, 0.134, 0.185, -0.311, 0.253)$ となる(詳細は 3 章)．ただし式(2)のモデルでは X_t の平均を 0 としているので，式(1)の X_t に対して $X_t - \bar{X}_n$ と修正してこれを式(2)の X_t とみなして未知母数を推定した．これでモデルが特定できたことになる．よって種々の応用が可能である．たとえば，式(2)の X_t の過去の観測による X_t

の最適な線形予測子は $\sum_{j=1}^{11} a_j X_{t-j}$ で与えられる(3 章)．したがって，この場合，$\hat{X}_t = \sum_{j=1}^{11} \hat{a}_j X_{t-j}$ で X_t を予測できる．当然 $\hat{X}_t$ の予測子としての「よさ」の議論が考えられよう．また $\hat{X}_t$ は 1 期先の予測子であるが，実際問題では多期先の予測が必要になることも多いだろう．これらの詳細は 5 章でおこなわれる．

さて別の時系列を見てみよう．図 5 は通常の地震の P 波の 1024 時点刻みの時系列データのグラフである．図 6 は鉱山の爆発によっておこされた地震の 1024 時点刻みの P 波の時系列グラフである．時系列の重要な指標にスペクトル密度関数 $f(\lambda)$ がある．入門的説明のため，とりあえずここではスペクトル密度関数を

$$f(\lambda) = \lim_{n\to\infty} E\left[\left|\frac{1}{\sqrt{2\pi n}}\sum_{t=1}^{n} X_t e^{i\lambda t}\right|^2\right] \qquad (i \text{ は虚数単位}) \qquad (3)$$

で定義しておく(正式な定義は 2 章を見られたい)．これは $f(\lambda)$ が X_t の周波数 λ でのフーリエ変換の分散の極限であることを意味しているが，通常の回帰分析の初歩を学んだ読者なら X_t, $t = 1, \cdots, n$ の複素説明変数 $e^{i\lambda t}$ の上への回帰係数の最小 2 乗推定量は

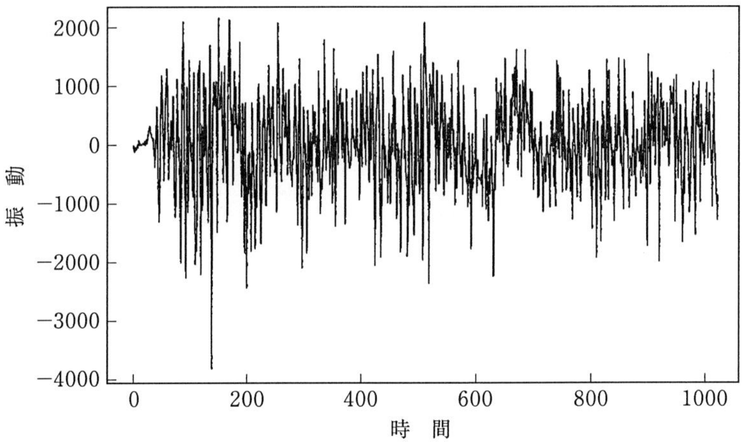

図 5　通常の地震波

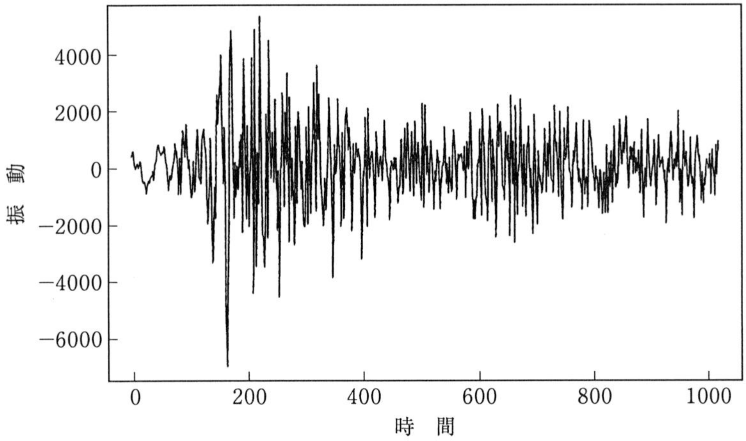

図 6 鉱山の爆発による地震波

$$\{\sum_{t=1}^{n}|e^{i\lambda t}|^2\}^{-1}\sum_{t=1}^{n}X_te^{i\lambda t}=\frac{1}{n}\sum_{t=1}^{n}X_te^{i\lambda t}$$

であることはご存じであろう．したがってスペクトル密度関数が直感的に意味することは，X_t の周波数 λ の波 $e^{i\lambda t}$ の上への回帰係数の推定量の分散，すなわち関与の時系列に含まれる周波数 λ の波の強さを表す指標であることがわかるだろう．詳細は 2 章で述べるが $\{X_t\}$ が式(2)の p 次の自己回帰モデルに従っているなら，そのスペクトル密度関数は

$$f(\lambda|a_1,\cdots,a_p,\sigma^2)=\frac{\sigma^2}{2\pi}\left|1-\sum_{j=1}^{p}a_je^{ij\lambda}\right|^{-2}$$

となる．したがって $\{a_j\}$ と σ^2 の推定量 $\{\hat{a}_j\}$, $\hat{\sigma}^2$ が得られれば，その推定量は $f(\lambda|\hat{a}_1,\cdots,\hat{a}_p,\hat{\sigma}^2)$ で与えられる．図 5 と図 6 の地震波のデータに前述したと同様に自己回帰モデルを適合させれば上述のようにこれらのスペクトル密度関数は推定される．

図 7 は通常の地震波の推定されたスペクトル密度関数を実線で，鉱山の爆発による地震波のそれを点線で，周波数 $\lambda_j=2\pi j/200$, $j=1,\cdots,100$ に対してプロットしたものである．これより，これらのデータのスペクトル指標には明確な差があることがわかる．したがってスペクトル指標に基づ

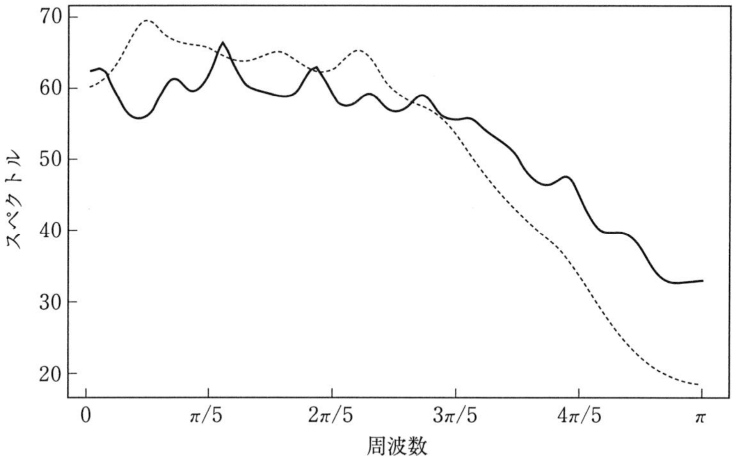

図 7　スペクトル密度関数の比較

いた解析が地震波の特徴抽出や判別に役立つことが見えるであろう．ここで通常の地震波(以後 Π_1 と表す)か鉱山の爆発(Π_2 と表す)によるものかわからない別の地震波のデータが得られたとき，そのスペクトル密度関数を推定して図 7 の 2 つのスペクトル密度関数のグラフと比較すれば，このデータがどちらに属するか(近いか)視覚的な判別が可能になろう．

具体的な判別は次のようにおこなわれる．Π_1 からのデータ $\{X_t\}$ で推定されたスペクトル密度関数を $\hat{f} = \hat{f}(\lambda)$，$\Pi_2$ からのデータ $\{Y_t\}$ から推定されたそれを $\hat{g} = \hat{g}(\lambda)$ で表す．スペクトル密度関数の推定法は自己回帰モデルの適合に基づかなくても，その他いろいろな手法があり，これらは上述の推定量でなくてもよい(詳細は 3 章から 5 章)．Π_1 か Π_2 のどちらかに属することはわかっているが，どちらに属するかわからない新しいデータ $\{Z_t\}$ から推定されたスペクトル密度関数を $\hat{s} = \hat{s}(\lambda)$ とする．さて，1 つの判別ルールとして次が考えられる．まず 2 つのスペクトル密度関数の近さを測る量 $D(f,g)$ を導入する．$D(f,g)$ は $f(\lambda)$ と $g(\lambda)$ が $[-\pi,\pi]$ 上，一致するとき 0 で，それ以外は正の値をとるものとする．この $D(\,,)$ を使って $\{Z_t\}$ からのスペクトル密度関数 $\hat{s}$ が

$$D(\hat{f},\hat{s}) - D(\hat{g},\hat{s}) > 0$$

をみたすならば $\{Z_t\} \in \mathit{\Pi}_2$ であり，

$$D(\hat{f},\hat{s}) - D(\hat{g},\hat{s}) \leq 0$$

ならば $\{Z_t\} \in \mathit{\Pi}_1$ であると判別することができる．このルールはきわめて自然に理解できよう．当然この判別ルールのよさが気になるが，$\{Z_t\}$ が $\mathit{\Pi}_i$ からのものであるにもかかわらず Π_j $(j \neq i)$ に判別する誤判別確率を $P(i|j)$，$i,j = 1,2$ と書けば，それらの和 $P(1|2) + P(2|1)$ が小さいものが望まれるものとなろう．これらの詳細は 5 章で議論される．

以上のような解析は何も地震波のデータに限ることではない．たとえば，これを生体データや医学データに適用すれば医学診断や病理現象の差異を明確にしたり，判別や分類に役立つだろう．また近年，金融工学の重要な問題の 1 つに，いくつかの会社の財務データからそれらの会社を信用クラスに分類する話がある．この分野の多くの解析は独立標本を想定した通常の判別手法を用いているが，上述した時系列構造に基づいた判別，分類が可能になるだろう．

以上の例で見たように，時系列解析は，その従うべき統計的モデルを推定したり，重要な指標を推定したり，判別や分類をおこなったり，それについて意見や知見を述べ，応用に役立てる学問分野である．したがって，その基礎的部分としては，どのような統計的モデルが「最適」であるか，また重要指標のどのような推定量が「最適」であるか，どのような判別手法が「最適」であるか，などの議論をする必要がある．本書ではそれらの初歩的解説をおこない，5 章ではその基礎理論的結果の応用も述べる．

2 種々の時系列モデル

本章では時系列の数学的モデルである確率過程の基礎概念と代表的な時系列モデルとして，2.1 節では線形モデル，2.2 節では非線形モデルの性質の初等的解説をおこなう．以下 $N = \{1,2,3,\cdots\}$，$Z = \{\cdots,-1,0,1,2,\cdots\}$，$R =$

{実数全体} とし，事象 $\{\cdot\}$ の確率を $P\{\cdot\}$ で表し，$\delta(\cdot)$ は $j \in Z$ に対して

$$\delta(j) = \begin{cases} 1, & j = 0 \\ 0, & j \neq 0 \end{cases}$$

で定義されるクロネッカーのデルタとする．

2.1 定常過程と線形時系列モデル

各時刻 $t \in Z$ に対して確率変数 X_t が対応しているとき，確率変数の族 $\{X_t : t \in Z\}$ を**確率過程**(stochastic process)という．ここで X_t はどのような確率変数であってもよいが，数学的，統計的解析をおこなうにはやはりある種の規則性，不変性の構造を仮定する必要がある．その最も基本的なものが，定常性である．

確率過程 $\{X_t : t \in Z\}$ が**強定常過程**(strictly stationary)であるとは，結合分布関数

$$F_{t_1 \cdots t_n}(x_1, \cdots, x_n) \equiv P\{X_{t_1} \leq x_1, \cdots, X_{t_n} \leq x_n\} \tag{4}$$

が，任意の $n \in N$，任意の $t_1, \cdots, t_n, h \in Z$，および任意の $(x_1, \cdots, x_n) \in R^n$ に対して

$$F_{t_1 \cdots t_n}(x_1, \cdots, x_n) = F_{t_1+h, \cdots, t_n+h}(x_1, \cdots, x_n)$$

をみたすときである．したがって $\{X_t\}$ が強定常過程なら X_t の分布関数は任意の時点 t で同じであり，また $X_{t_1}, \cdots, X_{t_n}$ の結合分布関数は時間差 $t_2 - t_1, \cdots, t_n - t_{n-1}$ のみに依存する．強定常性の概念は数学的には基本的で自然なものであるが，統計的な立場からみると確率過程の任意の有限時点の結合分布は未知で，このようなものがすべて規定されるという仮定は，一般に強すぎるものである．そこでもう少しゆるい定常性を考える．$\{X_t : t \in Z\}$ が

（i） $E(X_t) = c$ （c は t に無関係な定数）

（ii） $\mathrm{Cov}(X_t, X_s) \equiv E[\{X_t - E(X_t)\}\overline{\{X_s - E(X_s)\}}] = R(s-t)$

（$R(s-t)$ は時間差 $(s-t)$ のみの関数）

をみたすとき**弱定常過程**(weakly stationary process)であるといい，関数 $R(\cdot)$ を**共分散関数**(covariance function)という．ここで，X_t は複素数値を

とる確率変数も許すようにするため(ii)で複素共役 $\overline{\{\cdot\}}$ を用いている．

さて式(4)で定義される結合分布が任意の n 時点で n 次元正規分布に従うとき $\{X_t\}$ を**正規過程**(Gaussian process)という．正規過程においては強定常性と弱定常性が同等であることは $(X_{t_1},\cdots,X_{t_n})$ と $(X_{t_1+h},\cdots,X_{t_n+h})$ の結合分布が，これらの平均値ベクトルと共分散行列のみで規定され，弱定常性を仮定すれば，それらが相等しいので，容易に示せるだろう．以後主に弱定常過程を取り扱うのでこれを単に**定常過程**と呼ぶことにする．すでに1章で時系列の重要な指標にスペクトル指標があると述べたが，実は，スペクトル構造がきわめて密接に定常過程を特徴づける．スペクトルの概念を直感的に理解するため次の確率過程から始めよう．

確率過程 $\{X_t : t\in Z\}$ が $-\pi<\lambda_1<\lambda_2<\cdots<\lambda_n=\pi$ をみたす定数列に対して

$$X_t=\sum_{j=1}^{n}A(\lambda_j)e^{-it\lambda_j} \tag{5}$$

で定義されているとする．ここに $A(\lambda_1),\cdots,A(\lambda_n)$ は

$$E\{A(\lambda_j)\}=0,\quad E\{A(\lambda_j)\overline{A(\lambda_k)}\}=\sigma_j^2\cdot\delta(j-k),\quad j,k=1,\cdots,n$$

をみたす複素確率変数とする．まず

$$E(X_t)=0$$

となり，次に

$$\begin{aligned}E(X_t\overline{X_{t+h}})&=\sum_{j=1}^{n}\sum_{k=1}^{n}E(A(\lambda_j)\overline{A(\lambda_k)})e^{-it\lambda_j+i(t+h)\lambda_k}\\&=\sum_{j=1}^{n}\sigma_j^2e^{ih\lambda_j}\end{aligned} \tag{6}$$

であることが示せる．したがって $\{X_t\}$ は平均0，共分散関数 $R(h)=\sum_{j=1}^{n}\sigma_j^2e^{ih\lambda_j}$ をもつ定常過程となることがわかる．ここで各 λ_j で高さ σ_j^2 のジャンプをもつ階段関数を

$$F(\lambda)=\sum_{j:\,\lambda_j\le\lambda}\sigma_j^2$$

とすると $\{X_t\}$ の共分散関数は $F(\lambda)$ のスチルチェス積分で

$$R(h)=\int_{-\pi}^{\pi}e^{ih\lambda}dF(\lambda) \tag{7}$$

と表される．式(7)の表現は式(5)の確率過程に対するものであるが，実は一般の定常過程に対して式(7)の表現が可能であることを次の定理が保証する．

定理 1 $R(\cdot)$ が定常過程 $\{X_t\}$ の共分散関数ならば右連続，非減少，有界な関数 $F(\cdot)$ で $F(-\pi)=0$ をみたすものが一意に存在して

$$R(h)=\int_{-\pi}^{\pi} e^{ih\lambda}dF(\lambda), \quad h\in Z \tag{8}$$

と表される． ▎

これは Herglotz の定理の部分であるが，証明に興味のある読者はたとえば Brockwell と Davis(1991, p. 117) を見られたい．定理 1 の $F(\lambda)$ を定常過程 $\{X_t\}$ のスペクトル分布関数(spectral distribution function)と呼ぶ．さらに $F(\lambda)$ が $F(\lambda)=\int_{-\pi}^{\lambda} f(\nu)d\nu$ と表されるとき(しばしばこれを $dF(\lambda)=f(\lambda)d\lambda$ とも書く)$f(\lambda)$ を定常過程 $\{X_t\}$ のスペクトル密度関数(spectral density function)という．このとき式(8)の表現は

$$R(h)=\int_{-\pi}^{\pi} e^{ih\lambda}f(\lambda)d\lambda \tag{9}$$

となる．変数 λ は以後，周波数と呼ぶことにする．ここで，式(5)で定義される定常過程の例にもどると，式(6),(7)よりスペクトル分布はこの確率過程に含まれる周期成分 $A(\lambda_j)e^{it\lambda_j}$ の強さ(分散)の度合いを記述していることが理解できよう．

以後の議論では一般的な定常過程 $\{X_t\}$ の共分散関数 $R(\cdot)$ に対して次の仮定をおくことにする．なお X_t はすべて実数値確率変数で平均は 0 とする．

仮定 1

$$\sum_{s=-\infty}^{\infty} |R(s)|<\infty \tag{10}$$

▎

この仮定は X_t と X_{t+s} の相関が s が大きくなると十分小さくなることを意味しており自然な仮定と思われる．ここで

$$f(\lambda) = \frac{1}{2\pi} \sum_{s=-\infty}^{\infty} R(s) e^{-is\lambda} \tag{11}$$

を式(9)の右辺に代入すると左辺に等しくなることがわかる．したがって仮定1のもとで，$\{X_t\}$ はスペクトル密度関数(11)をもつ．すなわちスペクトル密度関数は共分散関数を周波数 λ でフーリエ変換したものにほかならない．観測系列 $X_1, X_2, \cdots, X_n$ に対して

$$\mathcal{F}_X^{(n)}(\lambda) = \frac{1}{\sqrt{2\pi n}} \sum_{t=1}^{n} X_t e^{it\lambda}, \quad \lambda \in [-\pi, \pi]$$

を有限フーリエ変換(finite Fourier transform)といい，$I_n(\lambda) = |\mathcal{F}_X^{(n)}(\lambda)|^2$ をピリオドグラム(periodogram)という．このとき

$$\begin{aligned} E\{I_n(\lambda)\} &= \frac{1}{2\pi n} \sum_{t=1}^{n} \sum_{s=1}^{n} E(X_t X_s) e^{-i(s-t)\lambda} \\ &= \frac{1}{2\pi n} \sum_{t=1}^{n} \sum_{s=1}^{n} R(s-t) e^{-i(s-t)\lambda} \\ &= \frac{1}{2\pi n} \sum_{l=-n+1}^{n-1} (n-|l|) R(l) e^{-il\lambda} \qquad (l = s-t) \\ &= \frac{1}{2\pi} \sum_{l=-n+1}^{n-1} R(l) e^{-il\lambda} + \frac{-1}{2\pi n} \sum_{l=-n+1}^{n-1} |l| R(l) e^{-il\lambda} \\ &= ((A) + (B) \text{ とおく}) \end{aligned}$$

となる．仮定1のもとで，式(11)より $(A) \to f(\lambda)$ $(n \to \infty)$ が容易に示せる．この第2項に関しては，任意の $\varepsilon > 0$ に対して仮定1より $\sum_{|l|>M_\varepsilon} |R(l)| < \varepsilon$ をみたす正整数 M_ε がとれ，また

$$n^{-1} \sum_{|l| \leq M_\varepsilon} |l||R(l)| \leq \frac{M_\varepsilon}{n} \sum_{|l| \leq M_\varepsilon} |R(l)|$$

より

$$|2\pi(B)| \leq \frac{1}{n} \sum_{l=-n+1}^{n-1} |l||R(l)| < \frac{M_\varepsilon}{n} \sum_{l=-\infty}^{\infty} |R(l)| + \varepsilon$$

となり，ここで M_ε に比べて n を十分大きくとると $(B) \to 0$ $(n \to \infty)$ が理解できよう．したがって

$$E\{I_n(\lambda)\} \to f(\lambda) \qquad (n \to \infty) \tag{12}$$

を得る．1章でスペクトル密度関数を式(3)で仮に定義したが，その妥当性

は式(12)よりわかるだろう．

さてスペクトル解析でしばしば用いられる基本公式を述べよう．$\lambda_k = 2\pi k/n,\ k \in Z$ に対して

$$\sum_{s=1}^{n} e^{is\lambda_k} = \frac{e^{i\lambda_k}(1-e^{in\lambda_k})}{1-e^{i\lambda_k}} = \begin{cases} n, & k = 0, \pm n, \pm 2n, \cdots \\ 0, & \text{その他} \end{cases} \tag{13}$$

となる．式(12)を示したと同様にして，式(13)を使うと $\mathcal{F}_X^{(n)}(\cdot)$ は異なる周波数に対して漸近直交することが示せる．まず

$$\begin{aligned} E\{\mathcal{F}_X^{(n)}(\lambda_k)\overline{\mathcal{F}_X^{(n)}(\lambda_r)}\} &= \frac{1}{2\pi n}\sum_{t=1}^{n}\sum_{s=1}^{n} E(X_t X_s)e^{-is\lambda_r + it\lambda_k} \\ &= \frac{1}{2\pi n}\sum_{t=1}^{n}\sum_{s=1}^{n} R(s-t)e^{-i(s-t)\lambda_r + it(\lambda_k - \lambda_r)} \\ &= \frac{1}{2\pi}\sum_{l=-n+1}^{n-1} R(l)e^{-il\lambda_r}\frac{1}{n}\sum_{\substack{1 \le t \le n, \\ 1 \le t+l \le n}} e^{it(\lambda_k - \lambda_r)} \end{aligned} \tag{14}$$

を得る．ここで

$$\left| \sum_{\substack{1 \le t \le n \\ 1 \le t+l \le n}} e^{it(\lambda_k-\lambda_r)} - \sum_{t=1}^{n} e^{it(\lambda_k-\lambda_r)} \right| \le |l|$$

に注意して上述の (B) を評価した手法を思い出すと式(14)は

$$\frac{1}{2\pi}\sum_{l=-n+1}^{n-1} R(l)e^{-il\lambda_r}\frac{1}{n}\sum_{t=1}^{n} e^{it(\lambda_k-\lambda_r)} + o(1)$$

と表せる．式(13)より，$k, r = 1, \cdots, n,\ k \neq r$ に対して

$$E\{\mathcal{F}_X^{(n)}(\lambda_k)\overline{\mathcal{F}_X^{(n)}(\lambda_r)}\} \to 0 \qquad (n \to \infty) \tag{15}$$

を得る．次にスペクトル解析で基本的な確率変数列の収束概念を述べる．L_2 を $E(Y^2) < \infty$ である確率変数 Y の全体とし，$Y_n \in L_2$ とする．もし $Y \in L_2$ が存在して

$$E(|Y_n - Y|^2) \to 0 \qquad (n \to \infty)$$

であるとき $\{Y_n\}$ は Y に平均収束するといい

$$\underset{n\to\infty}{\text{l.i.m.}}\, Y_n = Y$$

と表す．定常過程自体のスペクトル表現は実体的には次のように理解できる．まず $t = 1, 2, \cdots, n$ に対して

$$\sum_{s=1}^{n} e^{-it(\frac{2\pi s}{n})}\sqrt{\frac{2\pi}{n}}\mathcal{F}_X^{(n)}\left(\frac{2\pi s}{n}\right) = \sum_{s=1}^{n} e^{-it(\frac{2\pi s}{n})}\frac{1}{n}\sum_{r=1}^{n} X_r e^{ir(\frac{2\pi s}{n})}$$
$$= \sum_{r=1}^{n} X_r \frac{1}{n}\sum_{s=1}^{n} e^{is(\frac{2\pi(r-t)}{n})}$$
$$= X_t \qquad ((13)\text{より})$$

を得る．したがって $\Delta Z_n(2\pi s/n) = \sqrt{2\pi/n}\mathcal{F}_X^{(n)}(2\pi s/n)$ とおくと

$$X_t = \sum_{s=1}^{n} e^{-it(\frac{2\pi s}{n})}\Delta Z_n\left(\frac{2\pi s}{n}\right) \tag{16}$$

となり，式(12)より $\Delta\lambda = 2\pi/n$ とおくと

$$E\left[\frac{|\Delta Z_n(\frac{2\pi s}{n})|^2}{\Delta\lambda}\right] - f\left(\frac{2\pi s}{n}\right) \to 0$$

であったので，これを

$$E\left(\left|\Delta Z_n(\frac{2\pi s}{n})\right|^2\right) \sim f\left(\frac{2\pi s}{n}\right)\Delta\lambda$$

と書く．また $\Delta Z_n(\cdot)$ は式(15)より漸近直交性をもつ．ここで $dZ(\lambda) = \underset{n\to\infty}{\text{l.i.m.}}\Delta Z_n(\lambda)$ とおこう．すなわち $dZ(\lambda)$ の実体は $\{X_t\}$ の周波数 λ でのフーリエ変換の $\underset{n\to\infty}{\text{l.i.m.}}$ 極限である．このとき式(16)の右辺の $\underset{n\to\infty}{\text{l.i.m.}}$ 極限をとれば，表現

$$X_t = \int_{-\pi}^{\pi} e^{-it\lambda}dZ(\lambda) \tag{17}$$

が得られ $Z(\lambda)$ が $E(|dZ(\lambda)|^2) = f(\lambda)d\lambda,\ E((dZ(\lambda)\overline{dZ(\mu)})) = 0,\ \lambda \neq \mu \in [-\pi, \pi]$ をみたすことが読み取れよう．以上仮定 1 のもとで表現(17)の「実体的導出」をおこなったが，一般の定常過程に対してもスペクトル表現が次の定理の形であたえられる．時系列の統計解析の立場ではこれの実体的理解で十分であるが，数学的に厳密な証明に興味のある読者はたとえば Brockwell と Davis(1991, p. 145)を見られたい．

定理 2 $\{X_t : t \in Z\}$ は平均 0，スペクトル分布関数 $F(\lambda)$ をもつ定常過程とする．このとき X_t は

$$X_t = \int_{-\pi}^{\pi} e^{-it\lambda}dZ(\lambda)$$

と表される．ここに $Z(\lambda)$ は

（i） $E\{Z(\lambda)\}=0, \quad \lambda \in [-\pi,\pi]$

（ii） $E\{|dZ(\lambda)|^2\}=dF(\lambda), \quad \lambda \in [-\pi,\pi]$

（iii） $E\{dZ(\lambda)\overline{dZ(\mu)}\}=0, \quad \lambda \neq \mu \in [-\pi,\pi]$

をみたす． ▎

確率変数列 $\{u_t : t \in Z\}$ が $E(u_t)=0$ で

$$R_u(s) \equiv E(u_t u_{t+s}) = \begin{cases} \sigma^2, & s=0 \\ 0, & s \neq 0 \end{cases}$$

をみたすとき，**無相関過程**(uncorrelated process)という．もちろん $\{u_t\}$ は定常過程で，式(11)を思い出すと定数値をとるスペクトル密度関数 $f_u(\lambda)=\sigma^2/2\pi$ をもつ．実数列 $\{a_j : j=0,1,2,\cdots\}$ で $\sum_{j=0}^{\infty} a_j^2 < \infty$ をみたすものに対して X_t が

$$X_t = \sum_{j=0}^{\infty} a_j u_{t-j} \tag{18}$$

で表せるとき $\{X_t : t \in Z\}$ を**一般線形過程**(general linear process)と呼ぶ．ここで式(18)の右辺の無限和は $\underset{n\to\infty}{\text{l.i.m.}}$ 極限として定義されているとする．さらに $\{a_j\}$ が $\sum_{j=0}^{\infty} |a_j| < \infty$ をみたすとき $\{X_t\}$ を**線形過程**(linear process)という．さて一般論で，$Y_n, W_n \in L_2$ に対して内積を $\langle Y_n, W_n\rangle \equiv E(Y_n\overline{W}_n)$ で定義し $Y=\underset{n\to\infty}{\text{l.i.m.}} Y_n$，$W=\underset{n\to\infty}{\text{l.i.m.}} W_n$ とすれば，この内積は連続性 $\langle Y,W\rangle = \lim_{n\to\infty}\langle Y_n, W_n\rangle$ をもつ．したがって，このことより式(18)の一般線形過程に対して

（1） $E(X_t)=0$

（2） $R_X(s) \equiv E(X_t X_{t+s}) = (\sum_{j=0}^{\infty} a_j a_{j+s})\sigma^2$

であることがわかり，$\{X_t\}$ は平均 0，共分散関数 $R_X(s)$ をもつ定常過程となる．無相関過程 $\{u_t\}$ のスペクトル表現を

$$u_t = \int_{-\pi}^{\pi} e^{-it\lambda} dZ_u(\lambda) \tag{19}$$

とすると $E(|dZ_u(\lambda)|^2)=(\sigma^2/2\pi)d\lambda$ となる．式(18)の一般線形過程のスペクトル分布関数を $F_X(\lambda)$ とし，そのスペクトル表現を

$$X_t = \int_{-\pi}^{\pi} e^{-it\lambda} dZ_X(\lambda)$$

とすると，$E(|dZ_X(\lambda)|^2) = dF_X(\lambda)$ である．したがって式(18)は

$$\int_{-\pi}^{\pi} e^{-it\lambda} dZ_X(\lambda) = \int_{-\pi}^{\pi} e^{-it\lambda} \sum_{j=0}^{\infty} a_j e^{ij\lambda} dZ_u(\lambda)$$

となり，関係 $dZ_X(\lambda) = \sum_{j=0}^{\infty} a_j e^{ij\lambda} dZ_u(\lambda)$ を得て，

$$\begin{aligned} E(|dZ_X(\lambda)|^2) &= \left| \sum_{j=0}^{\infty} a_j e^{ij\lambda} \right|^2 E(|dZ_u(\lambda)|^2) \\ &= \left| \sum_{j=0}^{\infty} a_j e^{ij\lambda} \right|^2 (\sigma^2/2\pi) d\lambda \end{aligned}$$

を得る．したがって式(18)の $\{X_t\}$ はスペクトル密度関数

$$f_X(\lambda) = \frac{\sigma^2}{2\pi} \left| \sum_{j=0}^{\infty} a_j e^{ij\lambda} \right|^2 \tag{20}$$

をもつ．

すでに 1 章で自己回帰過程にふれたが，ここで正式な定義を与えよう．$\{u_t\}$ を $E(u_t) = 0$, $E(u_t^2) = \sigma^2$ である無相関過程とする．$\{X_t\}$ が次の関係

$$\sum_{j=0}^{p} \beta_j X_{t-j} = u_t, \quad t \in Z \tag{21}$$

によって生成されるとき **p 次の自己回帰過程**(pth order autoregressive process)という．ただし $\beta_0 = 1$, $\beta_p \neq 0$ とする．以後簡単のため，$\{X_t\} \sim$ AR(p) などの表記をする．このモデルでは $\theta \equiv (\beta_1, \cdots, \beta_p, \sigma^2)$ が未知母数である．時間の後退作用素 $B^j X_t = X_{t-j}$, $j \in Z$ を使って $\beta(B) \equiv \sum_{j=0}^{p} \beta_j B^j$ とおくと式(21)は

$$\beta(B) X_t = u_t$$

と書ける．まず AR(1) モデル

$$X_t = -\beta_1 X_{t-1} + u_t \tag{22}$$

を詳しく見てみよう．式(22)の右辺の X_{t-1} に繰り返し漸化式を代入して

$$\begin{aligned} X_t &= (-\beta_1) X_{t-1} + u_t \\ &= -\beta_1(-\beta_1 X_{t-2} + u_{t-1}) + u_t \end{aligned}$$

$$= (-\beta_1)^2 X_{t-2} + (-\beta_1)u_{t-1} + u_t$$

$$\vdots$$

$$= (-\beta_1)^{s+1} X_{t-s-1} + (-\beta_1)^s u_{t-s} + \cdots + (-\beta_1)u_{t-1} + u_t$$

を得る．したがって β_1 が

$$|\beta_1| < 1 \tag{23}$$

をみたし，$\{X_t\}$ が定常であるとすると

$$E(|X_t - \sum_{j=0}^{s} (-\beta_1)^j u_{t-j}|^2) = |\beta_1|^{2(s+1)} E(|X_{t-s-1}|^2) \to 0 \quad (s \to \infty)$$

となり

$$X_t = \sum_{j=0}^{\infty} (-\beta_1)^j u_{t-j} \tag{24}$$

と表されることがわかる（もちろん上式の右辺は $\underset{n\to\infty}{\text{l.i.m.}}$ 極限の意味で）．つまり AR(1) 過程は式(23)の条件下で線形過程になっていることがわかる．一般の AR(p) 過程(21)において，式(23)に相当する条件をおけば AR(p) も線形過程に表現可能である．これをみるため式(21)で複素変数 z の多項式

$$\beta(z) = \sum_{j=0}^{p} \beta_j z^j \tag{25}$$

を導入しよう．これが

仮定 2 $\beta(z) = 0$ が単位円周上および単位円内 $|z| \le 1$ に根をもたない． ∎

をみたすとする．$p=1$ のときこの仮定は式(23)と同等であることが容易にわかる．さて方程式 $\beta(z)=0$ の根を $z_1, \cdots, z_p$ とすると仮定 2 は $|z_j| > 1,\ j = 1, \cdots, p$ と同等である．ここで $\beta(z)$ は

$$\beta(z) = \prod_{j=1}^{p} (1 - z_j^{-1} z)$$

と表せる．後退作用素 B を用いて式(21)は

$$\beta(B)X_t = \prod_{j=1}^{p} (1 - z_j^{-1} B)X_t = u_t \tag{26}$$

と書ける．$|z_j| > 1$ なので $(1 - z_j^{-1}B)^{-1}$ は $\sum_{l=0}^{\infty} (z_j^{-1})^l B^l$ と表せ，各 j ($j =$

$1,\cdots,p)$ に対して順次これらを式(26)の左辺に作用させていくと仮定 2 のもとで AR(p) 過程が線形過程

$$X_t = \sum_{j=0}^{\infty} a_j u_{t-j} \qquad \left(\sum_{j=0}^{\infty} |a_j| < \infty\right)$$

の形に表現されることが見えよう．通常の AR(p) 過程の議論では仮定 2 を仮定して議論を進めるが，とくに計量経済学に現れる時系列モデルでは上述の根の中に $z_l = 1$ をみたすものがあるモデルを想定した議論をすすめることがある．このときこの自己回帰モデルは**単位根**(unit root)をもつといい，これに関する推定や検定の議論が難解なものになることが知られている．もちろん単位根がある場合，関与の自己回帰モデルは非定常となる．

図 8 は 1 次の自己回帰過程 $X_t = -\beta_1 X_{t-1} + u_t$ で $\{u_t\}$ が互いに独立な平均 0，分散 1 の正規分布に従うとき(以後 $\{u_t\}$~IID $N(0,1)$ と表記する)，$\{X_t\}$ の $t = 1,\cdots,100$ に対する実現系列を $\beta_1 = 0$ のときを実線で，$\beta_1 = -0.5$ のときを点線で，$\beta_1 = -0.9$ のときを 1 点鎖線で，プロットしたものである．これより AR(1) 過程の母数 β_1 の値が $\beta_1 \to -1$，すなわち単位根をもつモデルに近づくとき，その実現系列の形状は株価などのグラフでよくみられる形状であるということが大まかに見て取れるだろう．

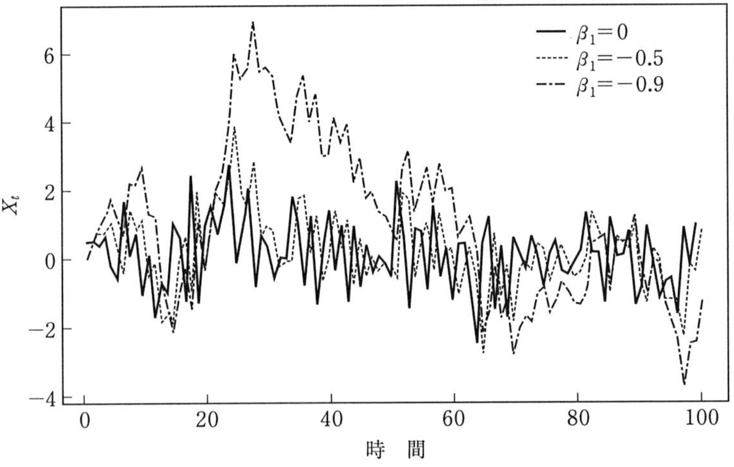

図 8　AR(1) 過程のシミュレーション

自己回帰モデルは自然で説得力をもつモデルであるが，時系列解析ではさらに誤差項を一般化した確率過程モデルをしばしば取り扱う．$\{X_t\}$ が

$$\sum_{j=0}^{p}\beta_j X_{t-j} = \sum_{j=0}^{q}\alpha_j u_{t-j} \qquad (\alpha_0 = \beta_0 = 1,\ \alpha_q \neq 0,\ \beta_p \neq 0) \tag{27}$$

から生成されるとき，**自己回帰移動平均過程**(autoregressive moving average process)であるといい，$\{X_t\} \sim \mathrm{ARMA}(p,q)$ と表記する．また $\mathrm{ARMA}(0,q)$ を $\mathrm{MA}(q)$ と書き $\boldsymbol{q}$ **次の移動平均過程**(moving average process)という．$\mathrm{ARMA}(p,q)$ 過程に対する定常性の条件として式(25)の $\beta(z)$ が仮定 2 をみたせばよいことが AR 過程と同様に示せる．

次に $\mathrm{ARMA}(p,q)$ 過程のスペクトル構造を見てみよう．以下の議論ではもちろん仮定 2 を仮定する．(27)の定義式で X_t, u_t のスペクトル表現をそれぞれ

$$X_t = \int_{-\pi}^{\pi} e^{-it\lambda} dZ_X(\lambda), \quad u_t = \int_{-\pi}^{\pi} e^{-it\lambda} dZ_u(\lambda)$$

とする．式(27)の両辺のスペクトル表現は

$$\int_{-\pi}^{\pi} e^{-it\lambda}\beta(e^{i\lambda}) dZ_X(\lambda) = \int_{-\pi}^{\pi} e^{-it\lambda}\alpha(e^{i\lambda}) dZ_u(\lambda)$$

となる．ここに $\alpha(e^{i\lambda}) = \sum_{j=0}^{q}\alpha_j e^{ij\lambda}$, $\beta(e^{i\lambda}) = \sum_{j=0}^{p}\beta_j e^{ij\lambda}$ である．したがって関係 $\beta(e^{i\lambda})dZ_X(\lambda) = \alpha(e^{i\lambda})dZ_u(\lambda)$ を得る．よって，$E(|dZ_u(\lambda)|^2) = (\sigma^2/2\pi)d\lambda$ であったので，

$$\begin{aligned} E(|dZ_X(\lambda)|^2) &= E\left(\left|\frac{\alpha(e^{i\lambda})}{\beta(e^{i\lambda})} dZ_u(\lambda)\right|^2\right) \\ &= \frac{\sigma^2|\alpha(e^{i\lambda})|^2}{2\pi|\beta(e^{i\lambda})|^2} d\lambda \end{aligned}$$

を得る．式(27)で定義される $\mathrm{ARMA}(p,q)$ 過程はスペクトル密度関数

$$f_X(\lambda) = \frac{\sigma^2}{2\pi}\frac{|\alpha(e^{i\lambda})|^2}{|\beta(e^{i\lambda})|^2} \tag{28}$$

をもつ．

図 9 は $\mathrm{ARMA}(1,1)$ 過程

$$X_t + \beta_1 X_{t-1} = u_t + \alpha_1 u_{t-1}$$

のスペクトル密度関数を $\beta_1 = 0.5$, $\sigma^2 = E(u_t^2) = 1$ として次の 5 つの場合: (1)$\alpha_1 = 0.3$, (2)$\alpha_1 = 0.4$, (3)$\alpha_1 = 0.5$, (4)$\alpha_1 = 0.6$, (5)$\alpha_1 = 0.7$ において周波数 $\lambda_j = 2\pi j/200,\ j = 1, \cdots, 100$ に対してプロットしたものである．

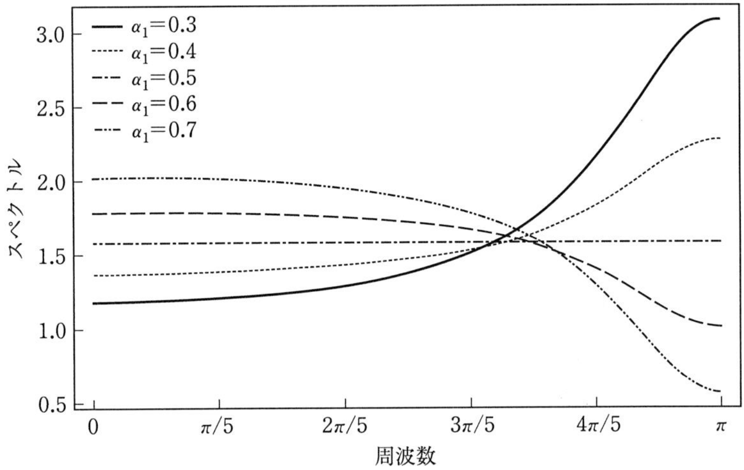

図 9 ARMA(1,1) のスペクトル密度関数

さてここで自己回帰モデルにおける予測を考えてみよう．$\{X_t\}$ が仮定 2 のもと式(21)で定義される p 次の自己回帰モデルに従っているとする．いま X_t を $X_{t-1}, X_{t-2}, \cdots$ の線形結合で予測したいとする．この任意の線形結合を

$$\hat{Y}_t = \sum_{j \geq 1} a_j X_{t-j}$$

として次の意味で予測誤差

$$E[(X_t - \hat{Y}_t)^2]$$

を最小にする $\hat{Y}_t$ を**最良線形予測子**(best linear predictor)ということにする．ここで

$$\hat{X}_t = -\sum_{j=1}^{p} \beta_j X_{t-j}$$

とする．仮定 2 のもとで X_t は線形過程と表されるので，X_t は $u_t, u_{t-1}, u_{t-2},$

$\cdots$ の線形結合で書けている．したがって $\hat{X}_t, \hat{Y}_t$ は $u_{t-1}, u_{t-2}, \cdots$ の線形結合で書けているので u_t と $\hat{X}_t - \hat{Y}_t$ は無相関となる．このとき

$$\begin{aligned} E[(X_t - \hat{Y}_t)^2] &= E[(X_t - \hat{X}_t + \hat{X}_t - \hat{Y}_t)^2] \\ &= E[(u_t + \hat{X}_t - \hat{Y}_t)^2] \\ &= E(u_t^2) + 2E[u_t(\hat{X}_t - \hat{Y}_t)] + E[(\hat{X}_t - \hat{Y}_t)^2] \\ &= \sigma^2 + E[(\hat{X}_t - \hat{Y}_t)^2] \end{aligned} \tag{29}$$

となり，上の最終式を最小にするのは $\hat{Y}_t = \hat{X}_t$ のときである．したがって $\hat{X}_t$ が X_t の最良線形予測子でこれによる予測誤差は σ^2 であることがわかる．

いままでスカラー値をとる確率過程モデルのみを取り扱ってきたが，実際問題への応用を考えるとベクトル値をとる確率過程に対する議論が必要になる．ベクトル値をとる確率過程に対しても，以上の定常性，線形確率過程モデル，スペクトル構造の議論は平行的に拡張できる．本書は入門書なので，ベクトル値をとる線形確率過程モデルのみに簡単に触れることにする．以下記号 $'$ はベクトルや行列の転置を意味し，記号 * はそれらの複素共役をとった転置を意味する．また行列 A に対してノルムを

$$\|A\| = (A^*A \text{ の最大固有値})^{1/2}$$

で定義する．$m \times m$ の行列の族 $\{A(j) \colon j = 0, 1, 2, \cdots\}$ が

$$\sum_{j=0}^{\infty} \|A(j)\|^2 < \infty$$

をみたすとする．m 次元確率変数 $\boldsymbol{X}_t = (X_{1t}, \cdots, X_{mt})'$ が

$$\boldsymbol{X}_t = \sum_{j=0}^{\infty} A(j) \boldsymbol{U}_{t-j} \tag{30}$$

から生成されるとき $\{\boldsymbol{X}_t\}$ を $\boldsymbol{m}$ **次元一般線形過程**という．ここに $\{\boldsymbol{U}_t\}$ は平均ベクトル $\mathbf{0}$，分散行列 V をもつ m 次元無相関過程である．$\{\boldsymbol{X}_t\}$ のスペクトル密度関数は行列になり

$$\boldsymbol{f}(\lambda) = \frac{1}{2\pi} \{\sum_{j=0}^{\infty} A(j) e^{ij\lambda}\} V \{\sum_{j=0}^{\infty} A(j) e^{ij\lambda}\}^*$$

で与えられる．AR, ARMA 過程などもベクトル値の拡張ができる．m 次

元確率変数 $\{\boldsymbol{X}_t\}$ が関係式

$$\sum_{j=0}^{p} B(j)\boldsymbol{X}_{t-j} = \sum_{j=0}^{q} A(j)\boldsymbol{U}_{t-j} \tag{31}$$

で生成されるとき **$\boldsymbol{m}$ 次元自己回帰移動平均過程**といい，VARMA(p,q) で表す．ここに $\{A(j)\},\{B(j)\}$ は $m\times m$ 行列の族，$A(0)$ と $B(0)$ は $m\times m$ の恒等行列，$\{\boldsymbol{U}_t\}$ は平均ベクトル $\mathbf{0}$，分散行列 V をもつ無相関過程である．なお，次の表記 VAR(p) = VARMA$(p,0)$, VMA(q) = VARMA$(0,q)$ も用いる．仮定 2 に対応する仮定は次のように書ける．複素変数 z の多項式を $B(z)=\det\{\sum_{j=0}^{p} B(j)z^j\}$ とする．

仮定 3　$B(z)=0$ が単位円周上および単位円内 $|z|\leq 1$ に根をもたない．∎

関係式(31)で定義される VARMA(p, q) 過程は，仮定 3 のもとで定常過程となり，スペクトル密度行列

$$\boldsymbol{f}(\lambda)=\frac{1}{2\pi}\{\sum_{j=0}^{p} B(j)e^{ij\lambda}\}^{-1}\{\sum_{j=0}^{q} A(j)e^{ij\lambda}\}V\{\sum_{j=0}^{q} A(j)e^{ij\lambda}\}^{*}\{\sum_{j=0}^{p} B(j)e^{ij\lambda}\}^{*-1} \tag{32}$$

をもつ．

2.2 非線形時系列モデル

前節で，線形な時系列モデルを概観したが，近年，実世界を記述するのに線形時系列モデルだけでは不十分であることが指摘され，種々の非線形時系列モデルが提案されてきた．本節ではいくつかの代表的非線形時系列モデルを紹介する．

AR(p) 過程

$$X_t+\beta_1 X_{t-1}+\cdots+\beta_p X_{t-p}=u_t \qquad (\{u_t\}\sim \mathrm{IID}(0,\sigma^2))$$

に対して X_t の $X_{t-1}, X_{t-2},\cdots$ を与えたときの条件付分散は

$$\mathrm{Var}(X_t|X_{t-1},X_{t-2},\cdots)=\sigma^2 \tag{33}$$

となり，時間 t に無関係な定数 σ^2 に等しい．ところが式(33)は，とくに経済時系列解析ではしばしば受容しがたいきつい仮定となる．そこで Engle(1982)は X_t の $X_{t-1}, X_{t-2}, \cdots$ を与えたときの条件付平均と分散が

$$\begin{cases} E(X_t|X_{t-1}, X_{t-2}, \cdots) = 0 \\ \mathrm{Var}(X_t|X_{t-1}, X_{t-2}, \cdots) = a_0 + \sum_{j=1}^{q} a_j X_{t-j}^2 \end{cases} \tag{34}$$

となる **ARCH(q)** モデル(autoregressive conditional heteroscedastic model)を提案した．つまり条件付分散(34)が X_{t-j}, $j = 1, \cdots, q$ に依存したモデルである．ARCH(q) モデルの具体的表現は

$$\begin{cases} X_t = u_t\sqrt{h_t} \\ h_t = a_0 + \sum_{j=1}^{q} a_j X_{t-j}^2 \end{cases} \tag{35}$$

で与えられる．ここに $a_0 > 0$, $a_j \geq 0$, $j = 1, \cdots, q$ で $\{u_t\} \sim \mathrm{IID}(0, 1)$ である．さらに ARCH(q) モデルを一般化したものとして次の **GARCH(p, q)** モデル(generalized autoregressive conditional heteroscedastic model)

$$\begin{cases} X_t = u_t\sqrt{h_t} \\ h_t = a_0 + a_1 X_{t-1}^2 + \cdots + a_q X_{t-q}^2 + b_1 h_{t-1} + \cdots + b_p h_{t-p} \end{cases} \tag{36}$$

が知られている．ここに $a_0 > 0$, $a_i \geq 0$, $i = 1, \cdots, q$, $b_j \geq 0$, $j = 1, \cdots, p$ とする．ARCH, GARCH モデルはとくに経済時系列のモデルとしてよく用いられているが，実際問題では，これらのモデルをさらに一般化した **GARCH 残差をもつ線形回帰モデル**

$$Y_t = Z_t\beta + X_t, \quad \{X_t\} \sim \mathrm{GARCH}(p, q)$$

や **GARCH 攪乱項をもつ ARMA**(ARMA-GARCH)モデル

$$\begin{cases} Y_t + \beta_1 Y_{t-1} + \cdots + \beta_r Y_{t-r} = X_t + \alpha_1 X_{t-1} + \cdots + \alpha_s X_{t-s} \\ \{X_t\} \sim \mathrm{GARCH}(p, q) \end{cases}$$

などが提案されている．

さて図 10 は式(35)で $q = 1$ とした ARCH(1) モデルから，(i)$a_0 = 0.3$, $a_1 = 0.1$，(ii)$a_0 = 0.6$, $a_1 = 0.1$ としたとき $X_1, \cdots, X_{100}$ の実現系列を(i)の場合を実線で，(ii)の場合を点線でプロットしたものである．a_0 が大きくなると，当然ながらグラフの振幅が大きくなることが見えよう．図 11 は同じ ARCH(1) モデルで，(iii)$a_0 = 0.3$, $a_1 = 0.1$(実線)，(iv)$a_0 = 0.3$, $a_1 = 0.5$(点線)の場合のグラフを書いたものである．a_1 が大きくなるとグラフ

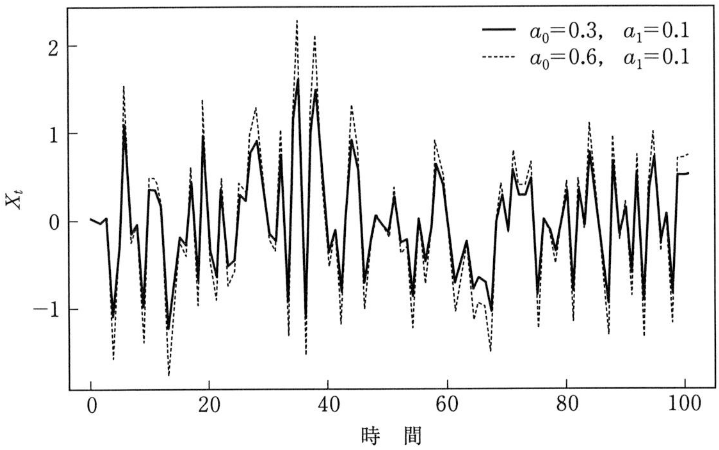

図 10 ARCH モデルのシミュレーション

の振幅が突然大きくなる現象が現れることが見える.

通常の自己回帰モデルは過去から未来永劫までモデルを記述する構造が不変である. これは現実を記述するには強い制約となろう. したがって, 当然ながらそのときどきの値で構造が変化するのが望ましいであろう. この観点より Tong(1990)は過去の値によって現在の値を記述する自己回帰モデルの構造が変化する次のモデルを提案した. $\{X_t\}$ が

$$X_t = \sum_{i=1}^{k}(a_{i0} + \sum_{j=1}^{p} a_{ij}X_{t-j})\chi_{I_i}(X_{t-d}) + u_t \tag{37}$$

で生成されるとき **SETAR($k; p, \cdots, p$)** モデル(self-exciting threshold autoregressive model)という. ここに $\{u_t\} \sim \mathrm{IID}(0, \sigma^2)$, $I_1 = (-\infty, r_1)$, $I_2 = [r_1, r_2)$, $\cdots$, $I_k = [r_{k-1}, \infty)$, d は正整数で, $\chi_A(\cdot)$ は集合 A の定義関数である.

図 12 は SETAR(2; 1, 1) モデル

$$X_t = \begin{cases} aX_{t-1} + u_t, & X_{t-1} \geq 0 \\ bX_{t-1} + u_t, & X_{t-1} < 0 \end{cases}$$

から $X_1, \cdots, X_{100}$ を(i)$a = 0.4$, $b = 0.6$, (ii) $a = 0.1$, $b = 0.9$, (iii)$a =$

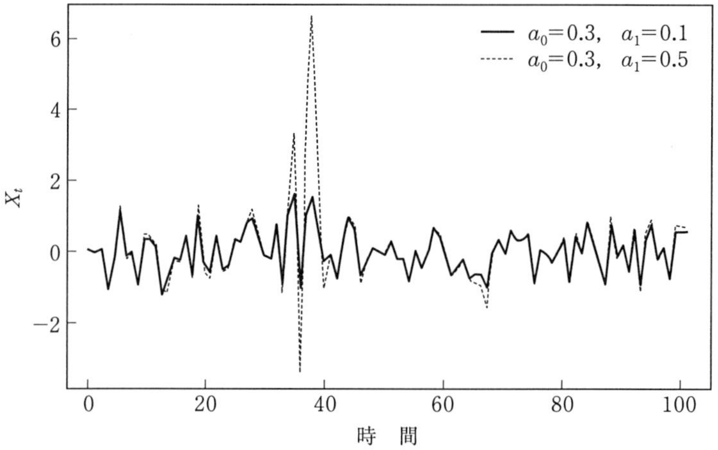

図 **11** ARCH モデルのシミュレーション

0.9, $b = 0.1$ に対して生成し，それらをプロットしたものである．

さて自己回帰モデルの構造変化を伴うモデルとして自己回帰係数がランダムに変動するものが考えられる．$\{X_t\}$ が

$$X_t = \sum_{j=1}^{p} \{\beta_j + B_j(t)\} X_{t-j} + u_t \qquad (38)$$

で生成されるとする．ここに

（1） $\{u_t\} \sim \mathrm{IID}(0, \sigma^2)$

（2） $\beta_j,\ j = 1, \cdots, p$ は実定数

（3） $\{\boldsymbol{B}(t) = (B_1(t), \cdots, B_p(t))'\}$ は平均ベクトル $\mathbf{0}$，共分散行列 $\boldsymbol{C} = \{C_{ij}\}$ をもつ互いに独立な確率ベクトルの列

（4） $\{\boldsymbol{B}(t)\}$ は $\{u_t\}$ と互いに独立

をみたすとする．このとき $\{X_t\}$ を **RCA(p)** モデル(random coefficient autoregressive model)と呼ぶ．モデル特性としてはときおりのピークが現れる現象の記述に向いている．$\{X_t\}$ が

$$X_t = (\beta_1 + B_1(t)) X_{t-1} + u_t$$

で定義されているとする．ここに $\{B_1(t)\} \sim \mathrm{IID}(0, C_{11})$，$\{u_t\} \sim \mathrm{IID}(0, 1)$

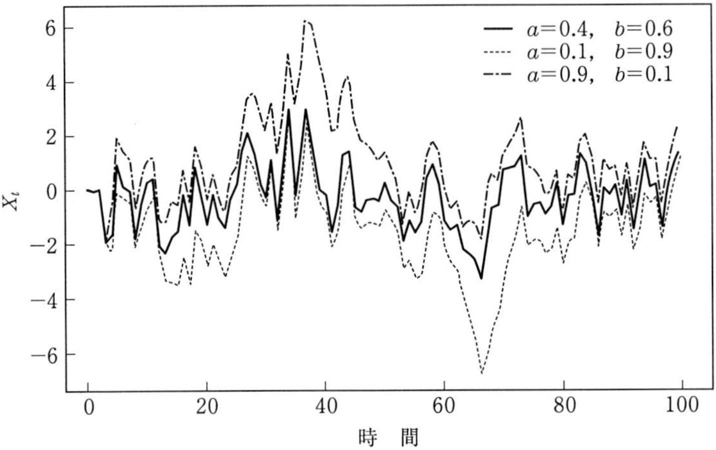

図 12 SETAR モデルのシミュレーション

で $\{B_1(t)\}$ と $\{u_t\}$ は互いに独立であるとする．図 13 はこのモデルからの観測系列 $X_1, \cdots, X_{100}$ を (i) $\beta_1 = 0.1, C_{11} = 0.8$，(ii) $\beta_1 = 0.5$, $C_{11} = 0.5$, (iii) $\beta_1 = 0.8$, $C_{11} = 0.1$ の場合に生成して，プロットしたものである．

さてもう 1 つ非線形時系列モデルをあげておこう．$\{X_t\}$ が

$$X_t + \sum_{j=1}^{p} a_j X_{t-j} = b_{00} + \sum_{j=1}^{q} \sum_{k=1}^{r} b_{jk} X_{t-j} u_{t-k} + u_t \qquad (39)$$

で生成されるとき**双線形モデル**(bilinear model)といい，BL(p, q, r) と表す．これは

$$X_t = \sum_{j=1}^{\max(p,q)} \{-a_j + \sum_{k=1}^{r} b_{jk} u_{t-k}\} X_{t-j} + u_t + b_{00}$$

と書け，式(38)の RCA モデルで $\beta_j = -a_j$, $B_j(t) = \sum_{k=1}^{r} b_{jk} u_{t-k}$ とおいたものになる．BL モデルと RCA モデルの違いは前者では $\{B_j(t)\}$ と $\{u_t\}$ の独立性を仮定していないところにある．BL モデルの特性としては，RCA 同様，突然の爆発的ピークをおこすことが知られている．

以上紹介した非線形モデルが強定常であるための十分条件については現在も研究が進展中である．本書は入門書なのでごく簡単にこれに触れておく．

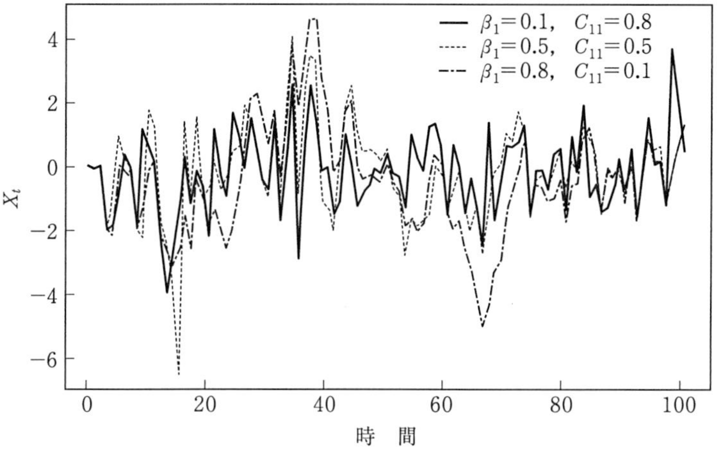

図 **13**　RCA モデルのシミュレーション

興味ある読者はたとえば，Tong(1990)や Taniguchi と Kakizawa(2000)にこのトピックの文献や，結果の紹介があるので参照されたい．

■非線形モデルの強定常性

（i）　式(36)の GARCH(p, q) モデルでは

$$a_0 > 0, \quad a_i \geq 0, \quad i = 1, \cdots, q, \quad b_j \geq 0, \quad j = 1, \cdots, p$$
$$\sum_{i=1}^{q} a_i + \sum_{j=1}^{p} b_j < 1 \tag{40}$$

ならば強定常である．

（ii）　式(37)の SETAR($k; p, \cdots, p$) モデルでは

$$\max_i \sum_{j=1}^{p} |a_{ij}| < 1 \tag{41}$$

ならば強定常である．

（iii）　式(38)の RCA(p) モデルで $\boldsymbol{b} = (\beta_1, \cdots, \beta_p)'$ とする．このとき

$$\text{行列 } \boldsymbol{bb}' + \boldsymbol{C} \text{ の最大固有値} < 1$$

ならばこの RCA(p) は強定常である．

3 時系列モデルの推定

本章では時系列モデルが有限個の未知母数で規定されるとき，それらの推定を論じる．時系列の観測系列は従属な標本なので正確な分布に基づいた推測理論を展開することは大変困難で，通常観測系列の長さを大きくしたときの推定量の漸近的な挙動で「よさ」などをみる(漸近理論)．3.1 節では ARMA 過程の母数推定と次数選択を論じる．3.2 節では非線形時系列モデルの母数推定を議論し，3.3 節ではどのようなモデルに対し標本共分散関数が漸近有効となるかを論じる．最後に 3.4 節で関与の時系列モデルの平均が時間の関数で表されるとき，すなわち，時系列回帰モデルの推定を述べる．

3.1 ARMA 過程の母数推定

独立標本の場合，一般に最尤推定量が漸近理論的最適性をもつことが知られている．実は結論からいうと時系列解析においても，この結論は正しい．そこで尤度に基づいた推定量の構成から始める．

まず $\{X_t\}$ が

$$\sum_{j=0}^{p}\beta_j X_{t-j}=\sum_{j=0}^{q}\alpha_j u_{t-j} \qquad (\alpha_0=\beta_0=1,\ \alpha_q\neq 0,\ \beta_p\neq 0) \tag{42}$$

で定義される正規 ARMA(p,q) 過程とする．ここに $\{u_t\}\sim$IID $N(0,\sigma^2)$ とする．推定を論ずる場合，仮定 2 より強い次の仮定を課す．

仮定 4 $\sum_{j=0}^{p}\beta_j z^j=0$ と $\sum_{j=0}^{q}\alpha_j z^j=0$ が $|z|\leq 1$ に根をもたない． ∎

式(28)より $\{X_t\}$ はスペクトル密度関数

$$f_\theta(\lambda)=\frac{\sigma^2}{2\pi}\frac{|\sum_{j=0}^{q}\alpha_j e^{ij\lambda}|^2}{|\sum_{j=0}^{p}\beta_j e^{ij\lambda}|^2} \tag{43}$$

をもつことがわかる．ただし $\theta=(\beta_1,\cdots,\beta_p,\alpha_1,\cdots,\alpha_q,\sigma^2)'\in\Theta\subset R^r$, $r=p+q+1$ とする．このとき観測系列 $X_1,\cdots,X_n$ から θ を推定する話をする．

$\{X_t\}$ は正規過程としたので $\boldsymbol{X}_n=(X_1,\cdots,X_n)'$ は n 次元正規分布 $N_n(\mathbf{0},\Sigma_n)$ に従う．ここに Σ_n は $n\times n$ 行列で (t,s) 成分が $R(t-s)=\int_{-\pi}^{\pi}e^{i(t-s)\lambda}f_\theta(\lambda)d\lambda$ で与えられる．よって θ の $\boldsymbol{X}_n$ に基づく尤度は

$$L(\theta)=\frac{1}{(2\pi)^{n/2}(\det\Sigma_n)^{1/2}}\exp\left[-\frac{1}{2}\boldsymbol{X}_n'\Sigma_n^{-1}\boldsymbol{X}_n\right] \tag{44}$$

となる．$L(\theta)$ を $\theta\,(\in\Theta)$ に関して最大にする値 $\hat{\theta}_{\mathrm{ML}}$ を θ の**最尤推定量**(MLE)という．したがって，これを求めればよいのだが，n が大きいとき，たとえば 1 章の図 5 や図 6 で現れた地震の時系列などでは $n=1024$ で，この場合，式(44)は 1024×1024 行列の逆行列や行列式を含むことになり，式(44)の θ に関する最大化の実行は困難なものとなる．そこで式(44)のコンパクトな近似を Anderson(1977)流に求めてみよう．モデル(42)に次の条件

$$X_{-k}=X_{n-k},\quad k=0,\cdots,p-1,\quad u_{-g}=u_{n-g},\quad g=0,\cdots,q-1 \tag{45}$$

を課すことにする．これは**循環性**(circular)の仮定と呼ばれるもので現実世界の時系列を考えると不自然であるが n が大きいとすれば，この制約が時系列全体に与える影響は少ないだろうという想定である．次に $n\times n$ 行列

$$\boldsymbol{M}=\{m_{rt}\}\equiv\begin{pmatrix}0 & & & & 0 & 1\\ 1 & 0 & & \mathbf{0} & & 0\\ & 1 & 0 & & & \\ & & \ddots & \ddots & & \\ \mathbf{0} & & & & 1 & 0\end{pmatrix}$$

を導入する．このとき

$$\boldsymbol{M}^n=\boldsymbol{I}_n,\quad \boldsymbol{M}'=\boldsymbol{M}^{n-1},\quad \boldsymbol{M}^{k'}=\boldsymbol{M}^{n-k}=\boldsymbol{M}^{-k}$$

であることがわかる．ただし $\boldsymbol{I}_n$ は $n\times n$ 恒等行列である．なお以下の議論では $\boldsymbol{M}^0=\boldsymbol{I}_n$ と約束する．(42)の ARMA モデルは条件(45)のもとで行列 $\boldsymbol{M}$ を用いて

$$B(\boldsymbol{M})\boldsymbol{X}_n = A(\boldsymbol{M})\boldsymbol{u}_n \tag{46}$$

と表せる．ここに $A(\boldsymbol{M})=\sum_{j=0}^{q}\alpha_j\boldsymbol{M}^j$，$B(\boldsymbol{M})=\sum_{j=0}^{p}\beta_j\boldsymbol{M}^j$，$\boldsymbol{u}_n=(u_1,\cdots,u_n)'$ とする．次に (t,s) 成分が $u_{ts}\equiv n^{-1/2}e^{i2\pi ts/n}$ で与えられる $n\times n$ 行列を $\boldsymbol{U}$ とすると，式(13)より $\boldsymbol{U}$ はユニタリー行列($\boldsymbol{U}^*\boldsymbol{U}=\boldsymbol{U}\boldsymbol{U}^*=\boldsymbol{I}_n$)となり，フーリエ・ユニタリー行列と呼ばれる．$\boldsymbol{M}$ と $\boldsymbol{U}$ の成分について

$$\begin{aligned}\sum_{t=1}^{n}m_{rt}u_{ts} &= u_{r-1,s} = \frac{1}{\sqrt{n}}e^{i2\pi(r-1)s/n}\\ &= e^{-i2\pi s/n}u_{rs} \qquad (r,s=1,\cdots,n)\end{aligned}$$

が成り立つ．よって $n\times n$ 対角行列

$$\boldsymbol{D}\equiv\mathrm{diag}\,(\cdots,e^{-i2\pi s/n},\cdots)$$

を用いて $\boldsymbol{MU}=\boldsymbol{UD}$ と書けることを意味し，対角化された表現

$$\boldsymbol{M}=\boldsymbol{UDU}^* \tag{47}$$

を得る．これより $\boldsymbol{M}^k$ も対角化表現 $\boldsymbol{M}^k=\boldsymbol{UD}^k\boldsymbol{U}^*$ をもつことがわかり，式(46)の行列 $A(\boldsymbol{M}),B(\boldsymbol{M})$ の対角表現も

$$A(\boldsymbol{M})=\boldsymbol{U}A(\boldsymbol{D})\boldsymbol{U}^*,\quad B(\boldsymbol{M})=\boldsymbol{U}B(\boldsymbol{D})\boldsymbol{U}^* \tag{48}$$

となることがわかる．ところで $\boldsymbol{M}$ は実行列なので $\boldsymbol{M}'=\bar{\boldsymbol{M}}'=\boldsymbol{U}\bar{\boldsymbol{D}}\boldsymbol{U}^*$ となり次の対角化表現

$$\begin{aligned}&A(\boldsymbol{M})'=\boldsymbol{U}A(\bar{\boldsymbol{D}})\boldsymbol{U}^*, &&B(\boldsymbol{M})'=\boldsymbol{U}B(\bar{\boldsymbol{D}})\boldsymbol{U}^*,\\ &A(\boldsymbol{M})^{-1}=\boldsymbol{U}A(\boldsymbol{D})^{-1}\boldsymbol{U}^*, &&B(\boldsymbol{M})^{-1}=\boldsymbol{U}B(\boldsymbol{D})^{-1}\boldsymbol{U}^*\end{aligned} \tag{49}$$

を得る．式(46)より $\boldsymbol{X}_n=B(\boldsymbol{M})^{-1}A(\boldsymbol{M})\boldsymbol{u}_n$ と書けるので式(48)，式(49)と $E\{\boldsymbol{u}_n\boldsymbol{u}_n'\}=\sigma^2I_n$ に注意すれば，$\boldsymbol{X}_n$ の分散行列は

$$\begin{aligned}\mathrm{Var}(\boldsymbol{X}_n) &= E\{B(\boldsymbol{M})^{-1}A(\boldsymbol{M})\boldsymbol{u}_n\boldsymbol{u}_n'A(\boldsymbol{M})'B(\boldsymbol{M})^{-1'}\}\\ &= \boldsymbol{U}\{\sigma^2B(\boldsymbol{D})^{-1}A(\boldsymbol{D})A(\bar{\boldsymbol{D}})B(\bar{\boldsymbol{D}})^{-1}\}\boldsymbol{U}^*\end{aligned} \tag{50}$$

となる．ここで行列 $\boldsymbol{F}\equiv\sigma^2B(\boldsymbol{D})^{-1}A(\boldsymbol{D})A(\bar{\boldsymbol{D}})B(\bar{\boldsymbol{D}})^{-1}$ は $n\times n$ 対角行列で，第 t 対角成分は式(43)より $2\pi f_\theta(\lambda_t)$，$\lambda_t=2\pi t/n$ であることがわか

る．すなわち，表現

$$\Sigma_n \equiv \mathrm{Var}(\boldsymbol{X}_n) = \boldsymbol{UFU}^* = \boldsymbol{U} \begin{pmatrix} 2\pi f_\theta(\lambda_1) & & \boldsymbol{0} \\ & \ddots & \\ \boldsymbol{0} & & 2\pi f_\theta(\lambda_n) \end{pmatrix} \boldsymbol{U}^* \tag{51}$$

を得る．これは $\boldsymbol{X}_n$ の分散行列がフーリエ・ユニタリー行列 $\boldsymbol{U}$ で対角化され，その固有値がスペクトル密度関数の値であることを意味しており，時系列のスペクトル解析を理解するのに最も基本的で重要な関係式である．よって

$$\det \Sigma_n = \det \boldsymbol{F} = \prod_{t=1}^{n} \{2\pi f_\theta(\lambda_t)\}$$
$$\Sigma_n^{-1} = \boldsymbol{UF}^{-1}\boldsymbol{U}^*$$

を得る．式(44)の対数をとった対数尤度は

$$\log L(\theta) = -\frac{n}{2}\log 2\pi - \frac{1}{2}\log \prod_{t=1}^{n}\{2\pi f_\theta(\lambda_t)\} - \frac{1}{2}\boldsymbol{X}_n'\boldsymbol{UF}^{-1}\boldsymbol{U}^*\boldsymbol{X}_n \tag{52}$$

となる．ここで $\{X_t\}$ の有限フーリエ変換を

$$\mathcal{F}_X^{(n)}(\lambda) = \frac{1}{\sqrt{2\pi n}}\sum_{t=1}^{n} X_t e^{it\lambda}$$

として，$\boldsymbol{X}_n'\boldsymbol{U}$ の第 t 成分が $\sqrt{2\pi}\mathcal{F}_X^{(n)}(\lambda_t)$ となるのと，

$$\boldsymbol{F}^{-1} = \mathrm{diag}\left(\cdots, \frac{1}{2\pi f_\theta(\lambda_t)}, \cdots\right)$$

に注意すると式(52)は

$$\log L(\theta) = -\frac{n}{2}\log 2\pi - \frac{1}{2}\sum_{t=1}^{n}\log 2\pi f_\theta(\lambda_t) - \frac{1}{2}\sum_{t=1}^{n}\frac{|\mathcal{F}_X^{(n)}(\lambda_t)|^2}{f_\theta(\lambda_t)}$$

となることがわかる．さらにピリオドグラム $I_n(\lambda_t) \equiv |\mathcal{F}_X^{(n)}(\lambda_t)|^2$ を使うと

$$\log L(\theta) = -n\log 2\pi - \frac{1}{2}\sum_{t=1}^{n}\left\{\log f_\theta(\lambda_t) + \frac{I_n(\lambda_t)}{f_\theta(\lambda_t)}\right\}$$

を得る．よって対数尤度のコンパクトな表現は θ に無関係な定数をのぞいて

$$l(\theta) \equiv -\frac{1}{2}\sum_{t=1}^{n}\left\{\log f_\theta(\lambda_t) + \frac{I_n(\lambda_t)}{f_\theta(\lambda_t)}\right\} \tag{53}$$

となる．これを最大にする θ を θ の**擬(近)似最尤推定量**(Quasi-MLE)と呼び $\hat{\theta}_{\mathrm{QML}}$ と書く．また，しばしば式(53)の符号をかえた積分形

$$D(f_\theta, I_n) \equiv \int_{-\pi}^{\pi}\left\{\log f_\theta(\lambda) + \frac{I_n(\lambda)}{f_\theta(\lambda)}\right\}d\lambda \tag{54}$$

で書き，これを最小にする θ も擬(近)似最尤推定量と呼ばれる．以上，尤度の近似量(53),(54)を正規定常 ARMA 過程で循環性(45)をみたすものに対して導出したが，一般の正規定常過程でスペクトル密度関数 $f_\theta(\lambda)$ をもつものに対しても，これらが近似対数尤度になっていることが知られている(たとえば Taniguchi と Kakizawa(2000, Section 7.2.2)を見られたい)．(54)のように $\{X_t\}$ そのものでなく，そのフーリエ変換 $I_n(\lambda)$, $\mathcal{F}_X^{(n)}(\lambda)$ やスペクトルに基づいた解析を**周波数領域**(frequency domain)の解析という．反対にフーリエ変換を使わず $\{X_t\}$ や未知母数 θ の陽な表現に基づいた解析を**時間領域**(time domain)の解析という．もちろん式(54)を時間領域の表現で表せるが，一般に母数の無限和などが現れコンパクトな表現にならない．ただ $f_\theta(\lambda)$ が自己回帰モデルの場合，式(54)の時間表現は簡単なものとなり，以下に示すように有名な時間領域の推定量を導く．なお式(54)に関して，仮定 4 がみたされるとすると，

$$\int_{-\pi}^{\pi}\log|\sum_{j=0}^{q}\alpha_j e^{ij\lambda}/\sum_{j=0}^{p}\beta_j e^{ij\lambda}|^2 d\lambda = 0$$

なので

$$D_n(f_\theta, I_n) = 2\pi\log\frac{\sigma^2}{2\pi} + \int_{-\pi}^{\pi}\frac{I_n(\lambda)}{(\sigma^2/2\pi)g_\theta(\lambda)}d\lambda \tag{55}$$

とも表されることに注意しておこう．ただし

$$g_\theta(\lambda) = |\sum_{j=0}^{q}\alpha_j e^{ij\lambda}|^2/|\sum_{j=0}^{p}\beta_j e^{ij\lambda}|^2$$

である．

さて，次に AR(p) 過程

$$\sum_{j=0}^{p}\beta_j X_{t-j} = u_t \tag{56}$$

に対して，式(54)から定義された $\hat{\theta}_{\mathrm{QML}}$ が具体的にどのような形で与えられるか見ておこう．この場合 $\beta=(\beta_1,\cdots,\beta_p)'$ と σ^2 が未知母数で式(55)の g_θ は $g_\theta(\lambda)=|\sum_{j=0}^{p}\beta_j e^{ij\lambda}|^{-2}$ となる．したがって AR(p) の場合の QMLE を定義する式は式(55)より

$$\frac{\partial}{\partial\beta}\int_{-\pi}^{\pi}|\sum_{j=0}^{p}\beta_j e^{ij\lambda}|^2\cdot I_n(\lambda)d\lambda = 0 \tag{57}$$

$$\frac{\partial}{\partial\sigma^2}\left[2\pi\log\frac{\sigma^2}{2\pi}+\int_{-\pi}^{\pi}\frac{2\pi}{\sigma^2}\left|\sum_{j=0}^{p}\beta_j e^{ij\lambda}\right|^2\cdot I_n(\lambda)d\lambda\right]=0 \tag{58}$$

となる．式(57)と式(58)の β と σ^2 に対する解をそれぞれ

$$\hat{\beta}_{\mathrm{QML}}=(\hat{\beta}_{\mathrm{QML},1},\cdots,\hat{\beta}_{\mathrm{QML},p})',\quad \hat{\sigma}^2_{\mathrm{QML}}$$

とすると，これらは

$$\begin{cases}\hat{R}(1)+\hat{\beta}_{\mathrm{QML},1}\hat{R}(0)+\hat{\beta}_{\mathrm{QML},2}\hat{R}(1)+\cdots+\hat{\beta}_{\mathrm{QML},p}\hat{R}(p-1)=0\\ \hat{R}(2)+\hat{\beta}_{\mathrm{QML},1}\hat{R}(1)+\hat{\beta}_{\mathrm{QML},2}\hat{R}(0)+\cdots+\hat{\beta}_{\mathrm{QML},p}\hat{R}(p-2)=0\\ \qquad\vdots\\ \hat{R}(p)+\hat{\beta}_{\mathrm{QML},1}\hat{R}(p-1)+\hat{\beta}_{\mathrm{QML},2}\hat{R}(p-2)+\cdots+\hat{\beta}_{\mathrm{QML},p}\hat{R}(0)=0\\ \hat{\sigma}^2_{\mathrm{QML}}=\hat{R}(0)+\hat{\beta}_{\mathrm{QML},1}\hat{R}(1)+\cdots+\hat{\beta}_{\mathrm{QML},p}\hat{R}(p)\end{cases} \tag{59}$$

をみたすことがわかる．ここに

$$\hat{R}(k)=\frac{1}{n}\sum_{t=1}^{n-|k|}X_t X_{t+|k|} \tag{60}$$

である．(59)から定まる $(\beta_1,\cdots,\beta_p,\sigma^2)$ の推定量を **Yule-Walker** 推定量という．ベクトル，行列形で，式(59)の上から p 個の方程式から定まる $\hat{\beta}_{\mathrm{QML}}\equiv(\hat{\beta}_{\mathrm{QML},1},\cdots,\hat{\beta}_{\mathrm{QML},p})'$ を書くと

$$\hat{\beta}_{\mathrm{QML}}=-\hat{\boldsymbol{R}}_p^{-1}\hat{\boldsymbol{r}}_p$$

となる．ここに $\hat{\boldsymbol{R}}_p=\{\hat{R}(j-k)\colon j,k=1,\cdots,p\}$, $\hat{\boldsymbol{r}}_p=(\hat{R}(1),\cdots,\hat{R}(p))'$ である．式(56)の AR(p) は平均を 0 としているが，$E(X_t)=\mu$ とした場合，つまり

$$\sum_{j=0}^{p} \beta_j (X_{t-j} - \mu) = u_t$$

なる AR(p) 過程に対しては Yule–Walker 推定量は式(60)の $\hat{R}(k)$ を

$$\hat{R}(k) = \frac{1}{n} \sum_{t=1}^{n-|k|} (X_t - \bar{X}_n)(X_{t+|k|} - \bar{X}_n)$$

でおき換えたもので定義する．ただし $\bar{X}_n = n^{-1} \sum_{t=1}^{n} X_t$ である．したがって Yule–Walker 推定量は，正規 AR モデルにおける，1 つの擬(近)似最尤推定量にほかならない．

さてここで擬(近)似最尤推定量(QMLE)の「よさ」を見てみよう．$\hat{\theta}_{\mathrm{QML}}$ を式(53)の $l(\theta)$ に基づく QMLE とする．$\{X_t\}$ は正規過程としたので有限フーリエ変換 $\mathcal{F}_X^{(n)}(\lambda)$ は正規分布に従い，性質(12), (15)をもつ．ここで $I_n(\lambda_t) = I_n(\lambda_{n-t})$, $f_\theta(\lambda_t) = f_\theta(\lambda_{n-t})$ に注意すれば $2I_n(\lambda_t)/f_\theta(\lambda_{n-t})$, $t = 1, 2, \cdots, [(n-1)/2]$ が漸近的に互いに独立でそれぞれ自由度 2 のカイ 2 乗分布(χ_2^2)に従うことがわかる．ゆえに式(53)の $l(\theta)$ の近似表現として

$$-\sum_{t=1}^{[(n-1)/2]} \left\{ \log f_\theta(\lambda_t) + \frac{1}{2}\xi_t \right\} \tag{61}$$

を得る．ここに $[\cdot]$ はガウス記号を意味し，$\{\xi_t\}$ は互いに独立でそれぞれ χ_2^2 に従う確率変数列である．$(\partial/\partial\theta) l(\hat{\theta}_{\mathrm{QML}})$ を θ でテーラー展開して

$$\mathbf{0} = \frac{1}{\sqrt{n}} \frac{\partial}{\partial\theta} l(\hat{\theta}_{\mathrm{QML}}) = \frac{1}{\sqrt{n}} \frac{\partial}{\partial\theta} l(\theta) + \frac{1}{n} \frac{\partial^2}{\partial\theta\partial\theta'} l(\theta) \sqrt{n} (\hat{\theta}_{\mathrm{QML}} - \theta) + \text{確率的に低いオーダー} \tag{62}$$

を得る．

ここで

$$\frac{1}{\sqrt{n}} \frac{\partial}{\partial\theta} l(\theta) \sim -\frac{1}{\sqrt{n}} \sum_{t=1}^{[(n-1)/2]} \left\{ \frac{1}{f_\theta(\lambda_t)} \frac{\partial f_\theta(\lambda_t)}{\partial\theta} - \frac{1}{2 f_\theta(\lambda_t)} \frac{\partial f_\theta(\lambda_t)}{\partial\theta} \xi_t \right\}, \tag{63}$$

$$E\left\{ \frac{1}{n} \frac{\partial^2 l(\theta)}{\partial\theta\partial\theta'} \right\} \sim -\frac{1}{n} \sum_{t=1}^{[(n-1)/2]} \frac{1}{f_\theta(\lambda_t)^2} \frac{\partial f_\theta(\lambda_t)}{\partial\theta} \frac{\partial f_\theta(\lambda_t)}{\partial\theta'}$$
$$\sim -\frac{1}{4\pi} \int_{-\pi}^{\pi} \frac{1}{f_\theta(\lambda)^2} \frac{\partial f_\theta(\lambda)}{\partial\theta} \frac{\partial f_\theta(\lambda)}{\partial\theta'} d\lambda = (-\mathcal{I}(\theta) \text{ とおく}) \tag{64}$$

が示せる．大数の法則より

$$\frac{1}{n}\frac{\partial^2 l(\theta)}{\partial\theta\partial\theta'} \to -\mathcal{I}(\theta) \qquad （確率収束） \tag{65}$$

を得る．式(64)の最右辺の行列 $\mathcal{I}(\theta)$ は時系列解析の Fisher 情報行列と呼ばれるものである．一方，式(63)より中心極限定理と $\mathrm{Var}(\xi_t) = 4$ を用いると

$$\frac{1}{\sqrt{n}}\frac{\partial l(\theta)}{\partial\theta} \to N(\mathbf{0}, \mathcal{I}(\theta)) \qquad （分布収束） \tag{66}$$

を得る．関係式(62)を思い出すと

$$\begin{aligned}\sqrt{n}\,(\hat{\theta}_{\mathrm{QML}} - \theta) &\sim \left[\frac{1}{n}\frac{\partial^2 l(\theta)}{\partial\theta\partial\theta'}\right]^{-1}\frac{1}{\sqrt{n}}\frac{\partial l(\theta)}{\partial\theta} \\ &\sim -\mathcal{I}(\theta)^{-1}\frac{1}{\sqrt{n}}\frac{\partial l(\theta)}{\partial\theta} \\ &\to N(\mathbf{0}, \mathcal{I}(\theta)^{-1}) \qquad （分布収束）\end{aligned} \tag{67}$$

がわかる．式(67)の結論は循環性の仮定(45)も ARMA も仮定する必要なく，$f_\theta(\lambda)$ の θ に関するなめらかさなどの仮定のもと，式(44)を θ に関して最大化する最尤推定量(MLE)，および式(53), 式(54)から定義される QMLE に対して成り立ち，漸近分散行列 $\mathcal{I}(\theta)^{-1}$ が十分広いクラスの推定量の漸近分散行列の最小(行列の意味で)を与えることが示されている(たとえば Taniguchi と Kakizawa(2000, Section 3.1))．したがって MLE, QMLE が漸近有効(asymptotically efficient)であることがわかる．

式(30)で表される m 次元正規一般線形過程 $\{\boldsymbol{X}_t\}$ において，スペクトル密度行列が未知母数ベクトル θ で規定されるとき，すなわち $\boldsymbol{f}(\lambda) = \boldsymbol{f}_\theta(\lambda)$ であるとき，式(54)は

$$\tilde{D}(\boldsymbol{f}_\theta, \boldsymbol{I}_n) \equiv \int_{-\pi}^{\pi} [\log\det\{\boldsymbol{f}_\theta(\lambda)\} + \mathrm{tr}\{\boldsymbol{I}_n(\lambda)\boldsymbol{f}_\theta(\lambda)^{-1}\}]d\lambda \tag{68}$$

に自然に拡張される．ここに

$$\boldsymbol{I}_n(\lambda) = \frac{1}{2\pi n}\{\sum_{t=1}^{n}\boldsymbol{X}_t e^{it\lambda}\}\{\sum_{t=1}^{n}\boldsymbol{X}_t e^{it\lambda}\}^*$$

したがって式(68)を θ に関して最小にする $\hat{\theta}_{\mathrm{QML}}$ で未知母数が推定できる．

さらに $\{\boldsymbol{X}_t\}$ が正規過程でないときでも，θ の推定量として $\hat{\theta}_{\mathrm{QML}}$ が使える．この場合 $\tilde{D}(\boldsymbol{f}_\theta, \boldsymbol{I}_n)$ が対数尤度の近似量であるという意味はなくなっているが，$n \to \infty$ のとき適当な条件下で

$$\hat{\theta}_{\mathrm{QML}} \to \theta \qquad \text{（確率収束）}$$

$$\sqrt{n}\,(\hat{\theta}_{\mathrm{QML}} - \theta) \to N(\mathbf{0}, V) \qquad \text{（分布収束）}$$

が示せる（たとえば Hosoya と Taniguchi（1982））．ただし $\{\boldsymbol{X}_t\}$ の正規性を仮定していないので，一般に分散行列 V は非正規性を表す量に依存する．

Yule–Walker 推定量に関する数値例をあげてみよう．$X_1, \cdots, X_n$ が

$$X_t + \beta_1 X_{t-1} + \beta_2 X_{t-2} = u_t \tag{69}$$

から生成されているとする．ただし $\{u_t\} \sim \mathrm{IID}\ N(0,1)$．次の 2 つの場合に $\beta = (\beta_1, \beta_2)'$ と $\sigma^2 \equiv E(u_t^2) = 1$ の Yule–Walker 推定量 $\hat{\beta}_{\mathrm{QML}} = (\hat{\beta}_1, \hat{\beta}_2)'$, $\hat{\sigma}^2_{\mathrm{QML}}$ を求めた．以下，式(25)で定義される $\beta(z) = 0$ の根を z_1, z_2 とする．

（i） $\beta_1 = -1$, $\beta_2 = 0.25$ の場合（これは $z_1 = z_2 = 0.5$ に対応する）．

標本数 $n = 100$ と 500 に対して次の結果を得た．

標本数 n	$\hat{\beta}_1$	$\hat{\beta}_2$	$\hat{\sigma}^2_{\mathrm{QML}}$
100	−0.958	0.164	1.109
500	−0.996	0.221	1.026

（ii） $\beta_1 = -1.25$, $\beta_2 = 0.285$ の場合（これは $z_1 = 0.95$, $z_2 = 0.3$ に対応する）．

標本数 $n = 100$ と 500 に対して次の結果を得た．

標本数 n	$\hat{\beta}_1$	$\hat{\beta}_2$	$\hat{\sigma}^2_{\mathrm{QML}}$
100	−1.191	0.255	1.445
500	−1.262	0.301	1.039

当然期待されることであるが標本数 n が大きくなるにつれて推定量が真値に近づいていることが見てとれる．

さていままでモデルの次数，たとえば AR(p) モデルならば p，は既知であるとしてきた．しかしながら実際問題ではデータから次数も推定してや

らなければならない．$\{X_t\}$ が次の AR(p) 過程

$$X_t + \beta_1 X_{t-1} + \cdots + \beta_p X_{t-p} = u_t \qquad (\{u_t\} \sim \text{IID } N(0, \sigma^2))$$

から生成されているとする．2 章でみたように X_t の $\{X_{t-1}, X_{t-2}, \cdots\}$ に基づく線形最良予測子は

$$-\beta_1 X_{t-1} - \cdots - \beta_p X_{t-p}$$

である．いま $\{Y_t\}$ が $\{X_t\}$ と互いに独立で，しかも $\{X_t\}$ とまったく同じ確率構造をもつとしよう．係数 $\{\beta_j\}$ は未知であるので $X_1, \cdots, X_n$ から構成された QMLE $\{\hat{\beta}_{\mathrm{QML},j}\}$ で推定するとする．次に Y_t を $X_1, \cdots, X_n$ から推定された予測子

$$-\hat{\beta}_{\mathrm{QML},1} Y_{t-1} - \cdots - \hat{\beta}_{\mathrm{QML},p} Y_{t-p} \tag{70}$$

で予測することを考えると，その予測誤差は

$$E_Y[\{Y_t + \hat{\beta}_{\mathrm{QML},1} Y_{t-1} + \cdots + \hat{\beta}_{\mathrm{QML},p} Y_{t-p}\}^2] \tag{71}$$

となる．ここに E_Y は $\{Y_t\}$ に関する期待値．ここで式(71)は $X_1, \cdots, X_n$ の関数なので，これを $X_1, \cdots, X_n$ に関して期待値をとったもの

$$E_X E_Y[\{Y_t + \hat{\beta}_{\mathrm{QML},1} Y_{t-1} + \cdots + \hat{\beta}_{\mathrm{QML},p} Y_{t-p}\}^2] \tag{72}$$

を予測子(70)の**最終予測誤差**(final prediction error, FPE)という．

Akaike(1970)は $X_1, \cdots, X_n$ の言葉で表した最終予測誤差の「漸近不偏推定量」として

$$\mathrm{FPE}(p) = \hat{\sigma}^2_{\mathrm{QML}}(p) \frac{n+p}{n-p} \tag{73}$$

を提案した．ここに $\hat{\sigma}^2_{\mathrm{QML}}(p)$ は p 次の AR モデルを適合させたときの σ^2 の Yule–Walker 推定量である．そして FPE(p) が $0 \le p \le L$（$L > 0$ はあらかじめ与えられた正整数)の範囲で最小になる p の値を次数の推定量 $\hat{p}$ とすることを提案した．

FPE は自己回帰モデルの予測誤差という指標に対して導かれたが，一般の確率分布モデル $p_\theta(\cdot)$ $(k = \dim \theta)$ と真の分布構造 $p(\cdot)$ に対しては，予測誤差のかわりに Kullback–Leibler の情報量に基づいた指標

$$K(p, p_\theta) \equiv -\int p(\boldsymbol{x}) \log p_\theta(\boldsymbol{x}) d\boldsymbol{x} \tag{74}$$

を考える．Akaike(1973)は MLE か MLE と漸近同等な θ の推定量 $\hat{\theta}$ から

つくられた，推定されたモデル $p_{\hat{\theta}}$ と p のへだたり

$$E_{\hat{\theta}}[K(p, p_{\hat{\theta}})] \tag{75}$$

の漸近不偏な推定量として

$$\mathrm{AIC}(k) = -2\log(\text{最大尤度}) + 2k \tag{76}$$

を提案した．FPE と同様に AIC(k) を $0 \leq k \leq L$ の範囲で最小にする k を次数の推定量として提案した．(76)は**赤池情報量基準**(Akaike's information criterion, AIC)と呼ばれる．

さて正規 ARMA(p, q) 過程に対して式(53), 式(55)を思い出すと AIC が

$$\mathrm{AIC}(p, q) = n\log\hat{\sigma}^2_{\mathrm{QML}}(p, q) + 2(p+q) \tag{77}$$

の形になることがわかる．ただし $\hat{\sigma}^2_{\mathrm{QML}}(p, q)$ は ARMA(p, q) 過程を適合させたときの σ^2 の QMLE である．もちろん AR(p) 過程に対しては $\mathrm{AIC}(p) = n\log\hat{\sigma}^2_{\mathrm{QML}}(p) + 2p$ となる．この場合式(73)の FPE(p) と $\exp[\frac{1}{n}\mathrm{AIC}(p)]$ の差異は $O(n^{-1})$ となり，これらの基準が漸近的に同等であることが見えよう．FPE(p) や AIC(p) で選択された次数 $\hat{p}$ は真値 p より高い次数を選ぶ漸近確率をもっており p に確率収束しない(Shibata, 1976)．しかしながら，これは AIC, FPE が悪い情報量基準であることを意味しない．たとえば，真のモデルが AR(∞) で，これに，これらの基準で $0 \leq p \leq o(\sqrt{n})$ の範囲で次数を選ぶとき，AIC と FPE はある種の漸近最適性をもつことが示されている(Shibata, 1980)．

すでに 1 章でカナダ山猫の捕獲数の対数をとったデータに AR モデルを AIC で適合させる話をした．$L = 30$ とすると AIC は AR(11) のモデルを選択する．そのときの自己回帰係数の推定値も 1 章で与えられているので見られたい．また 1 章の図 5，図 6 の 2 種の地震データに AIC で AR モデルをあてはめ，これからスペクトル密度関数を推定する話をしたが，前者の自然界の地震波には AR(23) が，後者の鉱山の爆発による地震波には AR(14) が選択された．

さて式(69)の AR(2) モデルで $\beta_1 = -1$, $\beta_2 = 0.25$ のとき，AIC(p) ($0 \leq p \leq 10$) の動きを標本数を $n = 100$ としてみたのが図 14 で与えられる．やはり $p = 2$ で AIC が最小となる．ただし縦軸は $\mathrm{AIC}(p) - \min_{0\leq p\leq 10}\mathrm{AIC}(p)$ の値をプロットしている．

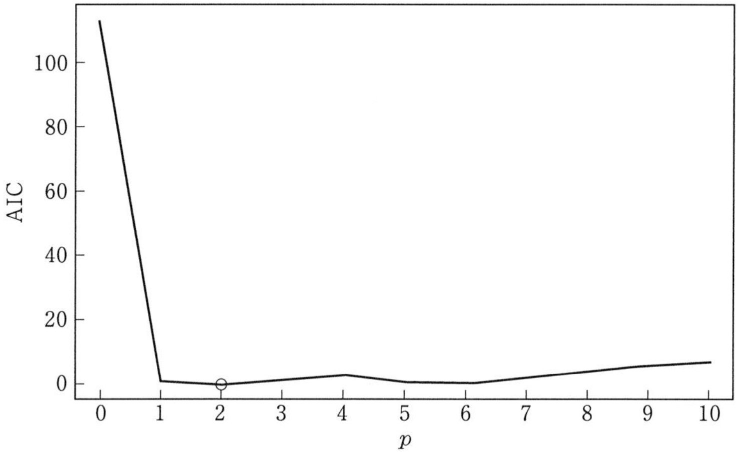

図 **14** AIC の動き

3.2 非線形時系列モデルの母数推定

前章で種々の非線形時系列モデルに言及した．本節では，これらの非線形モデルの母数推定にむいた推定法を紹介しよう．以下 $\{X_t\}$ は平均 0，強定常な確率過程で，未知母数ベクトル $\theta = (\theta_1, \cdots, \theta_k)' \in \Theta \subset R^k$ に依存しているとする．適当な正整数 l に対して

$$m_\theta^l(t, t-1) \equiv E\{X_t | X_{t-1}, \cdots, X_{t-l}\} \qquad (78)$$

とする．この l の選び方は，たとえば $\{X_t\}$ が次の非線形自己回帰モデル

$$X_t = f_\theta(X_{t-1}, \cdots, X_{t-p}) + u_t$$

に従っているならば $l = p$ ととる．

次のペナルティー関数

$$Q_n^{\mathrm{CL}}(\theta) \equiv \sum_{t=l+1}^{n} \{X_t - m_\theta^l(t, t-1)\}^2 \qquad (79)$$

を最小にする $\theta\,(\in \Theta)$ を θ の**条件付最小 2 乗推定量**（conditional least squares estimator）といい $\hat{\theta}_n^{(\mathrm{CL})}$ と表す．

$m_\theta^l(t, t-1)$ が θ に関して 3 回連続微分可能であると仮定し，またこれらの導関数がモーメントをもつなどの正則条件を課して Tjφstheim(1986)は次の定理を示した．以下 θ^0 は θ の真値を表す．

定理 3

（i） $\hat{\theta}_n^{(\mathrm{CL})} \to \theta^0 \ (n \to \infty)$ （確率収束）

（ii） $\sqrt{n}(\hat{\theta}_n^{(\mathrm{CL})} - \theta^0) \to N(\mathbf{0}, U^{-1}WU^{-1})$ （分布収束）

ただし

$$W = E\left[\frac{\partial}{\partial\theta} m_{\theta^0}^l(t,t-1) \frac{\partial}{\partial\theta'} m_{\theta^0}^l(t,t-1)\{X_t - m_{\theta^0}^l(t,t-1)\}^2\right]$$

$$U = E\left[\frac{\partial}{\partial\theta} m_{\theta^0}^l(t,t-1) \frac{\partial}{\partial\theta'} m_{\theta^0}^l(t,t-1)\right] \quad \blacksquare$$

さて具体的な非線形モデルで $\hat{\theta}_n^{(\mathrm{CL})}$ がどのようになるかを見てみよう．まず式(35)で与えられる ARCH(q) モデルを思い出そう．式(35)は

$$X_t^2 = u_t^2\{a_0 + \sum_{j=1}^{q} a_j X_{t-j}^2\} \tag{80}$$

と表せる．ここで $E(u_t^2)=1$ としていることに注意しておく．式(80)の X_t^2 を式(78)と式(79)における X_t とみなすと，この場合 $l=q$, $\theta=(a_0, a_1, \cdots, a_q)'$ で

$$m_\theta^q(t,t-1) = a_0 + \sum_{j=1}^{q} a_j X_{t-j}^2$$

$$Q_n^{\mathrm{CL}}(\theta) = \sum_{t=q+1}^{n} [X_t^2 - \{a_0 + \sum_{j=1}^{q} a_j X_{t-j}^2\}]^2 \tag{81}$$

となる．$\mathbf{Y}_{t-1} = (1, X_{t-1}^2, \cdots, X_{t-q}^2)'$ とすると式(81)から定義される $\hat{\theta}_n^{(\mathrm{CL})}$ は

$$\hat{\theta}_n^{(\mathrm{CL})} = (\sum_{t=q+1}^{n} \mathbf{Y}_{t-1}\mathbf{Y}_{t-1}')^{-1}(\sum_{t=q+1}^{n} \mathbf{Y}_{t-1}X_t^2) \tag{82}$$

となることがわかる．

次に式(38)で定義される RCA(p) モデルを見てみよう．この場合 $l=p$ で

$$m_\theta^p(t,t-1) = \sum_{j=1}^{p} \beta_j X_{t-j}$$

$$Q_n^{(\mathrm{CL})}(\theta)=\sum_{t=p+1}^{n}\{X_t-\sum_{j=1}^{p}\beta_j X_{t-j}\}^2$$

となる．$\boldsymbol{X}_{t-1}=(X_{t-1},\cdots,X_{t-p})'$ とすると $\beta=(\beta_1,\cdots,\beta_p)'$ の CL 推定量は

$$\hat{\beta}_n^{(\mathrm{CL})}=(\sum_{t=p+1}^{n}\boldsymbol{X}_{t-1}\boldsymbol{X}_{t-1}')^{-1}\sum_{t=p+1}^{n}\boldsymbol{X}_{t-1}X_t \qquad (83)$$

で与えられることがわかる．

$Q_n^{\mathrm{CL}}(\theta)$ は最小 2 乗法的ペナルティー関数であったが尤度型のペナルティー関数も定義できる．前述と同じ記号 $m_\theta^l(t,t-1)$ を用いて

$$f_\theta(t,t-1)\equiv E[\{X_t-m_\theta^l(t,t-1)\}^2|X_{t-1},\cdots,X_{t-p}]$$

とおき，

$$Q_n^{\mathrm{ML}}(\theta)\equiv\sum_{t=l+1}^{n}[\log f_\theta(t,t-1)+\{X_t-m_\theta^l(t,t-1)\}^2 f_\theta(t,t-1)^{-1}]$$
$$(=\sum_{t=l+1}^{n}\phi_t(\theta)\text{ と表す}) \qquad (84)$$

と定義する．$Q_n^{\mathrm{ML}}(\theta)$ を $\theta\,(\in\Theta)$ に関して最小にする値を $\hat{\theta}_n^{(\mathrm{ML})}$ と書き**最尤法型推定量**（maximum likelihood type estimator）という．もし $\{X_t\}$ が条件付正規であるならば $\hat{\theta}_n^{(\mathrm{ML})}$ は最尤推定量である．$\phi_t(\theta)$ に対して定理 3 と同様な正則条件を課して Tjϕstheim（1986）は次の結果を得た．

定理 4

（i）$\hat{\theta}_n^{(\mathrm{ML})}\to\theta^0\quad(n\to\infty)$　　（確率収束）

（ii）$\sqrt{n}\,(\hat{\theta}_n^{(\mathrm{ML})}-\theta^0)\to N(\mathbf{0},U^{-1}VU^{-1})$　　（分布収束）

ここに，$U=E\left\{\frac{\partial^2}{\partial\theta\partial\theta'}\phi_t(\theta^0)\right\}$, $V=E\left\{\frac{\partial}{\partial\theta}\phi_t(\theta^0)\frac{\partial}{\partial\theta'}\phi_t(\theta^0)\right\}$ である．

∎

さて，再び式（80）の ARCH(q) モデルにもどると

$$X_t^2-m_\theta^q(t,t-1)=\{u_t^2-1\}\{a_0+\sum_{j=1}^{q}a_jX_{t-j}^2\}$$

となり式（84）においては

$$f_\theta(t,t-1) = E\{(u_t^2-1)^2\}\{a_0 + \sum_{j=1}^{q} a_j X_{t-j}^2\}^2$$

となる．いうまでもなく $f_\theta(t,t-1)$ は $\theta=(a_0,a_1,\cdots,a_q)'$ に依存するが，ここで式(84)において $m_\theta^q(t,t-1)$ のみが θ に依存して $f_\theta(t,t-1)$ は既知であると仮定して方程式

$$\frac{\partial}{\partial\theta} Q_n^{\mathrm{ML}}(\theta) = \mathbf{0}$$

を θ について解くと，式(82)を得たときと同様にして，解

$$\hat{\theta}_n^{(\mathrm{ML})} = (\sum_{t=q+1}^{n} \boldsymbol{Y}_{t-1}\boldsymbol{Y}_{t-1}'/f_\theta(t,t-1))^{-1} \sum_{t=q+1}^{n} \boldsymbol{Y}_{t-1}X_t^2/f_\theta(t,t-1) \tag{85}$$

を得る．もちろん $\hat{\theta}_n^{(\mathrm{ML})}$ は $f_\theta(t,t-1)$ に依存するので θ の推定量としては使えない．そこで式(85)における $f_\theta(t,t-1)$ の θ を式(82)の CL 推定量 $\hat{\theta}_n^{(\mathrm{CL})}$ でおき換えたもの

$$\hat{\hat{\theta}}_n^{(\mathrm{ML})} = (\sum_{t=q+1}^{n} \boldsymbol{Y}_{t-1}\boldsymbol{Y}_{t-1}'/f_{\hat{\theta}_n^{(\mathrm{CL})}}(t,t-1))^{-1} \sum_{t=q+1}^{n} \boldsymbol{Y}_{t-1}X_t^2/f_{\hat{\theta}_n^{(\mathrm{CL})}}(t,t-1) \tag{86}$$

を構成すれば推定量として使える．

$\hat{\theta}_n^{(\mathrm{CL})}$ と $\hat{\hat{\theta}}_n^{(\mathrm{ML})}$ の数値的挙動をシミュレーションで見てみよう．$X_1,\cdots,X_n$ が

$$X_t = u_t\sqrt{h_t}, \quad h_t = a_0 + a_1 X_{t-1}^2, \quad X_0 = 0 \tag{87}$$

で生成されているとする．ここに $\{u_t\} \sim \mathrm{IID}\, N(0,\sigma^2)$ である．次の 4 つの場合

（i） $a_0=1,\ a_1=0.8,\ \sigma^2=1$

（ii） $a_0=1,\ a_1=0.2,\ \sigma^2=1$

（iii） $a_0=20,\ a_1=0.8,\ \sigma^2=1$

（iv） $a_0=20,\ a_1=0.2,\ \sigma^2=1$

に標本数 $n = 200, 500, 1000$ に対して $\theta=(a_0,a_1,\sigma^2)'$ の CL 推定量 $\hat{\theta}_n^{(\mathrm{CL})}$，ML 推定量 $\hat{\hat{\theta}}_n^{(\mathrm{ML})}$ を求め，それを 100 回繰り返して標本平均 2 乗誤差(MSE)を計算したのが次の表である(Chandra and Taniguchi, 2001 によ

る)．ここで，推定量は3次元なので表ではその成分のMSEの和を表示している．

表から $\hat{\hat{\theta}}_n^{(\mathrm{ML})}$ のほうが $\hat{\theta}_n^{(\mathrm{CL})}$ より漸近的に，より有効であることが見えよう．

表 $\hat{\theta}_n^{(\mathrm{CL})}$ と $\hat{\hat{\theta}}_n^{(\mathrm{ML})}$ の比較(標本平均2乗誤差)

(i) $\boldsymbol{a_0=1,\ a_1=0.8,\ \sigma^2=1}$

	$n=200$	$n=500$	$n=1000$
$\hat{\theta}_n^{(\mathrm{CL})}$	0.0410	0.0082	0.0051
$\hat{\hat{\theta}}_n^{(\mathrm{ML})}$	0.0382	0.0071	0.0049

(ii) $\boldsymbol{a_0=1,\ a_1=0.2,\ \sigma^2=1}$

	$n=200$	$n=500$	$n=1000$
$\hat{\theta}_n^{(\mathrm{CL})}$	0.0390	0.0076	0.0048
$\hat{\hat{\theta}}_n^{(\mathrm{ML})}$	0.0350	0.0072	0.0047

(iii) $\boldsymbol{a_0=20,\ a_1=0.8,\ \sigma^2=1}$

	$n=200$	$n=500$	$n=1000$
$\hat{\theta}_n^{(\mathrm{CL})}$	0.0443	0.0086	0.0053
$\hat{\hat{\theta}}_n^{(\mathrm{ML})}$	0.0412	0.0079	0.0051

(iv) $\boldsymbol{a_0=20,\ a_1=0.2,\ \sigma^2=1}$

	$n=200$	$n=500$	$n=1000$
$\hat{\theta}_n^{(\mathrm{CL})}$	0.0420	0.0078	0.0050
$\hat{\hat{\theta}}_n^{(\mathrm{ML})}$	0.0381	0.0074	0.0048

3.3 標本共分散関数の漸近有効性

今までの議論は $X_1,\cdots,X_n$ が未知母数 θ で規定される確率過程からの観測系列とするとき，これらに基づく θ の漸近的によい推定量をつくる話であった．これとは逆に，「ある基本的な統計量 $\hat{\eta}$ が与えられているとき $\hat{\eta}$ が漸近有効になるのは $\{X_t\}$ がどのようなモデルに従っているときか？」という問題を考えてみよう．

$\{X_t\}$ は平均 0，共分散関数 $R(\cdot)$，スペクトル密度関数 $f_\theta(\lambda)$ をもつ正規定常過程とする．ここに $\theta = (\theta_1, \cdots, \theta_p)'$ は未知母数で $f_\theta(\lambda)$ は θ に関して微分可能とする．また共分散関数は

$$\sum_{l=-\infty}^{\infty} |R(l)| < \infty \tag{88}$$

をみたすとする．k を任意に与えられた非負の整数とすると式(9)より

$$R(k) = \int_{-\pi}^{\pi} f_\theta(\lambda) \exp(ik\lambda) d\lambda = \int_{-\pi}^{\pi} f_\theta(\lambda) \cos(k\lambda) d\lambda$$

を得る(なぜならば $f_\theta(\lambda) = f_\theta(-\lambda)$)．いま，$\{X_t\}$ の観測系列 $X_1, \cdots, X_n$ が得られているとき，最も基本的な統計量の 1 つに標本共分散関数

$$\hat{R}(k) = \hat{R}(-k) \equiv \frac{1}{n} \sum_{t=1}^{n-k} X_t X_{t+k}$$

がある．いうまでもなく

$$\lim_{n\to\infty} E\{\hat{R}(k)\} = R(k) \ \ (= R(-k))$$

となり $\hat{R}(k)$ は $R(k)$ の漸近不偏推定量となる．そこで $f_\theta(\lambda)$ がどのようなモデルであるとき $\hat{R}(k)$ が漸近有効推定量になるか見てみよう．

θ の推定量が漸近分散 $\mathcal{I}(\theta)^{-1}$ をもつとき漸近有効であることは(67)で述べた．ここに

$$\mathcal{I}(\theta) = \frac{1}{4\pi} \int_{-\pi}^{\pi} \frac{\partial f_\theta(\lambda)}{\partial \theta} \frac{\partial f_\theta(\lambda)}{\partial \theta'} \frac{d\lambda}{f_\theta(\lambda)^2}$$

である．われわれの問題では未知母数は $R(k)$ なので $\theta \to R(k)$ への母数変換を考えると $R(k)$ の漸近有効な推定量の漸近分散は $\mathcal{I}(\theta)^{-1}$ に変換行列(ベクトル)のかかった形

$$B(\theta) \equiv \frac{\partial R(k)}{\partial \theta'} \mathcal{I}(\theta)^{-1} \frac{\partial R(k)}{\partial \theta} \tag{89}$$

となることがわかる．ここに

$$\frac{\partial R(k)}{\partial \theta} = \left\{ \frac{\partial R(k)}{\partial \theta_1}, \cdots, \frac{\partial R(k)}{\partial \theta_p} \right\}'$$

$$\frac{\partial R(k)}{\partial \theta_j} = \int_{-\pi}^{\pi} \frac{\partial f_\theta(\lambda)}{\partial \theta_j} \cos(k\lambda) d\lambda, \quad j = 1, \cdots, p$$

である．したがって問題は

$$\lim_{n\to\infty} n\,\mathrm{Var}\{\hat{R}(k)\} = B(\theta)$$

となるためには $f_\theta(\lambda)$ がどのような条件をみたせばよいかを見ればよいことになる．まず

$$\begin{aligned} n\,\mathrm{Var}\{\hat{R}(k)\} &= n\,\mathrm{Cov}\{\hat{R}(k), \hat{R}(k)\} \\ &= \frac{1}{n}\sum_{t=1}^{n-k}\sum_{s=1}^{n-k}\mathrm{Cov}(X_tX_{t+k}, X_sX_{s+k}) \qquad (90) \end{aligned}$$

である．$\{X_t\}$ は正規過程なので，一般に (X, Y, Z, W) が平均 0 の多次元正規分布に従っているとき

$$\mathrm{Cov}(XY, ZW) = \mathrm{Cov}(X, Z)\mathrm{Cov}(Y, W) + \mathrm{Cov}(X, W)\mathrm{Cov}(Y, Z)$$

であることに注意すると

$$\mathrm{Cov}(X_tX_{t+k}, X_sX_{s+k}) = R(s-t)R(s-t) + R(s-t-k)R(s-t+k)$$

となる．よって式(90)は

$$\begin{aligned} &\frac{1}{n}\sum_{t=1}^{n-k}\sum_{s=1}^{n-k}\{R(s-t)^2 + R(s-t-k)R(s-t+k)\} \\ &= \frac{1}{n}\sum_{l=-n+k+1}^{n-k-1}(n-k-|l|)\{R(l)^2 + R(l-k)R(l+k)\} \qquad (l = s-t) \\ &\to \sum_{l=-\infty}^{\infty}\{R(l)^2 + R(l-k)R(l+k)\} \qquad (n\to\infty) \\ &= 2\pi\int_{-\pi}^{\pi} f_\theta(\lambda)^2\{1+\exp(-2ik\lambda)\}d\lambda \qquad (\text{Parseval の等式}) \\ &= 2\pi\int_{-\pi}^{\pi} f_\theta(\lambda)^2\{1+\cos 2k\lambda\}d\lambda = 4\pi\int_{-\pi}^{\pi} f_\theta(\lambda)^2(\cos k\lambda)^2 d\lambda \end{aligned}$$

となる．よって

$$\lim_{n\to\infty} n\,\mathrm{Var}\{\hat{R}(k)\} = 4\pi\int_{-\pi}^{\pi} f_\theta(\lambda)^2(\cos k\lambda)^2 d\lambda \qquad (91)$$

である．次の補題は本質的には Kholevo(1969)による．

補題　$A(\lambda), B(\lambda)$ はそれぞれ $r\times s$, $t\times s$ 行列とし，$g(\lambda)$ は $[-\pi, \pi]$ 上 $g(\lambda) > 0$ をみたす関数とする．もし $t\times t$ 行列

$$\left\{\int_{-\pi}^{\pi}\frac{B(\lambda)B(\lambda)'}{g(\lambda)}d\lambda\right\}^{-1}$$

が存在するなら，不等式

$$\int_{-\pi}^{\pi} A(\lambda)A(\lambda)'g(\lambda)d\lambda$$
$$\geq \{\int_{-\pi}^{\pi} A(\lambda)B(\lambda)'d\lambda\}\left\{\int_{-\pi}^{\pi} \frac{B(\lambda)B(\lambda)'}{g(\lambda)}d\lambda\right\}^{-1}\{\int_{-\pi}^{\pi} A(\lambda)B(\lambda)'d\lambda\}' \tag{92}$$

が成り立つ．ここで不等式 $\{*\} \geq \{\cdot\}$ は行列 $\{*\} - \{\cdot\}$ が半正値であることを意味する．なお式(92)で等号は λ に依存しない $r \times t$ 行列 C が存在して

$$g(\lambda)A(\lambda) + CB(\lambda) = 0 \quad a.e., \lambda \in [-\pi, \pi] \tag{93}$$

をみたすとき，またそのときに限り成立する． ▌

実際，上の補題は次のようにして示せる．まず，$\boldsymbol{u}$, $\boldsymbol{v}$ をそれぞれ $r \times 1, t \times 1$ の任意の実ベクトルとするとき不等式

$$\left[\{g(\lambda)\}^{1/2}A(\lambda)'\boldsymbol{u} + \frac{B(\lambda)'}{\{g(\lambda)\}^{1/2}}\boldsymbol{v}\right]'\left[\{g(\lambda)\}^{1/2}A(\lambda)'\boldsymbol{u} + \frac{B(\lambda)'}{\{g(\lambda)\}^{1/2}}\boldsymbol{v}\right] \geq 0$$

を得る．上式を $\lambda\,(\in [-\pi, \pi])$ で積分すると

$$\boldsymbol{u}'X\boldsymbol{u} + \boldsymbol{u}'Y\boldsymbol{v} + \boldsymbol{v}'Y'\boldsymbol{u} + \boldsymbol{v}'Z\boldsymbol{v} \geq 0 \tag{94}$$

を得る．ただし

$$X = \int_{-\pi}^{\pi} A(\lambda)A(\lambda)'g(\lambda)d\lambda, \quad Y = \int_{-\pi}^{\pi} A(\lambda)B(\lambda)'d\lambda,$$
$$Z = \int_{-\pi}^{\pi} \frac{B(\lambda)B(\lambda)'}{g(\lambda)}d\lambda$$

である．式(94)に $\boldsymbol{v} = -Z^{-1}Y'\boldsymbol{u}$ を代入すると

$$\boldsymbol{u}'(X - YZ^{-1}Y')\boldsymbol{u} \geq 0$$

を得る．すなわち　$X \geq YZ^{-1}Y'$ である．

さて式(89)と式(91)を思いだし，式(92)で

$$A(\lambda) = \cos k\lambda, \quad B(\lambda) = \frac{\partial f_\theta(\lambda)}{\partial \theta}, \quad g(\lambda) = 4\pi f_\theta(\lambda)^2$$

とおくと不等式

$$\lim_{n\to\infty} n\,\mathrm{Var}\{\hat{R}(k)\} \geq B(\theta)$$

を得て，等号が成立するのは，$p \times 1$ ベクトル $\boldsymbol{c}$ が存在して

$$f_\theta(\lambda)^2 \cos(k\lambda) + \boldsymbol{c}' \frac{\partial f_\theta(\lambda)}{\partial \theta} = 0 \tag{95}$$

がみたされるときであることがわかる．

■例(Kakizawa and Taniguchi, 1994)

(**I**)　$\{X_t\}$ が式(42)で定義される正規 ARMA$(p,\, q)$ 過程で仮定 4 をみたし，その Fisher 情報行列は正則である場合．

$\alpha(z) = \sum_{j=0}^{q} \alpha_j z^j,\ \beta(z) = \sum_{j=0}^{p} \beta_j z^j,\ \theta = (\alpha_1, \cdots, \alpha_q,\, \beta_1, \cdots, \beta_p,\, \sigma^2)'$ とし，$\{X_t\}$ のスペクトル密度関数を

$$f_\theta(\lambda) = \frac{\sigma^2}{2\pi} \frac{\alpha(e^{i\lambda})\alpha(e^{-i\lambda})}{\beta(e^{i\lambda})\beta(e^{-i\lambda})}$$

と表す．仮定 4 より $[-\pi, \pi]$ 上で $\beta(e^{i\lambda})\beta(e^{-i\lambda}) > 0$ であるので式(95)より

$$\beta(e^{i\lambda})^2 \beta(e^{-i\lambda})^2 \left\{ f_\theta(\lambda)^2 \cos(k\lambda) + \boldsymbol{c}' \frac{\partial f_\theta(\lambda)}{\partial \theta} \right\} = 0 \tag{96}$$

をみたす $(p+q+1)$ 次元のベクトル $\boldsymbol{c}$ が存在するか否かを見ればよい．まず

$$M_l \equiv \{F | F(\lambda) = c_0 + c_1 \cos\lambda + \cdots + c_l \cos(l\lambda),\ c_l \neq 0\}$$

とおくと

$$\beta(e^{i\lambda})^2 \beta(e^{-i\lambda})^2 f_\theta(\lambda)^2 \cos(k\lambda) \in M_{2q+k} \tag{97}$$

$$\beta(e^{i\lambda})^2 \beta(e^{-i\lambda})^2 \frac{\partial f_\theta(\lambda)}{\partial \sigma^2} \in M_{p+q} \tag{98}$$

$$\beta(e^{i\lambda})^2 \beta(e^{-i\lambda})^2 \frac{\partial f_\theta(\lambda)}{\partial \beta_j} \in M_{\max(p+q-j,\, q+j)}, \quad j = 1, \cdots, p \tag{99}$$

$$\beta(e^{i\lambda})^2 \beta(e^{-i\lambda})^2 \frac{\partial f_\theta(\lambda)}{\partial \alpha_j} \in M_{\max(p+q-j,\, p+j)}, \quad j = 1, \cdots, q \tag{100}$$

であることがわかる．よって式(98)から式(100)と Fisher 情報行列が正則であるので

「$\beta(e^{i\lambda})^2 \beta(e^{-i\lambda})^2 \dfrac{\partial f_\theta(\lambda)}{\partial \theta}$ の各成分 $\in M_{p+q}$ で全体として M_{p+q} を張っている」　(101)

ということがわかる．

（**I-1**） $q > p,\ k \geq 0$ の場合.

この場合 $M_{2q+k} \supsetneq M_{p+q}$ となり式(97)と式(101)より式(96)をみたす $\boldsymbol{c}$ は存在しない．よって $\hat{R}(k)$ は，漸近有効でない．

（**I-2**） $p \geq q,\ k > p - q$ の場合.

$M_{2q+k} \supsetneq M_{p+q}$ となり，式(97)と式(101)より式(96)をみたす $\boldsymbol{c}$ は存在しない．やはり $\hat{R}(k)$ は漸近有効でない．

（**I-3**） $p \geq q,\ 0 \leq k \leq p - q$ の場合.

$M_{p+q} \supset M_{2q+k}$ となり，式(97)と式(101)より式(96)をみたす $\boldsymbol{c}$ がとれる．ゆえにこの場合 $\hat{R}(k)$ は漸近有効となる(この部分は Porat(1987)の結果である)．

（**II**） $\{X_t\}$ が平均 0 の正規過程でスペクトル密度関数

$$f_\theta(\lambda) = \sigma^2 \exp\{\sum_{j=1}^{p} \theta_j \cos(j\lambda)\} \tag{102}$$

をもつ場合.

式(102)は Bloomfield(1973)で導入された指数型モデルと呼ばれる．この場合，任意の $k \geq 0$ に対して式(95)をみたす $\boldsymbol{c}$ がとれないことが示せる(演習問題)．よって，すべての $\hat{R}(k)$ は漸近有効でない．

次に検定問題に簡単に言及しておく．$\{X_t\}$ は平均 0，スペクトル密度関数 $f_\theta(\lambda),\ \theta \in \Theta \subset R^p$ をもつ正規定常過程とする．ここで検定問題

$$H : \theta = \theta_0 \quad \text{v.s.} \quad A : \theta \neq \theta_0 \tag{103}$$

を考えよう．式(53)の近似対数尤度 $l(\theta)$ に基づく QMLE を $\hat{\theta}_{\mathrm{QML}}$ とするとき，式(103)に対する検定統計量としては

$$\mathrm{LR} = 2[l(\hat{\theta}_{\mathrm{QML}}) - l(\theta_0)] \qquad \text{(尤度比)}$$

$$\mathrm{W} = \sqrt{n}\,(\hat{\theta}_{\mathrm{QML}} - \theta_0)'\mathcal{I}(\hat{\theta}_{\mathrm{QML}})\sqrt{n}\,(\hat{\theta}_{\mathrm{QML}} - \theta_0) \qquad \text{(Wald 検定)}$$

$$\mathrm{MW} = \sqrt{n}\,(\hat{\theta}_{\mathrm{QML}} - \theta_0)'\mathcal{I}(\theta_0)\sqrt{n}\,(\hat{\theta}_{\mathrm{QML}} - \theta_0) \qquad \text{(修正 Wald 検定)}$$

$$\mathrm{R} = \left\{\frac{1}{\sqrt{n}}\frac{\partial}{\partial\theta}l(\theta_0)\right\}'\mathcal{I}(\theta_0)^{-1}\left\{\frac{1}{\sqrt{n}}\frac{\partial}{\partial\theta}l(\theta_0)\right\} \qquad \text{(Rao 検定)}$$

などが知られている．式(65)から式(67)を思い出すと上の 4 つの検定統計量は仮説 H の下ですべて漸近的にカイ 2 乗分布に従うことがわかる．た

とえば LR に対して $\int_{t_\alpha}^{\infty} d\chi_p^2 = \alpha\,(0<\alpha<1)$ をみたす t_α で LR の水準 α の棄却域

$$[\mathrm{LR} > t_\alpha]$$

を構成できる.

3.4 時系列回帰モデルの推定

いままで関与の確率過程 $\{X_t\}$ の平均は 0 であると仮定してきた. しかしながら, 実際問題への応用を考えると, 平均は 0 以外の定数や, さらには時間 t の関数 $T(t)$ である設定が自然である. したがって確率過程モデルとして

$$Y_t = T(t) + X_t \tag{104}$$

を想定する. ここに $\{X_t\}$ は平均 0, スペクトル密度関数 $f(\lambda)$ をもつ定常過程で観測不能とする. この場合 $E(Y_t) = T(t)$ となる. $T(t)$ を $\{Y_t\}$ のトレンド関数 (trend function) という. 実際問題ではトレンド関数はもちろん未知である. 以下 $T(t)$ が未知母数ベクトル $\beta = (\beta_1, \cdots, \beta_p)'$ で線形に規定されるとき, すなわち

$$T(t) = \boldsymbol{z}_t'\beta$$

であるときを考える. ここに $\boldsymbol{z}_t = (z_{t1}, \cdots, z_{tp})'$ は既知でノンランダムな関数とする. 結局

$$Y_t = \boldsymbol{z}_t'\beta + X_t, \quad t \in N \tag{105}$$

なるモデルを想定して, 観測系列 $\boldsymbol{Y} = (Y_1, \cdots, Y_n)'$ から β を推定する話をする. $\{\boldsymbol{z}_t\}$ は回帰関数と呼ばれるものであるが, 通常以下の仮定をする. まず

$$\begin{aligned} a_{jk}^{(n)}(h) &= \sum_{t=1}^{n-h} z_{t+h,j} z_{tk}, \qquad h = 0, 1, \cdots \\ &= \sum_{t=1-h}^{n} z_{t+h,j} z_{tk}, \quad h = 0, -1, \cdots \end{aligned}$$

と定義する.

仮定 5(Grenander 条件)

(G1) $a_{jj}^{(n)}(0) \to \infty \quad (n \to \infty), \quad j = 1, \cdots, p.$

(G2) $\displaystyle \lim_{n\to\infty} \frac{z_{n+1,j}^2}{a_{jj}^{(n)}(0)} = 0, \quad j = 1, \cdots, p.$

(G3) 極限

$$\lim_{n\to\infty} \frac{a_{jk}^{(n)}(h)}{\{a_{jj}^{(n)}(0) a_{kk}^{(n)}(0)\}^{1/2}} = \rho_{jk}(h)$$

が $j, k = 1, \cdots, p,\ h \in Z$ に対して存在する.

(G4) $p \times p$ 行列 $\Phi(0) \equiv \{\rho_{jk}(0) : j, k = 1, \cdots, p\}$ が正則である. ▌

(G1)は以下に述べる最小 2 乗推定量などが一致性(β に確率収束)をもつための条件である. (G2)は回帰関数の末端項が全体和に比べて無視できるという条件で, (G3)は回帰関数の共分散対応量が漸近定常性をもつという条件である. また(G4)は便宜的条件である. これらの条件は時系列の回帰分析における基本的仮定で, 以下の例であげられている t の多項式や三角関数の線形結合が, これらをみたす.

(G3)より $\Phi(h) = \{\rho_{jk}(h) : j, k = 1, \cdots, p\}$ とおくと λ の関数を要素にもつ半正値増分をもつエルミート行列 $M(\lambda) = \{M_{jk}(\lambda) : j, k = 1, \cdots, p\}$ が存在して

$$\Phi(h) = \int_{-\pi}^{\pi} e^{ih\lambda} dM(\lambda) \tag{106}$$

と表される. $M(\lambda)$ を**回帰スペクトル測度**(regression spectral measure)という. $dM(\lambda)$ の実体は以下に述べる定理 5 の説明の中で言及される. まず $M(\lambda)$ の例を見てみよう.

■回帰スペクトル測度の例

(i) 多項式トレンドの場合.

$$z_{tj} = t^{j-1}, \quad j = 1, \cdots, p \tag{107}$$

とすると

$$\rho_{jk}(h) = \frac{\sqrt{(2j-1)(2k-1)}}{j+k-1}, \quad j, k = 1, \cdots, p, \quad h = 0, \pm 1, \cdots$$

となり上式は h に依存しない. したがって $M(\lambda)$ は $\lambda = 0$ で唯一のジャンプ

$$M_0 = \left\{ \frac{\sqrt{(2j-1)(2k-1)}}{j+k-1} : j, k = 1, \cdots, p \right\} \qquad (108)$$

をもつ．行列 M_0 のランクは p である．

（ii） 三角関数トレンドの場合．

$$z_{tj} = \cos \nu_j t$$

としよう．ここに $0 < \nu_1 < \cdots < \nu_p < \pi$．次の関係式

$$\lim_{n\to\infty} n^{-1} \sum_{t=1}^{n-h} \cos \nu t \cos \lambda(t+h) = \begin{cases} \dfrac{1}{2} \cos \nu h, & 0 < \nu = \lambda < \pi \\ 0, & 0 \leq \nu \neq \lambda \leq \pi \end{cases}$$

より

$$\rho_{jk}(h) = \begin{cases} \cos \nu_j h, & j = k \\ 0, & j \neq k \end{cases}$$

を得る．したがって，この場合 $M(\lambda)$ は $\lambda = \pm\nu_j$ でジャンプ $M_j = \mathrm{diag}(0, \cdots, 0, 1/2, 0, \cdots, 0)$（$1/2$ は第 j 対角にある）をもつ．

さて式(105)からの観測系列 $\boldsymbol{Y} = (Y_1, \cdots, Y_n)'$ に基づいた β の推定量として

$$\hat{\beta}_{\mathrm{LSE}} = (\boldsymbol{Z}'\boldsymbol{Z})^{-1}\boldsymbol{Z}'\boldsymbol{Y}$$
$$\hat{\beta}_{\mathrm{BLUE}} = (\boldsymbol{Z}'\Sigma^{-1}\boldsymbol{Z})^{-1}\boldsymbol{Z}'\Sigma^{-1}\boldsymbol{Y}$$

を考える．ここに $\boldsymbol{Z}' = (\boldsymbol{z}_1, \cdots, \boldsymbol{z}_n)$, $\Sigma = \{\int_{-\pi}^{\pi} e^{i(l-j)\lambda} f(\lambda) d\lambda : l, j = 1, \cdots, n\}$ である．$\hat{\beta}_{\mathrm{LSE}}$ と $\hat{\beta}_{\mathrm{BLUE}}$ は，それぞれ β の**最小 2 乗推定量**(least squares estimator, LSE)，**最良線形不偏推定量**(best linear unbiased estimator, BLUE)と呼ばれている．回帰の一般論より，もちろん，$\hat{\beta}_{\mathrm{BLUE}}$ のほうが $\hat{\beta}_{\mathrm{LSE}}$ より一般によい推定量となるが，$\hat{\beta}_{\mathrm{BLUE}}$ は未知の分散行列 Σ を含んでいるので，そのものは構成できない．一方 $\hat{\beta}_{\mathrm{LSE}}$ は $\boldsymbol{Y}$ と $\boldsymbol{Z}$ のみの関数なので簡単に構成できる．そこで標準化対角行列

$$D_n = \mathrm{diag}\left\{ (\sum_{t=1}^{n} z_{t1}^2)^{1/2}, \cdots, (\sum_{t=1}^{n} z_{tp}^2)^{1/2} \right\}$$

に対して

$$e \equiv \lim_{n\to\infty} \frac{\det[D_n E\{(\hat\beta_{\mathrm{BLUE}}-\beta)(\hat\beta_{\mathrm{BLUE}}-\beta)'\}D_n]}{\det[D_n E\{(\hat\beta_{\mathrm{LSE}}-\beta)(\hat\beta_{\mathrm{LSE}}-\beta)'\}D_n]} \tag{109}$$

とおき，$e=1$ ならば $\hat\beta_{\mathrm{LSE}}$ が漸近有効ということにして，$e=1$ であるための条件を調べてみよう．

定理 5（Grenander and Rosenblatt, 1957, Chapter 7） 時系列回帰モデル(105)において $\{X_t\}$ のスペクトル密度関数 $f(\lambda)$ は $[-\pi,\pi]$ 上，正値をとり，かつ連続であるとする．また回帰関数 $\boldsymbol{z}_t$ は仮定 5 をみたすとする．このとき次が成り立つ．

（i）

$$\lim_{n\to\infty} D_n E\{(\hat\beta_{\mathrm{LSE}}-\beta)(\hat\beta_{\mathrm{LSE}}-\beta)'\}D_n = 2\pi\Phi(0)^{-1}\int_{-\pi}^{\pi} f(\lambda)dM(\lambda)\Phi(0)^{-1} \tag{110}$$

（ii）

$$\lim_{n\to\infty} D_n E\{(\hat\beta_{\mathrm{BLUE}}-\beta)(\hat\beta_{\mathrm{BLUE}}-\beta)'\}D_n = 2\pi[\int_{-\pi}^{\pi} f(\lambda)^{-1}dM(\lambda)]^{-1} \tag{111}$$

（iii） $\hat\beta_{\mathrm{LSE}}$ が漸近有効であるための必要十分条件は $M(\lambda)$ が $0\le\lambda\le\pi$ で，p 個より多くの周波数 λ の値で増加せず，かつ $M(\lambda)$ のジャンプのランク和が p であることである． ▎

この定理の厳密な証明は，やさしくなく，長いので割愛する．しかし定理の主張の直感的，実体的な把握は以下のようにできる．まず

$$\begin{aligned} E\{(\hat\beta_{\mathrm{LSE}}-\beta)(\hat\beta_{\mathrm{LSE}}-\beta)'\} &= (\boldsymbol{Z}'\boldsymbol{Z})^{-1}\boldsymbol{Z}'\Sigma\boldsymbol{Z}(\boldsymbol{Z}'\boldsymbol{Z})^{-1} \\ E\{(\hat\beta_{\mathrm{BLUE}}-\beta)(\hat\beta_{\mathrm{BLUE}}-\beta)'\} &= (\boldsymbol{Z}'\Sigma^{-1}\boldsymbol{Z})^{-1} \end{aligned} \tag{112}$$

は容易にわかる．ここで Σ に対して式(51)の表現

$$\Sigma \sim \boldsymbol{U}\begin{pmatrix} 2\pi f(\lambda_1) & & \boldsymbol{0} \\ & \ddots & \\ \boldsymbol{0} & & 2\pi f(\lambda_n) \end{pmatrix}\boldsymbol{U}^*$$

が成り立つとしよう．次に回帰スペクトル測度 $dM_{jk}(\lambda)$ の実体は

$$dM_{jk}^{(n)}(\lambda) \equiv \{a_{jj}^{(n)}(0)a_{kk}^{(n)}(0)\}^{-1/2}(\sum_{t=1}^{n} z_{tj}e^{-it\lambda})(\sum_{t=1}^{n} z_{tk}e^{it\lambda})d\lambda$$

の極限である．したがって，たとえば式(112)を基準化すると

$$\begin{aligned}
D_n E\{(\hat{\beta}_{\mathrm{BLUE}}-\beta)(\hat{\beta}_{\mathrm{BLUE}}-\beta)'\}D_n &= (D_n^{-1}\boldsymbol{Z}'\Sigma^{-1}\boldsymbol{Z}D_n^{-1})^{-1} \\
&= (D_n^{-1}\boldsymbol{Z}'\boldsymbol{U}^*\boldsymbol{U}\Sigma^{-1}\boldsymbol{U}^*\boldsymbol{U}\boldsymbol{Z}D_n^{-1})^{-1} \\
&\sim \{D_n^{-1}\boldsymbol{Z}'\boldsymbol{U}^* \begin{pmatrix} \dfrac{1}{2\pi f(\lambda_1)} & & \mathbf{0} \\ & \ddots & \\ \mathbf{0} & & \dfrac{1}{2\pi f(\lambda_n)} \end{pmatrix} \boldsymbol{U}\boldsymbol{Z}D_n^{-1}\}^{-1} \\
&\to 2\pi\{\int_{-\pi}^{\pi} f(\lambda)^{-1}dM(\lambda)\}^{-1}
\end{aligned}$$

を得る．したがって式(111)がわかった．式(110)も同様に理解できる．次に(iii)の主張は，まず行列不等式

$$\int_{-\pi}^{\pi} f(\lambda)^{-1}dM(\lambda) \geq \Phi(0)\{\int_{-\pi}^{\pi} f(\lambda)dM(\lambda)\}^{-1}\Phi(0) \qquad (113)$$

をチェックして等号条件を調べればよい．ここで $\Phi(0)=\int_{-\pi}^{\pi} dM(\lambda)$ である．ところが式(113)は先の補題の不等式(92)に他ならない．実際，荒っぽい話だが，式(92)で

$$g(\lambda) = \frac{1}{f(\lambda)}, \quad A(\lambda)\sqrt{d\lambda} = \{dM(\lambda)\}^{1/2}, \quad B(\lambda)\sqrt{d\lambda} = \{dM(\lambda)\}^{1/2}$$

と理解すれば(iii)の主張が見えよう．

定理5は $f(\lambda)$ と $\boldsymbol{z}_t$ に自然な条件を課せば $\hat{\beta}_{\mathrm{LSE}}$ が $\hat{\beta}_{\mathrm{BLUE}}$ と同じ漸近分散行列をもつことを意味しており，$\boldsymbol{z}_t$ がたとえば，回帰スペクトル測度の例の(i), (ii)で与えられたトレンドである場合，また $f(\lambda)$ が正値をとり連続であれば $\hat{\beta}_{\mathrm{LSE}}$ が漸近有効であることを主張している．したがって $\hat{\beta}_{\mathrm{LSE}}$ が多くの場合 $\hat{\beta}_{\mathrm{BLUE}}$ の計算可能な代用品として使えると思われる．しかしながら，やはり注意が必要であることを以下の例で喚起しておこう．

モデル(105)で $p=1$ とし $\{X_t\}$ が

$$X_t - \rho X_{t-1} = u_t - \alpha u_{t-1} \qquad (|\alpha|<1,\ |\rho|<1)$$

なる ARMA(1,1) 過程であるとする．ここに $\{u_t\} \sim \mathrm{IID}(0,\sigma^2)$．回帰関数は次の 2 つの場合に限定する．

（A1）　$z_{t1}=1,\quad t=1,\cdots,n$（定数）

（A2）　$z_{t1}=\cos\lambda t,\quad \lambda=\dfrac{2\pi j}{n}$（$j$ は 0 でない正整数）

（A1）と（A2）の場合に対して $\hat{\beta}_{\mathrm{LSE}}$ は漸近有効で $\hat{\beta}_{\mathrm{LSE}}$ と $\hat{\beta}_{\mathrm{BLUE}}$ の漸近分散はもちろん一致するが，Taniguchi(1987)は Σ^{-1} の明示的表現を用いて，さらに低いオーダー（$o(n^{-1})$）を評価し，次の結果を得た．

（i）(A1)の場合．

$$\begin{aligned}&nE\{(\hat{\beta}_{\mathrm{LSE}}-\beta)^2\}-nE\{(\hat{\beta}_{\mathrm{BLUE}}-\beta)^2\}\\&\quad=\frac{2\sigma^2}{n}\frac{(\alpha-\rho)^2}{(1-\rho)^3(1+\rho)}+o(n^{-1})\\&\quad=(D_1(\alpha,\rho,\sigma^2,n)+o(n^{-1})\text{ と書く}).\end{aligned}$$

（ii）(A2)の場合．

$$\begin{aligned}&nE\{(\hat{\beta}_{\mathrm{LSE}}-\beta)^2\}-nE\{(\hat{\beta}_{\mathrm{BLUE}}-\beta)^2\}\\&\quad=\frac{4\sigma^2(\rho-\alpha)^2\{(\rho^2+1)\cos^2\lambda-4\rho\cos\lambda+\rho^2+1\}}{n|1-\rho e^{i\lambda}|^4(1-\rho^2)}+o(n^{-1})\\&\quad=(D_2(\alpha,\rho,\sigma^2,\lambda,n)+o(n^{-1})\text{ と書く}).\end{aligned}$$

図 15，図 16 は，それぞれ $D_1(\alpha,\rho,1,100)$，$D_2(\alpha,\rho,1,\pi/4,100)$ をプロットしたものである．どちらも $\{X_t\}$ が単位根に近い根をもつとき $\hat{\beta}_{\mathrm{LSE}}$ と $\hat{\beta}_{\mathrm{BLUE}}$ の差が無視できなくなることを示しており，その影響はとくに(A1)の場合著しい．

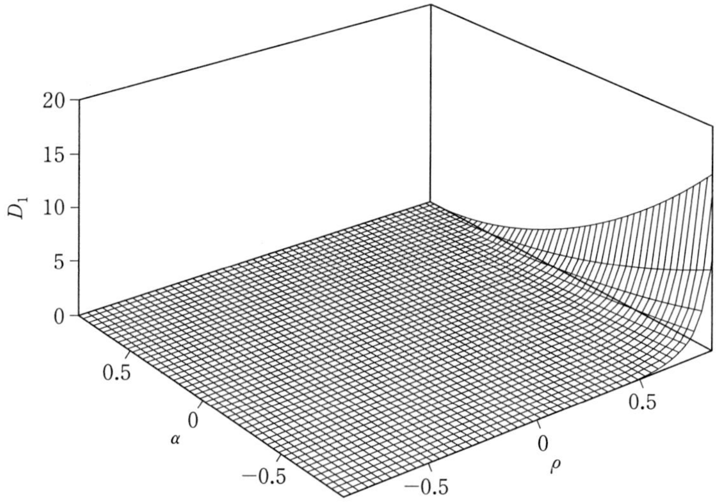
20
15
10
5
0
D_1
0.5
0
α
−0.5
0.5
0
ρ
−0.5

図 **15**

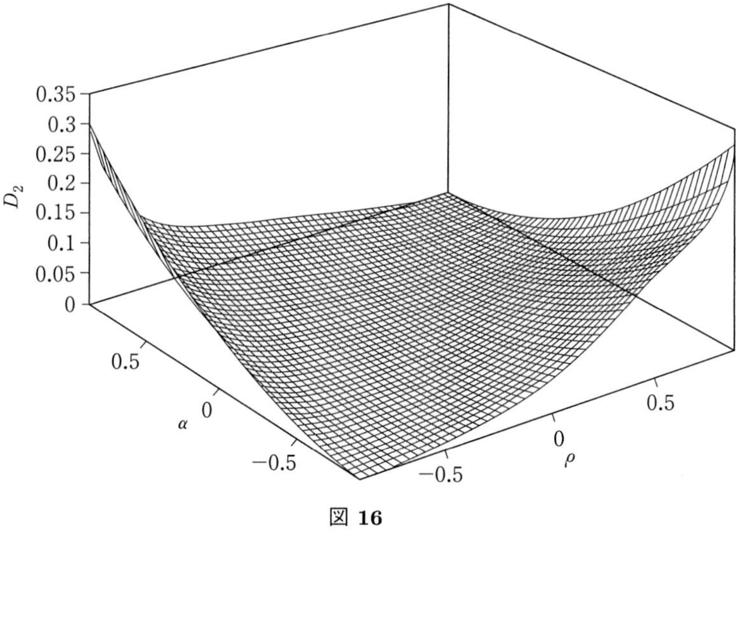
0.35
0.3
0.25
0.2
0.15
0.1
0.05
0
D_2
0.5
0
α
−0.5
0.5
0
ρ
−0.5

図 **16**

4 ノンパラメトリック手法

今までは未知母数 θ で規定される確率過程 $\{X_t\}$ の観測系列 $X_1, \cdots, X_n$ から θ を推定する話をしてきたが，本章ではこのような母数型モデルを仮定しないで(ノンパラメトリックに) $\{X_t\}$ の重要な構造，とくにスペクトル構造，を推定する話をする．より具体的には 4.1 節ではスペクトル密度関数のノンパラメトリック推定量の性質を論じ，4.2 節，4.3 節ではその積分汎関数に基づく検定，推定の議論をおこなう．

4.1 ノンパラメトリックなスペクトル推定

$\{X_t\}$ は平均 0，共分散関数 $R(\cdot)$，スペクトル密度関数 $f(\lambda)$ をもつ正規定常過程とする．$R(\cdot)$ には仮定 1 より強い仮定を課す．

仮定 6

$$\sum_{s=-\infty}^{\infty} |s||R(s)| < \infty$$ ▮

関与の $\{X_t\}$ から観測系列 $X_1, \cdots, X_n$ が得られているとする．これに対して

$$I_n(\lambda) = \frac{1}{2\pi n}|\sum_{t=1}^{n} X_t e^{it\lambda}|^2, \quad \lambda \in [-\pi, \pi]$$

をピリオドグラムと呼んだ．式(12)を思い出すと

$$E\{I_n(\lambda)\} = f(\lambda) + O(n^{-1}) \tag{114}$$

がわかる．すなわち $I_n(\lambda)$ は $f(\lambda)$ の漸近不偏推定量となっている．次に $I_n(\lambda_j)$ と $I_n(\lambda_k)$ の共分散を評価してみよう．ただし $\lambda_j = 2\pi j/n,\ j \in Z$．まず

$$\mathrm{Cov}\{I_n(\lambda_j), I_n(\lambda_k)\} = E\{I_n(\lambda_j)I_n(\lambda_k)\} - E\{I_n(\lambda_j)\}E\{I_n(\lambda_k)\}$$
$$= \left(\frac{1}{2\pi n}\right)^2 E\{(\sum_{t=1}^{n} X_t e^{it\lambda_j})(\sum_{s=1}^{n} X_s e^{-is\lambda_j})(\sum_{u=1}^{n} X_u e^{iu\lambda_k})(\sum_{v=1}^{n} X_v e^{-iv\lambda_k})\}$$
$$-\frac{1}{2\pi n} E\{(\sum_{t=1}^{n} X_t e^{it\lambda_j})(\sum_{s=1}^{n} X_s e^{-is\lambda_j})\} \frac{1}{2\pi n} E\{(\sum_{u=1}^{n} X_u e^{iu\lambda_k})(\sum_{v=1}^{n} X_v e^{-iv\lambda_k})\} \tag{115}$$

となる．ここで $\{X_t\}$ は正規定常過程としたので

$$E(X_t X_s X_u X_v)$$
$$= R(s-t)R(v-u) + R(u-t)R(v-s) + R(v-t)R(u-s) \tag{116}$$

となり，式(12)を得た議論を思い出すと式(115)は

$$\left(\frac{1}{2\pi n}\right)^2 \sum_{t=1}^{n}\sum_{s=1}^{n}\sum_{u=1}^{n}\sum_{v=1}^{n} \{R(u-t)R(v-s) + R(v-t)R(u-s)\}$$
$$\times e^{i\lambda_j(t-s)} \times e^{i\lambda_k(u-v)} \tag{117}$$
$$= ((A) + (B) \text{ とおく})$$

と表せる．$u-t=h$, $v-s=l$ とおいて，t と s を消すと

$$(A) = \left(\frac{1}{2\pi n}\right)^2 \sum_{h=-n+1}^{n-1} \sum_{l=-n+1}^{n-1} R(h)R(l)$$
$$\times \sum_{1\le u\le n,\, 1\le u-h\le n} \sum_{1\le v\le n,\, 1\le v-l\le n} e^{i\lambda_j(u-h+l-v)} \times e^{i\lambda_k(u-v)}$$
$$= \frac{1}{n}\left\{\frac{1}{2\pi}\sum_{h=-n+1}^{n-1} R(h)e^{-i\lambda_j h} \sum_{1\le u\le n,\, 1\le u-h\le n} e^{i(\lambda_j+\lambda_k)u}\right\}$$
$$\times \frac{1}{n}\left\{\frac{1}{2\pi}\sum_{l=-n+1}^{n-1} R(l)e^{i\lambda_j l} \sum_{1\le v\le n,\, 1\le v-l\le n} e^{-i(\lambda_j+\lambda_k)v}\right\}$$
$$= ((A1) \times (A2) \text{ とおく}) \tag{118}$$

を得る．$(A1)$ において，仮定 6 と $|e^{i(\lambda_j+\lambda_k)u}| = 1$ より

$$\left|\frac{1}{2\pi}\sum_{h=-n+1}^{n-1} R(h)e^{-i\lambda_j h} \sum_{1\le u\le n,\, 1\le u-h\le n} e^{i(\lambda_j+\lambda_k)u}\right.$$
$$\left. -\frac{1}{2\pi}\sum_{h=-n+1}^{n-1} R(h)e^{-i\lambda_j h} \sum_{1\le u\le n} e^{i(\lambda_j+\lambda_k)u}\right|$$
$$\le \frac{1}{2\pi}\sum_{h=-n+1}^{n-1} |h||R(h)| = O(1) \tag{119}$$

がわかる．$(A2)$に対しても同様の不等式を得る．よって

$$(A) = \frac{1}{n}\left\{\frac{1}{2\pi}\sum_{h=-n+1}^{n-1} R(h)e^{-i\lambda_j h}\sum_{u=1}^{n} e^{i(\lambda_j+\lambda_k)u} + O(1)\right\}$$
$$\times \frac{1}{n}\left\{\frac{1}{2\pi}\sum_{l=-n+1}^{n-1} R(l)e^{i\lambda_j l}\sum_{v=1}^{n} e^{-i(\lambda_j+\lambda_k)v} + O(1)\right\}$$

となり，式(11)と式(13)式を思い出すと

$$(A) = \begin{cases} f(\lambda_j)^2 + O(n^{-1}), & j+k = 0 \pmod n \\ O(n^{-2}), & j+k \neq 0 \pmod n \end{cases}$$

を得る．同様に (B) に対しても

$$(B) = \begin{cases} f(\lambda_j)^2 + O(n^{-1}), & j-k = 0 \pmod n \\ O(n^{-2}), & j-k \neq 0 \pmod n \end{cases}$$

となり次の定理を得る．

定理 5 仮定 6 の下で，$-\pi < \lambda_j < \pi$ に対して

（i）
$$\mathrm{Var}\{I_n(\lambda_j)\} = \begin{cases} f(\lambda_j)^2 + O(n^{-1}), & j \neq 0 \\ 2f(\lambda_j)^2 + O(n^{-1}), & j = 0 \end{cases} \tag{120}$$

（ii）
$$\mathrm{Cov}\{I_n(\lambda_j), I_n(\lambda_k)\} = O(n^{-2}), \quad j \pm k \neq 0 \pmod n \tag{121}$$

∎

したがって

$$\lim_{n\to\infty} \mathrm{Var}\{I_n(\lambda_j)\} = f(\lambda_j)^2 > 0 \tag{122}$$

となり n を大きくしても 0 に収束しない．よって $I_n(\lambda)$ は $f(\lambda)$ の漸近不偏推定量ではあるが一致推定量とはならない．

このことをグラフィカルに見てみよう．$X_1, \cdots, X_{500}$ が式(69)で定義される AR(2) 過程:

$$X_t - X_{t-1} + 0.25X_{t-2} = u_t, \qquad \{u_t\} \sim \mathrm{IID}\, N(0,1) \tag{123}$$

から生成されているとする．もちろん $\{X_t\}$ のスペクトル密度関数は

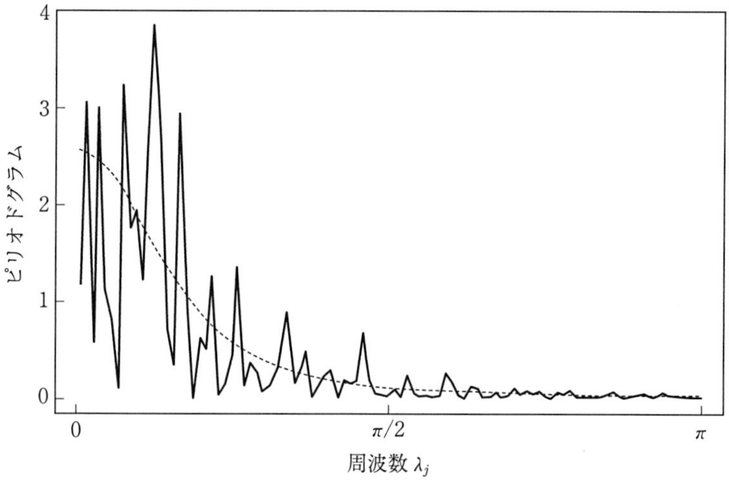

図 17

$$f(\lambda)=\frac{1}{2\pi}|1-e^{i\lambda}+0.25e^{2i\lambda}|^{-2}$$

となる．図 17 は $\lambda_j=\pi(j-1)/100,\ j=1,\cdots,100$ に対して実線でピリオドグラム $I_n(\lambda_j)$ を，点線で $f(\lambda_j)$ をプロットしたものである．ピリオドグラムは式(122)で見たように分散が 0 に収束しないので変動がはげしく，のこぎり状のグラフとなり，$I_n(\lambda)$ そのものでは，$f(\lambda)$ の推定量として適当でないことが見えよう．しからばどのようにして $f(\lambda)$ の推定量を構成すればよいであろうか？

まず周波数 λ_j と λ_k が異なれば式(121)より $\mathrm{Cov}\{I_n(\lambda_j),I_n(\lambda_k)\}=O(n^{-2})$ であったことを思い出そう．このことより $f(\lambda)$ の推定量として λ の近傍に m 個の周波数 $\lambda_1,\cdots,\lambda_m$ を下図のようにとり，

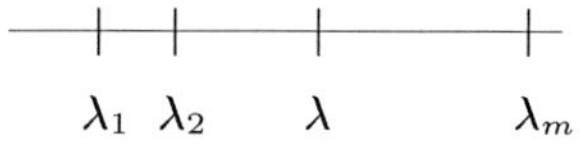

これらの点でのピリオドグラムの算術和

$$\hat{s}_n(\lambda)\equiv\frac{1}{m}\sum_{j=1}^{m}I_n(\lambda_j)$$

をとることを考えてみよう．実際 $\hat{s}_n(\lambda)$ の分散は定理 5 より

$$\begin{aligned}\mathrm{Var}\{\hat{s}_n(\lambda)\} &= \mathrm{Var}\left\{\frac{1}{m}\sum_{j=1}^{m} I_n(\lambda_j)\right\} \\ &= \frac{1}{m^2}\sum_{j=1}^{m}\mathrm{Var}\{I_n(\lambda_j)\} + \frac{1}{m^2}\sum_{j\neq k}\mathrm{Cov}\{I_n(\lambda_j), I_n(\lambda_k)\} \\ &= O\left(\frac{1}{m}\right) + O(n^{-2})\end{aligned}$$

となる．したがって $m=m(n)$ を $n\to\infty$ のとき $m\to\infty$ をみたすようにとると $\mathrm{Var}\{\hat{s}_n(\lambda)\}\to 0$ となる．一方すべての $I_n(\lambda_j)$, $j=1,\cdots,m$ は $f(\lambda)$ の漸近不偏推定量でなければならないので m は $m/n\to 0\,(n\to\infty)$ をみたすとする．図 18 はモデル(123)で $n=500$, $m=9$ としたとき $\hat{s}_n(\lambda_j)$ を実線で，前述のピリオドグラム $I_n(\lambda_j)$ を点線で重ねてプロットしたものである．当然ながら $I_n(\lambda_j)$ より滑らかな推定量が得られる．図 19 はさらに --- 線で真のスペクトル密度関数をプロットしたもので $\hat{s}_n(\lambda_j)$ がよりよい推定量になっているのが見えよう．

上述の議論より $f(\lambda)$ の一致性をもつ推定量としては，ピリオドグラムの算術平均よりもさらに一般的に加重関数 $W_n(\lambda)$ を用いたピリオドグラムの加重平均

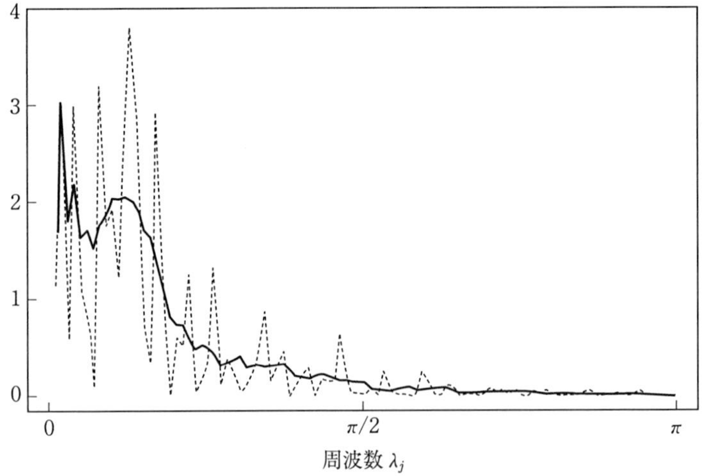

図 18

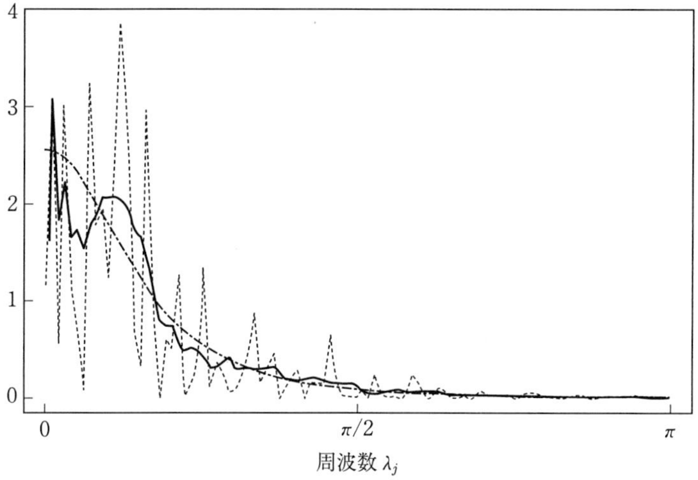

図 **19**

$$\hat{f}_n(\lambda) = \int_{-\pi}^{\pi} W_n(\lambda - \mu) I_n(\mu) d\mu \tag{124}$$

を用いればよいだろうと理解できよう．ここに $W_n(\lambda)$ はスペクトル・ウィンドウ(spectral window)関数と呼ばれ次の表現

$$W_n(\lambda) = \frac{1}{2\pi} \sum_{|l| \leq M} w\left(\frac{l}{M}\right) e^{-il\lambda} \tag{125}$$

をもつ．ここに $w(\cdot)$ はラグ・ウィンドウ(lag window)関数と呼ばれるが，これと M は後ほど規定される．以下の議論では次の仮定が必要となる．

仮定 7　$\{X_t\}$ の共分散関数 $R(\cdot)$ はある正整数 q に対して

$$\sum_{s=-\infty}^{\infty} |s|^q |R(s)| < \infty$$

をみたす． ∎

これは仮定 6 をさらに強くしたものである．上述の $w(\cdot)$ と M に対して次を仮定する．

仮定 8

(i) $w(x)$ は連続な偶関数で，(a) $w(0) = 1$, (b) $|w(x)| \leq 1$, $x \in [-\pi, \pi]$,

(c) $w(x) = 0,\ |x| > 1$ をみたす．

（ii） 仮定 7 の q に対して極限

$$\lim_{x\to 0} \frac{1 - w(x)}{|x|^q} = \kappa_q < \infty \qquad (126)$$

が存在する．

（iii） $M = M(n)$ は整数で，$n \to \infty$ のとき

$$M \to \infty, \quad \frac{M^q}{n} \to 0$$

をみたす． ∎

式(124)で定義された $\hat{f}_n(\lambda)$ の平均，分散に関して次の定理を得る．証明はたとえば Hannan(1970, Chapter V, 4)，Brockwell と Davis(1991, Section 10.4)などを参照されたい．

定理 6 仮定 7 と仮定 8 のもとで次を得る．

（ i ）
$$\lim_{n\to\infty} M^q[E\{\hat{f}_n(\lambda)\} - f(\lambda)] = -\frac{\kappa_q}{2\pi}\sum_{l=-\infty}^{\infty} R(l)e^{-il\lambda}|l|^q \qquad (127)$$
$$= (\kappa_q b(\lambda) \text{ とおく}), \quad \lambda \in [-\pi, \pi]$$

（ii）
$$\lim_{n\to\infty} \frac{n}{M}\mathrm{Var}\{\hat{f}_n(\lambda)\} = \begin{cases} 2f(\lambda)^2\displaystyle\int_{-1}^{1} w(x)^2 dx, & \lambda = 0, \pi \\ f(\lambda)^2\displaystyle\int_{-1}^{1} w(x)^2 dx, & 0 < \lambda < \pi \end{cases} \qquad (128)$$

∎

したがって $E\{\hat{f}_n(\lambda)\} - f(\lambda) = O(M^{-q})$, $\mathrm{Var}\{\hat{f}_n(\lambda)\} = O(M/n)$ を得て，$\hat{f}_n(\lambda)$ が $f(\lambda)$ の一致推定量になることがわかる．またウィンドウ関数に依存する量は κ_q と $\displaystyle\int_{-1}^{1} w(x)^2 dx$ である．これらがウィンドウの「よさ」,「悪さ」を表す指標になる．

さて，具体的にどのようなウィンドウ関数があるのかいくつかの例をあげてみよう．

• **Bartlett** ウィンドウの例

$$w(x) = \begin{cases} 1 - |x|, & |x| \le 1 \\ 0, & |x| > 1 \end{cases}$$

この場合 $q=1$ で $\kappa_1=1$, $\int_{-1}^{1} w(x)^2dx=2/3$ となる.

● **Hanning** ウィンドウの例

$$w(x)=\begin{cases} \dfrac{1}{2}(1+\cos\pi x), & |x|\le 1 \\ 0, & |x|>1 \end{cases}$$

この場合 $q=2$ で $\kappa_2=\dfrac{\pi^2}{4}$, $\int_{-1}^{1} w(x)^2dx=3/4$ となる.

● **Parzen** ウィンドウの例

$$w(x)=\begin{cases} 1-6x^2+6|x|^3, & |x|\le 1/2 \\ 2(1-|x|)^3, & 1/2\le |x|\le 1 \\ 0, & 1\le |x| \end{cases}$$

この場合 $q=2$ で，$\kappa_2=6$, $\int_{-1}^{1} w(x)^2dx=151/280$ となる.

● **Daniell** ウィンドウの例

$$w(x)=\begin{cases} \dfrac{\sin\dfrac{\pi}{2}x}{\dfrac{\pi}{2}x}, & |x|\le 1 \\ 0, & |x|>1 \end{cases}$$

この場合　$q=2$ で $\kappa_2=\dfrac{\pi^2}{6}$, $\int_{-1}^{1} w(x)^2dx=2$ となる．このウィンドウは式(125)を思い出すと

$$W_n(\lambda)=\begin{cases} \dfrac{M}{\pi}, & |\lambda|\le \dfrac{\pi}{2M} \\ 0, & \text{その他} \end{cases} \tag{129}$$

となり，$\hat{f}_n(\lambda)$ の定義式(124)で積分を近似和で表すと，最初述べたピリオドグラムの算術平均推定量 $\hat{s}_n(\lambda)$ に対応していることがわかる.

さて，どのようなウィンドウ関数を選ぶと「よい」スペクトル密度関数の推定量ができるであろうか？　再び定理 6 の一般論にもどって結論を

$$E\{\hat{f}_n(\lambda)\}-f(\lambda)=\frac{1}{M^q}\kappa_q b(\lambda)+o\left(\frac{1}{M^q}\right) \tag{130}$$

$$\mathrm{Var}\{\hat{f}_n(\lambda)\}=\frac{M}{n}f(\lambda)^2\int_{-1}^{1} w(x)^2dx+o\left(\frac{M}{n}\right) \tag{131}$$

と書きなおす．ただし簡単のため以下 $0<\lambda<\pi$ とする．$\hat{f}_n(\lambda)$ の「よさ」を平均 2 乗誤差

$$\begin{aligned}\mathrm{MSE}(\hat{f}_n) &\equiv E[\{\hat{f}_n(\lambda)-f(\lambda)\}^2]\\ &=\mathrm{Var}\{\hat{f}_n(\lambda)\}+[E\{\hat{f}_n(\lambda)\}-f(\lambda)]^2 \qquad (132)\end{aligned}$$

で測ることにする．ここで

$$\mathrm{Var}\{\hat{f}_n(\lambda)\}=O\left(\frac{M}{n}\right),\quad [E\{\hat{f}_n(\lambda)\}-f(\lambda)]^2=O(M^{-2q})$$

なので式(132)が最小となる M のオーダーは $O\left(\dfrac{M}{n}\right)=O(M^{-2q})$ をみたせばよい．したがって

$$M=cn^{1/1+2q} \qquad (c\text{ は定数})$$

とすればよい．この M に対して式(130)(131)(132)から

$$\begin{aligned}&\lim_{n\to\infty} n^{\frac{2q}{1+2q}}E[\{\hat{f}_n(\lambda)-f(\lambda)\}^2]\\ &\quad =cf(\lambda)^2\int_{-1}^{1}w(x)^2dx+c^{-2q}\kappa_q^2b^2(\lambda) \qquad (133)\end{aligned}$$

を得る．これは κ_q と $\int_{-1}^{1}w(x)^2dx$ を通してウィンドウ関数 $w(x)$ に依存しているので，漸近最適な推定量を与えるウィンドウ関数は式(133)を最小にするものを求めればよい．しかし式(133)の右辺は推定すべき $f(\lambda)$ に依存しており客観的に漸近最適なウィンドウ関数は選べない．

式(133)において $n^{\frac{q}{1+2q}}$ を $\hat{f}_n(\lambda)$ の一致性のオーダー(consistency order)という．もちろんこれがオーダー的に大きいほどよい推定量である．前章で述べたパラメトリック(母数型)推定量では一致性のオーダーは $\sqrt{n}$ となった．したがってここで述べたノンパラメトリック(非母数型)推定量 $\hat{f}_n(\lambda)$ は一致性のオーダー的にも通常のパラメトリックのそれより，どのような $q\geq 1$ をとっても劣る．図 18，図 19 を見ればノンパラメトリック・スペクトル推定量があまりよい推定量でないことが視覚的にわかるだろう．

4.2 スペクトル密度関数の積分汎関数

前節で $\hat{f}_n(\lambda)$ についてネガティブな結論が導かれたが，ではこのようなノンパラメトリックな推定量は無用なものであろうか？ 実はそうではない．たとえば，AR, ARMA などのパラメトリックモデルを仮定することが，大変な制約となるような場合(たとえば経済時系列解析)有用なものとなる．またこれから述べるトピックであるが，$\hat{f}_n(\lambda)$ そのものは $f(\lambda)$ の推定量として一致性のオーダーの低いあまりよくない推定量であるが，$\hat{f}_n(\lambda)$ の積分汎関数

$$\int_{-\pi}^{\pi} \Phi\{\hat{f}_n(\lambda)\}d\lambda \qquad (\Phi \text{ は滑らかな関数}) \tag{134}$$

を考えると，これは対応量 $\int_{-\pi}^{\pi} \Phi\{f(\lambda)\}d\lambda$ の $\sqrt{n}$ 一致性をもつ推定量になることが示せ，パラメトリック推定の話と同じ土俵にのり，さらには種々の長所さえもつことが示される．このアイデアをみるため，まず図 19 にもどろう．この図より実線で書かれた $\hat{f}_n(\lambda)$ と縦軸，横軸で囲まれる面積と，$f(\lambda)$ のそれとは，でこぼこが相殺して，近い値になっているということが視覚的に見えよう．つまり式(134)は $\hat{f}_n(\lambda)$ の一種の面積的な量であるので，$\hat{f}_n(\lambda)$ は各周波数 λ ごとにみれば，よい推定量とはいえないけれど，面積的な量の推定量としては，よいものになっていることを意味する．

まずスペクトル密度関数 $f(\lambda)$ をもつ正規定常過程のピリオドグラムの積分量

$$\int_{-\pi}^{\pi} \psi(\lambda)I_n(\lambda)d\lambda \tag{135}$$

を考えてみよう．ここに $\psi(\lambda)$ は連続な関数とする．図 17 を見てみると $I_n(\lambda)$ のグラフはのこぎり状で $f(\lambda)$ の上下をはげしく動くものになる．しかし $I_n(\lambda)$ の積分量を考えると，でこぼこが相殺して対応物 $\int_{-\pi}^{\pi} \psi(\lambda)f(\lambda)d\lambda$ のよい推定量になっているのではないかと感じられよう．実際，その通りである．このことは次のようにして見れる．まず

$$\int_{-\pi}^{\pi}\psi(\lambda)\{I_n(\lambda)-f(\lambda)\}d\lambda \sim 2\frac{2\pi}{n}\sum_{j=1}^{[\frac{n-1}{2}]}\psi(\lambda_j)\{I_n(\lambda_j)-f(\lambda_j)\},$$
$$(\lambda_j=\frac{2\pi j}{n}) \qquad (136)$$

に注意して，式(53)と式(61)を思い出すと，式(45)の循環性の仮定のもとで式(136)は

$$\sim \frac{4\pi}{n}\sum_{j=1}^{[\frac{n-1}{2}]}\psi(\lambda_j)\frac{f(\lambda_j)}{2}(\xi_j-2)$$

と近似できる．ここに $\{\xi_j\}$ は互いに独立でおのおの χ_2^2 に従う確率変数列である．したがって大数の法則より，$n\to\infty$ のとき

$$\int_{-\pi}^{\pi}\psi(\lambda)I_n(\lambda)d\lambda \to \int_{-\pi}^{\pi}\psi(\lambda)f(\lambda)d\lambda \qquad \text{（確率収束）} \qquad (137)$$

また

$$A_n \equiv \sqrt{n}\int_{-\pi}^{\pi}\psi(\lambda)\{I_n(\lambda)-f(\lambda)\}d\lambda \sim \frac{4\pi}{\sqrt{n}}\sum_{j=1}^{[\frac{n-1}{2}]}\psi(\lambda_j)\frac{f(\lambda_j)}{2}(\xi_j-2)$$

に中心極限定理を適用すれば，$n\to\infty$ のとき

$$A_n \to N(0,4\pi\int_{-\pi}^{\pi}\psi(\lambda)^2f(\lambda)^2d\lambda) \qquad \text{（分布収束）} \qquad (138)$$

が見えよう．ここで $\mathrm{Var}\{\xi_j\}=4$ を使った．実は循環性の仮定(45)なしでも，スペクトル密度関数の滑らかさに関する仮定のもと式(137)と式(138)は示される．さらには正規性の仮定もはずせる．この場合式(138)の漸近分布の分散は非正規量に依存する．

以上の議論より式(134)で $\hat{f}_n(\lambda)$ のかわりにピリオドグラム $I_n(\lambda)$ を用いても $\int_{-\pi}^{\pi}\Phi\{f(\lambda)\}d\lambda$ の一致推定量になりそうに思われる．残念ながら，もし $\Phi(x)$ が線形でなければ，

$$\int_{-\pi}^{\pi}\Phi\{I_n(\lambda)\}d\lambda \not\to \int_{-\pi}^{\pi}\Phi\{f(\lambda)\}d\lambda \qquad \text{（確率収束しない）} \qquad (139)$$

となり，やはり(134)型の推定量を考えなければならない．(139)の主張は，たとえば $\Phi(x)=\log x$ として，

$$E(\log \xi_j) \neq \log\{E(\xi_j)\} \qquad \xi_j \sim \chi_2^2$$

に注意すれば，$E[\log\{I_n(\lambda)\}] \not\to E\{\log f(\lambda)\}\ (n \to \infty)$ となり積分汎関数 $\int_{-\pi}^{\pi} \log\{I_n(\lambda)\}d\lambda$ が $\int_{-\pi}^{\pi} \log\{f(\lambda)\}d\lambda$ の漸近不偏推定量にならないことから理解できよう．

さて $\int_{-\pi}^{\pi} \Phi\{\hat{f}_n(\lambda)\}d\lambda$ の漸近的性質を見てみよう．まず，設定の確認をしておく．関与の確率過程 $\{X_t\}$ は平均 0 で，共分散関数 $R(\cdot)$，スペクトル密度関数 $f(\lambda)$ をもつ正規定常過程で，$R(\cdot)$ は $q=2$ に対して仮定 7 をみたすとする．また $\hat{f}_n(\lambda)$ は式(124)で定義される $f(\lambda)$ の推定量でそのウィンドウ関数 $w(x)$ は $q=2$ に対して仮定 8 をみたすとしよう．また仮定 8 の $M=M(n)$ は

$$\frac{n^{1/4}}{M} + \frac{M}{\sqrt{n}} \to 0 \qquad (n \to \infty) \tag{140}$$

をみたし，関数 $\Phi(x)$ は $(0,\infty)$ 上 3 回連続微分可能であるとする．以下の議論は話の流れのみを書くので，詳細に興味のある読者はたとえば Taniguchi と Kakizawa(2000, p. 394)を参照されたい．定理 6 を思い出すと

$$E[\{\hat{f}_n(\lambda) - f(\lambda)\}^2] = O\left(\frac{M}{n}\right) \tag{141}$$

となる．したがって Φ を $f(\lambda)$ のまわりで展開して

$$\begin{aligned}&\sqrt{n}\int_{-\pi}^{\pi}[\Phi\{\hat{f}_n(\lambda)\} - \Phi\{f(\lambda)\}]d\lambda \\ &\qquad \sim \sqrt{n}\int_{-\pi}^{\pi}\Phi^{(1)}\{f(\lambda)\}\{\hat{f}_n(\lambda) - f(\lambda)\}d\lambda\end{aligned} \tag{142}$$

を得る．ここに $\sim$ は 0 に確率収束する誤差項をのぞいて等しいことを意味し，$\Phi^{(1)}(x) = \dfrac{d}{dx}\Phi(x)$ とする．式(142)の右辺は

$$\begin{aligned}&\sqrt{n}\int_{-\pi}^{\pi}[\Phi^{(1)}\{f(\lambda)\}\int_{-\pi}^{\pi}\{I_n(\mu) - f(\mu)\}W_n(\lambda-\mu)d\mu]d\lambda \\ &\quad + \sqrt{n}\int_{-\pi}^{\pi}[\Phi^{(1)}\{f(\lambda)\}\{\int_{-\pi}^{\pi} f(\mu)W_n(\lambda-\mu)d\mu - f(\lambda)\}]d\lambda \\ &\quad = ((L1) + (L2)\ \text{とおく})\end{aligned}$$

となる．$W_n(\eta)$ はたとえば Daniell ウィンドウの例を思い出すと原点のまわりにピークをもちデルタ関数に収束していくので，$n \to \infty$ のとき

$$(L1) \sim \sqrt{n}\int_{-\pi}^{\pi} \Phi^{(1)}\{f(\lambda)\}\{I_n(\lambda) - f(\lambda)\}d\lambda$$
$$(L2) \to 0$$

が理解できよう．ゆえに

$$\sqrt{n}\int_{-\pi}^{\pi}[\Phi\{\hat{f}_n(\lambda)\} - \Phi\{f(\lambda)\}]d\lambda \sim \sqrt{n}\int_{-\pi}^{\pi}\Phi^{(1)}\{f(\lambda)\}\{I_n(\lambda) - f(\lambda)\}d\lambda$$

となり，式(137)と式(138)より次の定理を得る．

定理 7 $n \to \infty$ のとき

（i） $$\int_{-\pi}^{\pi}\Phi\{\hat{f}_n(\lambda)\}d\lambda \to \int_{-\pi}^{\pi}\Phi\{f(\lambda)\}d\lambda \qquad \text{（確率収束）}$$

（ii） $$\sqrt{n}\int_{-\pi}^{\pi}[\Phi\{\hat{f}_n(\lambda)\} - \Phi\{f(\lambda)\}]d\lambda$$
$$\to N\left(0, 4\pi\int_{-\pi}^{\pi}[\Phi^{(1)}\{f(\lambda)\}]^2 f(\lambda)^2 d\lambda\right) \qquad \text{（分布収束）}$$ ∎

式(141)より $\hat{f}_n(\lambda)$ は $f(\lambda)$ の推定量として $\sqrt{\dfrac{n}{M}}$ 一致性をもち，通常のオーダー $\sqrt{n}$ より悪い．しかしながら定理 7 は $\hat{f}_n(\lambda)$ の積分汎関数は $\sqrt{n}$ 一致性をもつということを主張している．標語的に言えば

「ノンパラメトリックな推定量を積分すれば $\sqrt{n}$ 一致性が回復する」

ということになる．

指標 $\int_{-\pi}^{\pi}\Phi\{f(\lambda)\}d\lambda$ は $\Phi(\cdot)$ をいろいろとることによって時系列の重要な指標を表しうる．たとえば $\Phi(x) = \log x$ ととると

$$\int_{-\pi}^{\pi}\log\{f(\lambda)\}d\lambda \tag{143}$$

となり，Burg のエントロピーと呼ばれている量になる．これは線形予測誤差

$$\min_{\{a_j\}} E[\{X_t - a_1X_{t-1} - a_2X_{t-2} - \cdots\}^2] = 2\pi\exp\left[\frac{1}{2\pi}\int_{-\pi}^{\pi}\log\{f(\lambda)\}d\lambda\right] \tag{144}$$

の大きさを表す量である(Kolmogorov の定理(たとえば Brockwell and Davis, 1991, p. 191)). 上述の議論の長所はスペクトル密度が AR, ARMA といった特定のモデルが想定できない場合でも推定量

$$\int_{-\pi}^{\pi} \log\{\hat{f}_n(\lambda)\}d\lambda \tag{145}$$

が式(143)の $\sqrt{n}$ 一致推定量になるということである.

さて推定量(145)を次の AR(2) 型のモデル

$$X_t + \beta_1 X_{t-1} + \beta_2 X_{t-2} = u_t, \quad \{u_t\} \sim \text{IID } N(0, \sigma^2) \tag{146}$$

に対して構成してみよう. $\beta_1 = -1$, $\beta_2 = 0.21$, $\sigma^2 = 1$ として式(146)より X_1, $X_2, \cdots, X_{500}$ を生成し, $M=14$ としたときの Daniell ウィンドウの例を用いたことに対応する推定量を $\hat{f}_n(\lambda)$ とする. 図 20 は実線で $\hat{f}_n(\lambda)$, 点線で真のスペクトル密度関数 $f(\lambda)$ を周波数 $\lambda_j = \dfrac{2\pi(j-1)}{500}$, $j = 1, 2, \cdots, 250$ で評価したものを重ねてプロットしたものである. $\hat{f}_n(\lambda)$ が面積的には $f(\lambda)$ のそれの, よい推定量になっているのが目算できよう. モデル(146)を仮定するとき, 式(144)の左辺は σ^2 に等しい(2 章の式(29)を見よ). つまり

$$2\pi \exp\left[\frac{1}{2\pi}\int_{-\pi}^{\pi} \log\{f(\lambda)\}d\lambda\right] = \sigma^2 \tag{147}$$

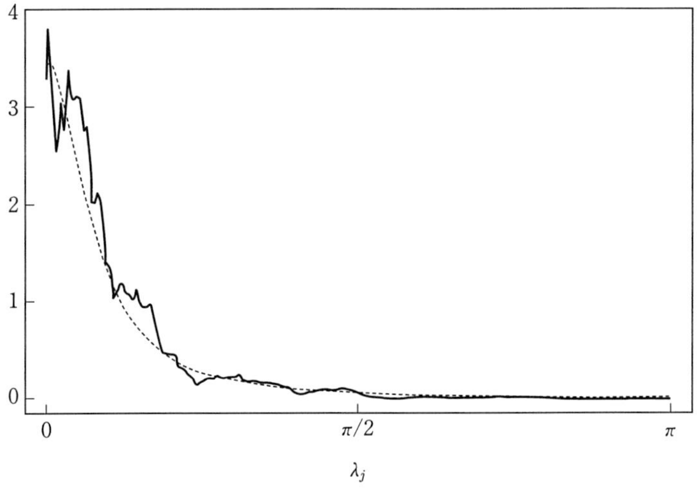

図 20

である．そこで

$$\hat{\sigma}^2_{\hat{f}_n} \equiv 2\pi \exp\left[\frac{1}{2\pi}\int_{-\pi}^{\pi} \log\{\hat{f}_n(\lambda)\}d\lambda\right] \tag{148}$$

を計算し，$\hat{\sigma}^2_{\hat{f}_n} = 0.952$ を得た．もちろん，この場合 $\beta_1, \beta_2, \sigma^2$ の Yule-Walker 推定量 $\hat{\beta}_{1,\mathrm{YW}}$, $\hat{\beta}_{2,\mathrm{YW}}$, $\hat{\sigma}^2_{\mathrm{YW}}$ も次のように得られる．

$\hat{\beta}_{1,\mathrm{YW}}$	$\hat{\beta}_{2,\mathrm{YW}}$	$\hat{\sigma}^2_{\mathrm{YW}}$	$\hat{\sigma}^2_{\hat{f}n}$
−1.010	0.194	1.015	0.952

この場合 AR(2) モデルを仮定しているので Yule-Walker 推定量のほうが $\hat{\sigma}^2_{\hat{f}_n}$ より少しよくなったが，要は，式(148)は AR, ARMA モデルのようなパラメトリックモデルが仮定できないときも容易に構成できるということである．

再び定理 7 にもどろう．$\int_{-\pi}^{\pi}\Phi\{f(\lambda)\}d\lambda$ によって種々の時系列の重要な指標が表されるので，これが，ある与えられた定数 c に等しいか否かが見たいとする．すなわち検定問題

$$H : \int_{-\pi}^{\pi}\Phi\{f(\lambda)\}d\lambda = c \quad \text{v.s.} \quad A : \int_{-\pi}^{\pi}\Phi\{f(\lambda)\}d\lambda \neq c \tag{149}$$

を考える．仮説 H のもとで，定理 7 より，$n \to \infty$ のとき

$$T_n = \frac{\sqrt{n}[\int_{-\pi}^{\pi}\Phi\{\hat{f}_n(\lambda)\}d\lambda - c]}{\{4\pi\int_{-\pi}^{\pi}[\Phi^{(1)}\{\hat{f}_n(\lambda)\}]^2\hat{f}_n(\lambda)^2 d\lambda\}^{1/2}} \to N(0,1) \quad （分布収束） \tag{150}$$

がわかる．したがって T_n が検定統計量として使え，t_α を $\int_{t_\alpha}^{\infty} dN(0,1) = \alpha/2$ $(0 \leq \alpha \leq 1)$ で定義すると水準 α の棄却域は

$$[|T_n| > t_\alpha]$$

で与えられる．

さて，具体的な例を見てみよう．式(147)で $\sigma^2 = 1$ か否か，すなわち検定問題

$$H : \int_{-\pi}^{\pi} \log\{f(\lambda)\} d\lambda = 2\pi \log(1/2\pi)$$
$$\text{v.s.} \tag{151}$$
$$A : \int_{-\pi}^{\pi} \log\{f(\lambda)\} d\lambda \neq 2\pi \log(1/2\pi)$$

を考えよう．この場合(150)の検定統計量は

$$T_n^{(1)} = \frac{\sqrt{n}[\int_{-\pi}^{\pi} \log\{\hat{f}_n(\lambda)\} d\lambda - 2\pi \log(1/2\pi)]}{2\sqrt{2}\,\pi} \tag{152}$$

となる．

式(149)の検定問題は独立性の検定をも捉えうる．関与の確率過程 $\{X_t\}$ は定理 7 の設定をみたし簡単のためラグ 0 での共分散関数 $R(0)=1$ と仮定する．いま，次の仮説:

$$H : \{X_t\} \text{ は互いに独立な確率変数列である} \tag{153}$$
$$A : \{X_t\} \text{ は互いに独立な確率変数列でない} \tag{154}$$

を検定したいとする．(153)の仮説 H は $\{X_t\}$ の共分散関数 $R(\cdot)$ とスペクトル密度関数 $f(\lambda)$ で

$$\begin{aligned} H &\iff R(\pm 1) = R(\pm 2) = \cdots = 0 \\ &\iff \frac{1}{2\pi} \sum_{j \neq 0} R(j)^2 = 0 \\ &\iff \int_{-\pi}^{\pi} f(\lambda)^2 d\lambda - \frac{1}{2\pi} = 0 \end{aligned} \tag{155}$$

と表せる．ただし式(155)を得るとき Parseval の等式

$$\int_{-\pi}^{\pi} f(\lambda)^2 d\lambda = \frac{1}{2\pi} \sum_{j=-\infty}^{\infty} R(j)^2$$

を用いた．よって検定問題は

$$H : \int_{-\pi}^{\pi} f(\lambda)^2 d\lambda = \frac{1}{2\pi} \quad \text{v.s.} \quad A : \int_{-\pi}^{\pi} f(\lambda)^2 d\lambda \neq \frac{1}{2\pi} \tag{156}$$

となり，式(150)の検定統計量は

$$T_n^{(2)} = \frac{\sqrt{n}\{\int_{-\pi}^{\pi} \hat{f}_n(\lambda)^2 d\lambda - 1/2\pi\}}{\{16\pi \int_{-\pi}^{\pi} \hat{f}_n(\lambda)^4 d\lambda\}^{1/2}} \tag{157}$$

となる．検定統計量 $T_n^{(1)}$ と $T_n^{(2)}$ の検出力を数値的に見てみよう．対立仮説を表すスペクトル密度関数の列として

$$f_n(\lambda) = \frac{1}{2\pi}\left\{1 + \frac{8^2}{\sqrt{n}} \exp(\theta \cos\lambda)\right\}$$

をとり，この仮説のもとで $n=1024$, $M=32$ として $T_n^{(1)}$ と $T_n^{(2)}$ を計算した．下記の表はこの手続きを 100 回繰り返して，水準を $\alpha=0.05$ としたときの $T_n^{(1)}$ と $T_n^{(2)}$ の検出力を $\theta=1.00(0.25)2.00$ に対して求めたものである(Taniguchi and Kondo, 1993)．

θ	$T_n^{(1)}$ の検出力	$T_n^{(2)}$ の検出力
1.00	0.56	0.61
1.25	0.60	0.70
1.50	0.71	0.81
1.75	0.80	0.89
2.00	0.88	0.95

$\theta \to 2$ につれて両方の検出力が増大するのがわかる．

以上の議論は次の 2 標本型の議論に展開できる．$\{X_t\}, \{Y_t\}$ を互いに独立で，平均 0，それぞれスペクトル密度関数 $f(\lambda)$, $g(\lambda)$ をもつ正規定常過程とする．このとき $\{X_t\}$ と $\{Y_t\}$ の次の積分指標が等しいか否か，すなわち

$$\begin{gathered} H : \int_{-\pi}^{\pi} \Phi\{f(\lambda)\} d\lambda = \int_{-\pi}^{\pi} \Phi\{g(\lambda)\} d\lambda \\ \text{v.s.} \\ A : \int_{-\pi}^{\pi} \Phi\{f(\lambda)\} d\lambda \neq \int_{-\pi}^{\pi} \Phi\{g(\lambda)\} d\lambda \end{gathered} \tag{158}$$

を検定したいとする．ここで注意したいのは仮説 H は $f(\lambda)$ と $g(\lambda)$ は異なっていてもよくて，2 つの積分指標の等価性のみを記述している．1 標本の場合と同様にして検定統計量

$$S_n = \frac{\sqrt{n}\,[\int_{-\pi}^{\pi} \Phi\{\hat{f}_n(\lambda)\}d\lambda - \int_{-\pi}^{\pi} \Phi\{\hat{g}_n(\lambda)\}d\lambda]}{\sqrt{4\pi\int_{-\pi}^{\pi} [\Phi^{(1)}\{\hat{f}_n(\lambda)\}]^2 \hat{f}_n(\lambda)^2 d\lambda + 4\pi\int_{-\pi}^{\pi} [\Phi^{(1)}\{\hat{g}_n(\lambda)\}]^2 \hat{g}_n(\lambda)^2 d\lambda}} \tag{159}$$

が H のもとで標準正規分布 $N(0,1)$ に分布収束することがわかる．ここに $\hat{f}_n(\lambda), \hat{g}_n(\lambda)$ は，それぞれ $\{X_1, \cdots, X_n\}, \{Y_1, \cdots, Y_n\}$ に基づいた定理 7 で用いられたノンパラメトリックなスペクトル密度関数の推定量である．

$X_1, \cdots, X_{500}$ を

$$X_t - 0.7X_{t-1} = u_t, \quad \{u_t\} \sim \mathrm{IID}\, N(0,1) \tag{160}$$

から生成し，$Y_1, \cdots, Y_{500}$ を

$$Y_t = a_t + 0.6a_{t-1}, \quad \{a_t\} \sim \mathrm{IID}\, N(0,1.2) \tag{161}$$

から生成する．ここに $\{u_t\}$ と $\{a_t\}$ は互いに独立である．この 2 つの系列に対して

$$H: \int_{-\pi}^{\pi} \log\{f(\lambda)\}d\lambda = \int_{-\pi}^{\pi} \log\{g(\lambda)\}d\lambda$$

を検定してみる．もちろん式(144)より $\int_{-\pi}^{\pi} \log\{f(\lambda)\}d\lambda = 2\pi\log(1/2\pi) \neq 2\pi\log(1.2/2\pi) = \int_{-\pi}^{\pi} \log\{g(\lambda)\}d\lambda$ であるので，この仮説 H は正しくない．実際 $M=14$ の Daniell ウィンドウに対応する推定量 $\hat{f}_n(\lambda), \hat{g}_n(\lambda)$ を計算し，統計量 S_n を計算すると $S_n = -4.207$ となった．これは 1% 水準でも H が棄却されることを意味する．

4.3 積分汎関数に基づいた推定

ノンパラメトリックなスペクトル推定量 $\hat{f}_n(\lambda)$ の積分汎関数に基づいた推定論も次のように展開できる．$\{X_t\}$ は平均 0，スペクトル密度関数 $g(\lambda)$ をもつ正規定常過程で共分散関数 $R(\cdot)$ は仮定 6 をみたすとする．以下真のスペクトル密度関数 $g(\lambda)$ と適合すべきモデルは異なっていてもよいとし，$g(\lambda)$ にパラメトリックなモデル $f_\theta(\lambda), \theta \in \Theta \subset R^r$ を適合させ，未知母数 θ を推定する話をする．まず f_θ を g に適合させる基準を

$$D(f_\theta, g) \equiv \int_{-\pi}^{\pi} K\{f_\theta(\lambda)/g(\lambda)\}d\lambda \tag{162}$$

とする．ここに $K(\cdot)$ は次の仮定をみたす関数とする．

仮定 9　$K(x)$ は $(0,\infty)$ 上 3 回連続微分可能で $x=1$ で最小値を一意にとる．▌

$K(x)$ の例を以下見てみよう．

例(**i**)

$$K(x) = \log x + 1/x$$
$$D(f_\theta, g) = \int_{-\pi}^{\pi} \{\log(f_\theta(\lambda)/g(\lambda)) + g(\lambda)/f_\theta(\lambda)\}d\lambda \tag{163}$$

この $D(f_\theta, g)$ は式(54)の $I_n(\lambda)$ を $g(\lambda)$ でおき換えたものになっており，Quasi-MLE 型の基準である．

例(**ii**)

$$K(x) = -\log x + x$$
$$D(f_\theta, g) = \int_{-\pi}^{\pi} \{-\log(f_\theta(\lambda)/g(\lambda)) + f_\theta(\lambda)/g(\lambda)\}d\lambda \tag{164}$$

これは例(i)の $K(x)$ で $x \to x^{-1}$ としたときの双対な基準になっている．

例(**iii**)

$$K(x) = (\log x)^2$$
$$D(f_\theta, g) = \int_{-\pi}^{\pi} \{\log f_\theta(\lambda) - \log g(\lambda)\}^2 d\lambda \tag{165}$$

これは式(102)で与えられた Bloomfield の指数型モデルの母数推定に適した基準となる．

例(**iv**)

$$K_\alpha(x) = \log\{(1-\alpha) + \alpha x\} - \alpha \log x, \quad \alpha \in (0,1)$$
$$D(f_\theta, g) = \int_{-\pi}^{\pi} \left[\log\left\{(1-\alpha) + \alpha\frac{f_\theta(\lambda)}{g(\lambda)}\right\} - \alpha\log\frac{f_\theta(\lambda)}{g(\lambda)}\right]d\lambda \tag{166}$$

これは α エントロピーに基づく基準で，$\alpha = 1/2$ のときが Hellinger 距離に対応する．

さて上の例で与えられた $K(x)$ の形状を見てみよう．図 21 は例(i)か

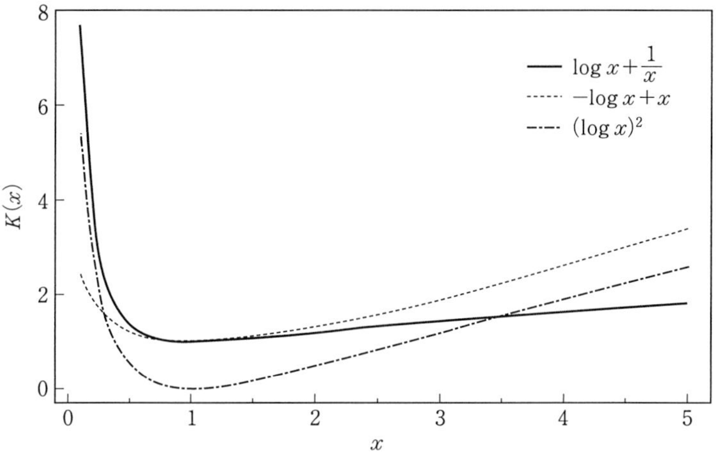

図 21

ら(iii)の $K(x)$ をプロットしたもので，もちろん $x=1$ で最小値をとる．図 22 は例(iv)の $K_\alpha(x)$ を α=1/2, 0.9, 0.1 の場合にプロットしたものである．

基準 $D(f_\theta, g)$ に基づく推定を考えよう．f_θ と g は必ずしも一致しなくてよいという設定なので $D(f_\theta, g)$ を最小にする θ の値を $\underline{\theta}$ と表し**擬真値**(pseudo-true value)という．以下 $\underline{\theta}$ の推定を仮定 7 と仮定 8 を仮定して論じる．$g(\lambda)$ は未知なので仮定 8 をみたすウィンドウ関数から構成された $g(\lambda)$ のノンパラメトリックな推定量を $\hat{g}_n(\lambda)$ とする．$\underline{\theta}$ の推定量として

$$D(f_\theta, \hat{g}_n) = \int_{-\pi}^{\pi} K\{f_\theta(\lambda)/\hat{g}_n(\lambda)\}d\lambda \tag{167}$$

を最小にする θ の値を $\hat{\theta}_n$ と表し**最小コントラスト型**(minimum contrast)**推定量**という．適合するモデル f_θ に関して次の仮定をおく．

仮定 10 $f_\theta(\lambda)$ は θ に関して 3 回連続微分可能で，もし $\theta_1 \neq \theta_2$ ならば $f_{\theta_1} \not\equiv f_{\theta_2}$ であるとする． ∎

$\hat{\theta}_n$ の漸近的性質を議論するため以下の簡単なスケッチを与えておく．まず

$$\frac{\partial}{\partial\theta} D(f_{\hat{\theta}_n}, \hat{g}_n) = \mathbf{0}$$

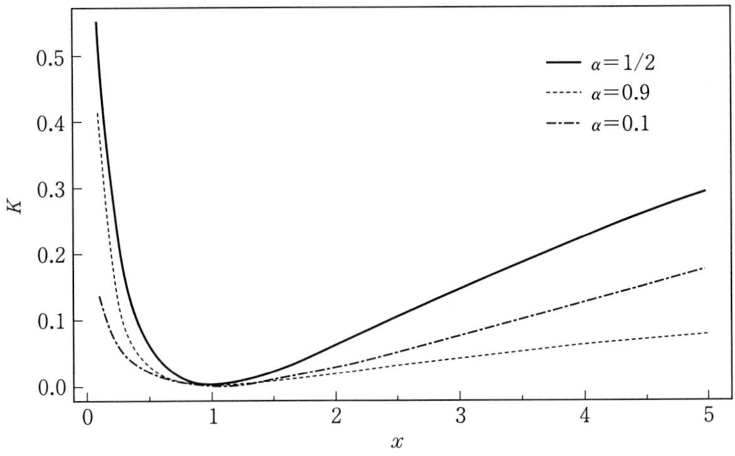

図 **22**

であるので，これを $\underline{\theta}$ のまわりで展開して次を得る

$$\begin{aligned}\mathbf{0} &= \frac{\partial}{\partial\theta}D(f_{\underline{\theta}},\hat{g}_n) + \frac{\partial^2}{\partial\theta\partial\theta'}D(f_{\underline{\theta}},\hat{g}_n)(\hat{\theta}_n-\underline{\theta}) \\ &\qquad + (\text{確率的に低いオーダー}) \\ &\sim \frac{\partial}{\partial\theta}D(f_{\underline{\theta}},\hat{g}_n) + \frac{\partial^2}{\partial\theta\partial\theta'}D(f_{\underline{\theta}},g)(\hat{\theta}_n-\underline{\theta}) \end{aligned} \tag{168}$$

（定理 7 より $\dfrac{\partial^2}{\partial\theta\partial\theta'}D(f_{\underline{\theta}},\hat{g}_n)$ は $\dfrac{\partial^2}{\partial\theta\partial\theta'}D(f_{\underline{\theta}},g)$ に確率収束するので）．また $\underline{\theta}$ の定義より $\dfrac{\partial}{\partial\theta}D(f_{\underline{\theta}},g)=\mathbf{0}$ となるので，

$$\sqrt{n}(\hat{\theta}_n-\underline{\theta}) \sim \left[\frac{\partial^2}{\partial\theta\partial\theta'}D(f_{\underline{\theta}},g)\right]^{-1}\sqrt{n}\left[\frac{\partial}{\partial\theta}D(f_{\underline{\theta}},\hat{g}_n) - \frac{\partial}{\partial\theta}D(f_{\underline{\theta}},g)\right] \tag{169}$$

を得る．ここで

$$\begin{aligned}\boldsymbol{h}_{\underline{\theta}}(\lambda) &= \left[K^{(2)}\{f_\theta(\lambda)/g(\lambda)\}\left(-\frac{f_\theta(\lambda)}{g(\lambda)^3}\right) + K^{(1)}\{f_\theta(\lambda)/g(\lambda)\}\frac{-1}{g(\lambda)^2}\right] \\ &\qquad \times \left.\frac{\partial f_\theta(\lambda)}{\partial\theta}\right|_{\theta=\underline{\theta}}\end{aligned}$$

$$\boldsymbol{H}_{\underline{\theta}} = \frac{\partial^2}{\partial\theta\partial\theta'} D(f_{\underline{\theta}}, g)$$

とおく．ただし $K^{(j)}(x) = \dfrac{d^j}{dx^j}K(x)$．式(169)より

$$\sqrt{n}(\hat{\theta}_n - \underline{\theta}) \sim \boldsymbol{H}_{\underline{\theta}}^{-1}\sqrt{n}\int_{-\pi}^{\pi} \boldsymbol{h}_{\underline{\theta}}(\lambda)\{\hat{g}_n(\lambda) - g(\lambda)\}d\lambda \qquad (170)$$

となり，定理 7 より，$n \to \infty$ のとき

$$\sqrt{n}(\hat{\theta}_n - \underline{\theta}) \to N[\mathbf{0}, 4\pi\boldsymbol{H}_{\underline{\theta}}^{-1}\int_{-\pi}^{\pi} \boldsymbol{h}_{\underline{\theta}}(\lambda)\{\boldsymbol{h}_{\underline{\theta}}(\lambda)\}'g(\lambda)^2 d\lambda \boldsymbol{H}_{\underline{\theta}}^{-1}] \quad (\text{分布収束}) \qquad (171)$$

を得る．$\hat{\theta}_n$ の漸近有効性を見てみよう．有効性を議論するときは $g(\lambda) = f_\theta(\lambda)$ のときである．このとき $\underline{\theta} = \theta$ で

$$\boldsymbol{H}_{\underline{\theta}} = \int_{-\pi}^{\pi} K^{(2)}(1)\frac{\partial f_\theta}{\partial\theta}\frac{\partial f_\theta}{\partial\theta'}\frac{1}{f_\theta^2}d\lambda$$

$$\boldsymbol{h}_{\underline{\theta}}(\lambda) = K^{(2)}(1)\left(\frac{-1}{f_\theta(\lambda)^2}\right)\frac{\partial f_\theta(\lambda)}{\partial\theta}$$

となるので 3 章の式(64)を思い出すと

$$\sqrt{n}(\hat{\theta}_n - \theta) \to N(\mathbf{0}, \mathcal{I}(\theta)^{-1}) \qquad (\text{分布収束}) \qquad (172)$$

を得る．つまり $K(\cdot)$ に対する仮定 9 と漸近論の基本的仮定のもとで $\hat{\theta}_n$ は常に θ の漸近有効推定量となる．したがって先の例(i)～(iv)で与えられた $D(f_\theta, g)$ から定義される $\hat{\theta}_n$ はすべて漸近有効である．とくに例(iv)の α は $(0, 1)$ 上どのようにとってもよいので θ の漸近有効推定量が無限個構成できたことになる．また以上の手法は 3 章の式(53)(54)で述べた擬似最尤(QML)法にない長所をもつ．QML 法で AR 過程以外，たとえば MA 過程や Bloomfield の指数型スペクトル密度

$$f_\theta(\lambda) = \sigma^2 \exp[\sum_{j=0}^{p}\theta_j \cos j\lambda], \quad \theta_0 = 1 \qquad (173)$$

の未知母数を推定しようとすると，Newton-Raphson 法などの繰り返し法を用いて計算しなくてはならない．しかし，ここでの手法を用いると繰り返し法をつかわずに，明示的で漸近有効な推定量を求めることができる．

例(i) 関与の確率過程が式(173)で与えられる Bloomfield のスペクトル密度関数をもつとする．式(165)で与えられた基準

$$D(f_\theta, \hat{g}_n) = \int_{-\pi}^{\pi} \{\log f_\theta(\lambda) - \log \hat{g}_n(\lambda)\}^2 d\lambda$$

を最小にする $\theta = (\theta_1, \cdots, \theta_p)'$ の値は，簡単に求められ

$$\hat{\theta}_n = \frac{1}{\pi}\Big(\int_{-\pi}^{\pi} \cos\lambda \ \log \hat{g}_n(\lambda) d\lambda, \int_{-\pi}^{\pi} \cos 2\lambda \ \log \hat{g}_n(\lambda) d\lambda, \\ \cdots, \int_{-\pi}^{\pi} \cos p\lambda \ \log \hat{g}_n(\lambda) d\lambda\Big)' \qquad (174)$$

となる．これが θ の明示的な漸近有効推定量である．

例(ii) 確率過程 $\{X_t\}$ が MA 型スペクトル密度関数

$$f_\theta(\lambda) = \frac{\sigma^2}{2\pi} \left| \sum_{j=0}^{p} \theta_j e^{ij\lambda} \right|^2 \qquad (\theta_0 = 1) \qquad (175)$$

をもつとする．ただし $\sum_{j=0}^{p} \theta_j z^j = 0$ は $|z| \leq 1$ に根をもたないとする．式(164)で与えられた基準

$$D(f_\theta, \hat{g}_n) = \int_{-\pi}^{\pi} \{-\log(f_\theta(\lambda)/\hat{g}_n(\lambda)) + f_\theta(\lambda)/\hat{g}_n(\lambda)\} d\lambda$$

を最小にする $\theta=(\theta_1, \cdots, \theta_p)'$ は，この場合 $\int_{-\pi}^{\pi} \{-\log(f_\theta(\lambda)/\hat{g}_n(\lambda))\} d\lambda$ が θ に依存しないので

$$\int_{-\pi}^{\pi} \{f_\theta(\lambda)/\hat{g}_n(\lambda)\} d\lambda$$

を最小にする θ で与えられる．ただし $\hat{g}_n(\lambda)$ は $\{X_t\}$ のノンパラメトリックなスペクトル推定量とする．計算すると容易に，これは

$$\hat{\theta}_n = \boldsymbol{H}^{-1} \boldsymbol{h} \qquad (176)$$

で与えられることがわかる．ただし $\boldsymbol{H}$ は $p \times p$ 行列で，その (k, l) 成分が

$$\int_{-\pi}^{\pi} \hat{g}_n(\lambda)^{-1} \cos(k-l)\lambda d\lambda$$

であり，$\boldsymbol{h}$ は $p \times 1$ ベクトルで，k 成分が

$$-\int_{-\pi}^{\pi} \hat{g}_n(\lambda)^{-1} \cos k\lambda d\lambda$$

であるものである．次に式(176)で与えられる推定量を数値的に見てみよう．$X_1, \cdots, X_{300}$ が

$$X_t = u_t + 0.6u_{t-1}, \quad \{u_t\} \sim \mathrm{IID}\, N(0,1)$$

で生成されているとする．つまり $p=1, \theta_1=0.6$ の場合である．$M=14$ の Daniell ウィンドウに対応する推定量から $\hat{g}_n(\lambda)$ を構成し，さらに式(176)の推定量

$$\hat{\theta}_n = -[\int_{-\pi}^{\pi} \hat{g}_n(\lambda)^{-1} d\lambda]^{-1} \int_{-\pi}^{\pi} \hat{g}_n(\lambda)^{-1} \cos\lambda d\lambda \qquad (177)$$

を求める．そしてこの実験を 100 回繰り返す．図 23 の実線は 100 回繰り返した $\hat{g}_n(\lambda)$ の値の平均値をプロットしたものである．また式(177)の $\hat{\theta}_n$ を 100 回平均した値は 0.597 となり（真値 $\theta_1 = 0.6$），$\hat{\theta}_n$ が実際良好な推定量になっていることがわかる．

さて，以上は $\{X_t\}$ がスカラー値をとる正規定常過程に対する議論であったが，いままでの結果は 2 章の式(30)で定義されるスペクトル行列 $\boldsymbol{f}(\lambda)$

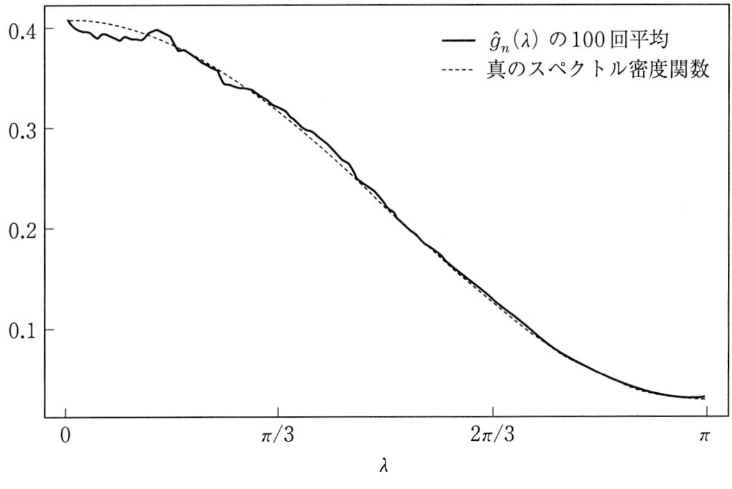

図 **23**

をもつ m 次元一般線形過程 $\{\boldsymbol{X}_t\}$ の話に拡張できる．しかも正規性も仮定する必要がない．この場合 $\boldsymbol{f}(\lambda)$ のノンパラメトリックな推定量はピリオドグラム行列

$$\boldsymbol{I}_n(\lambda) = \frac{1}{2\pi n}\{\sum_{t=1}^{n}\boldsymbol{X}_t e^{it\lambda}\}\{\sum_{t=1}^{n}\boldsymbol{X}_t e^{it\lambda}\}^*$$

を用いて

$$\hat{\boldsymbol{f}}_n(\lambda) = \int_{-\pi}^{\pi} W_n(\lambda-\mu)\boldsymbol{I}_n(\mu)d\mu$$

となる．$W_n(\cdot)$ は前述の仮定をみたすスペクトル・ウィンドウ関数である．関数 $\varPhi(\cdot)$ を $\boldsymbol{f}(\lambda)$ の値域上定義されたなめらかな実数値関数とすると適当な正則条件下で定理 7 と同様な結果が得られる．ただし

$$\sqrt{n}\int_{-\pi}^{\pi}[\varPhi\{\hat{\boldsymbol{f}}_n(\lambda)\} - \varPhi\{\boldsymbol{f}(\lambda)\}]d\lambda$$

の漸近分布の分散行列は $\{\boldsymbol{X}_t\}$ の非正規性を表す量に依存する．この結果に基づいて検定問題

$$H: \int_{-\pi}^{\pi}\varPhi\{\boldsymbol{f}(\lambda)\}d\lambda = c \quad \text{v.s.} \quad A: \int_{-\pi}^{\pi}\varPhi\{\boldsymbol{f}(\lambda)\}d\lambda \neq c \qquad (178)$$

が同様に議論できる．多次元化すると指標 $\int_{-\pi}^{\pi}\varPhi\{\boldsymbol{f}(\lambda)\}d\lambda$ は $\varPhi$ を適当に選ぶことによってきわめて種々の重要な時系列指標を表しうる．また正規性もはずせるので，この検定手法は実際問題への多くの応用があるものと思われる．

また $\boldsymbol{f}(\lambda)$ に母数モデル $\boldsymbol{f}_\theta$ を適合し，θ を推定する話も基準(167)を

$$D(\boldsymbol{f}_\theta, \hat{\boldsymbol{f}}_n) = \int_{-\pi}^{\pi} K\{\boldsymbol{f}_\theta(\lambda)\hat{\boldsymbol{f}}_n^{-1}(\lambda)\}d\lambda$$

に拡張して同様の議論ができる（Taniguchi and Kakizawa, 2000, p. 410）．

5　具体的な時系列解析の例

本章では，時系列の特に予測と判別解析について，シミュレーションだけでなく，実データに対する応用結果などを述べる．

5.1　時系列の予測

予測は時系列解析における重要トピックの 1 つで，応用面からも需要が多い．AR モデルに対してはすでに 2 章で言及したが，ここでは定常過程に対する線形予測の基礎をさらに一般的な設定で述べる．$\{X_t : t \in Z\}$ は平均 0 の定常過程でスペクトル密度関数 $g(\lambda)$，スペクトル表現

$$X_t = \int_{-\pi}^{\pi} e^{-it\lambda} dZ(\lambda), \quad E(|dZ(\lambda)|^2) = g(\lambda)d\lambda \tag{179}$$

をもつとしよう．$g(\lambda)$ は

$$\int_{-\pi}^{\pi} \log g(\lambda)d\lambda > -\infty$$

をみたし，多項式 $c_g(z) = \sum_{j=0}^{\infty} c_j^{(g)} z^j$ で $g(\lambda) = \frac{1}{2\pi}|c_g(e^{i\lambda})|^2$ と表されているとする．ここで X_t を $X_{t-1}, X_{t-2}, \cdots$ の線形結合

$$\hat{X}_t = \sum_{j \geq 1} a_j X_{t-j}$$

で予測することを考え，$E(|X_t - \hat{X}_t|^2)$ を最小にするものを求めてみよう．

まず

$$\hat{X}_t^{(B)} \equiv \int_{-\pi}^{\pi} e^{-it\lambda} \frac{c_g(e^{i\lambda}) - c_g(0)}{c_g(e^{i\lambda})} dZ(\lambda) \tag{180}$$

とおく．$\hat{X}_t$ がスペクトル表現

$$\hat{X}_t = \int_{-\pi}^{\pi} e^{-it\lambda} a(\lambda) dZ(\lambda) \qquad \left(a(\lambda) = \sum_{j \geq 1} a_j e^{ij\lambda}\right)$$

をもつことに注意すると

$$E[\{X_t - \hat{X}_t\}^2] = E[\{X_t - \hat{X}_t^{(B)} + \hat{X}_t^{(B)} - \hat{X}_t\}^2]$$
$$= E[\{X_t - \hat{X}_t^{(B)}\}^2] + 2E[\{X_t - \hat{X}_t^{(B)}\}\{\hat{X}_t^{(B)} - \hat{X}_t\}]$$
$$+ E[\{\hat{X}_t^{(B)} - \hat{X}_t\}^2] = (A_1 + 2A_2 + A_3 \text{ とおく}) \quad (181)$$

となり，

$$A_2 = E\left[\int_{-\pi}^{\pi} e^{-it\lambda}\frac{c_g(0)}{c_g(e^{i\lambda})}dZ(\lambda)\overline{\int_{-\pi}^{\pi} e^{-it\lambda}\left\{\frac{c_g(e^{i\lambda})-c_g(0)}{c_g(e^{i\lambda})} - a(\lambda)\right\}dZ(\lambda)}\right]$$
$$= \int_{-\pi}^{\pi} c_g(0)\overline{A(\lambda)}\frac{g(\lambda)}{c_g(e^{i\lambda})}d\lambda = \frac{c_g(0)}{2\pi}\int_{-\pi}^{\pi}\overline{A(\lambda)c_g(e^{i\lambda})}d\lambda \quad (182)$$

を得る．ここに $A(\lambda) = \dfrac{c_g(e^{i\lambda})-c_g(0)}{c_g(e^{i\lambda})} - a(\lambda)$ で $\overline{A(\lambda)}$ は定義より $\{e^{-i\lambda}, e^{-2i\lambda}, e^{-3i\lambda}, \cdots\}$ の線形結合で表される関数である．一方 $\overline{c_g(e^{i\lambda})}$ は $\{1, e^{-i\lambda}, e^{-2i\lambda}, \cdots\}$ の線形結合で表され，式(182)の最右辺は0となることがわかる．よって $A_2 = 0$ となる．したがって式(181)にもどると

$$\hat{X}_t = \hat{X}_t^{(B)} \quad a.s.$$

であるとき $E[\{X_t - \hat{X}_t\}^2]$ が最小値をとることがわかり，式(180)で与えられる $\hat{X}_t^{(B)}$ が X_t の最良線形予測子になる．

式(180)で与えられる $\hat{X}_t^{(B)}$ は，$\{X_t\}$ のスペクトル密度関数 $g(\lambda)$ が完全に特定化できたとき式(180)のように構成できる．しかしながら，実際問題では，$g(\lambda)$ のモデル選択や推定をおこなったとしても，誤特定化(misspecification)がしばしばおこるのがむしろ自然であろう．したがって真のスペクトル密度関数 $g(\lambda)$ を仮想的なスペクトル密度関数

$$f(\lambda) = \frac{1}{2\pi}|c_f(e^{i\lambda})|^2 \quad (183)$$

と想定して構成した最良線形予測子

$$\hat{X}_t^{(B)} = \int_{-\pi}^{\pi} e^{-it\lambda}\frac{c_f(e^{i\lambda})-c_f(0)}{c_f(e^{i\lambda})}dZ(\lambda) \quad (184)$$

の特性を調べてみる必要があろう．注目すべきは，こういった話の端緒は Grenander と Rosenblatt(1957, Chapter 8)ですでにおこなわれている．実

際，式(184)の $\hat{X}_t^{(B)}$ の予測誤差は次のようになる．

$$\begin{aligned}
M(g,f) &\equiv E[\{X_t - \hat{X}_t^{(B)}\}^2] \\
&= E\left[\left|\int_{-\pi}^{\pi} e^{-it\lambda}\frac{c_f(0)}{c_f(e^{i\lambda})}dZ(\lambda)\right|^2\right] \\
&= \int_{-\pi}^{\pi} \frac{|c_f(0)|^2}{|c_f(e^{i\lambda})|^2} g(\lambda)d\lambda = \frac{|c_f(0)|^2}{2\pi}\int_{-\pi}^{\pi}\frac{g(\lambda)}{f(\lambda)}d\lambda \\
&= \exp\left\{\frac{1}{2\pi}\int_{-\pi}^{\pi}\log f(\lambda)d\lambda\right\}\int_{-\pi}^{\pi}\frac{g(\lambda)}{f(\lambda)}d\lambda \qquad \text{（式(144)参照）}
\end{aligned} \tag{185}$$

いま，$\{X_t\}$ がスペクトル密度関数 $g(\lambda) = \frac{1}{2\pi}|1-0.5e^{i\lambda}|^2$ (MA(1)) をもっているとき，誤って次のスペクトル密度関数

$$f(\lambda) = \frac{1}{2\pi}|1-(0.5+\theta)e^{i\lambda}+0.5\theta e^{2i\lambda}|^2 \qquad (\mathrm{MA}(2),\ |\theta|<1)$$

を想定したとして式(184)の予測子の予測誤差を評価すると

$$M(g,f) = \frac{1}{1-\theta^2}$$

となる．したがって $|\theta| \nearrow 1$ とすると $M(g,f) \nearrow \infty$ となって誤特定化の影響に注意しなくてはならないことがわかるだろう．

以上は 1 期先(ワンステップ)の予測の話であったが，実際問題では多期先の予測が必要となることがある．この多期予測の問題はスペクトルの誤特定化のセッティングでうまく捉えられる．$\{X_t\}$ がスペクトル密度関数 $g(\lambda)$ をもっているとき，X_{t+h} を $X_t, X_{t-1}, X_{t-2}, \cdots$ の線形結合で予測する問題を h 期先の予測問題という．これは上述のセッティングで表すと次のスペクトル密度関数

$$f_\theta(\lambda) = \frac{1}{2\pi}\frac{1}{|1-\theta_1 e^{ih\lambda}-\theta_2 e^{i(h+1)\lambda}-\theta_3 e^{i(h+2)\lambda}-\cdots|^2}$$

を適合させることに相当する．h 期先の X_{t+h} の最良線形予測子は

$$\theta_1 X_t + \theta_2 X_{t-1} + \theta_3 X_{t-2} + \cdots$$

の形で与えられ，係数 $\{\theta_j\}$ は，このセッティングでの予測誤差

$$\int_{-\pi}^{\pi} \frac{g(\lambda)}{f_\theta(\lambda)} d\lambda \qquad (186)$$

を最小にする $\{\theta_j\}$ である．$g(\lambda)$ を具体的に与えると $\{\theta_j\}$ が求まる．たとえば $\{X_t\}$ が

$$X_t = aX_{t-1} + u_t, \quad t \in \boldsymbol{Z} \qquad (|a| < 1) \qquad (187)$$

から生成されているとする．ここに $\{u_t\} \sim \mathrm{IID}\, N(0, 1)$．これの X_t による h 期先 X_{t+h} の予測を考え，

$$f_\theta(\lambda) = \frac{1}{2\pi}|1 - \theta e^{ih\lambda}|^{-2}$$

を適合させ，式(186)を最小にする θ を求めると，容易に $\theta = a^h$ であることがわかる．もちろん a は未知であるので $t = n$ で $X_1, X_2, \cdots, X_n$ が観測されている場合，3 章の式(57)で述べた a の QMLE

$$\hat{a}_{\mathrm{QML}} = \Big(\sum_{t=1}^{n-1} X_t X_{t+1}\Big) \Big/ \Big(\sum_{t=1}^{n} X_t^2\Big) \qquad (188)$$

を用いて X_{t+h} の予測子を

$$\hat{X}_{t+h} \equiv \{\hat{a}_{\mathrm{QML}}\}^h X_n \qquad (189)$$

で構成する．$\hat{X}_{t+h}$ の動きを数値的に見てみよう．$X_1, X_2, \cdots, X_{110}$ を(187)から生成する．いま $X_1, \cdots, X_{100}$ だけが観測されているとして $n = 100$ に対して式(189)の $\hat{X}_{t+h}$, $h = 1, \cdots, 10$ を求める．図 24 の(1)〜(4)のグラフは，それぞれ $a = 0.6, 0.7, 0.8, 0.9$ に対して $X_1, \cdots, X_{110}$ を実線で，$\hat{X}_{101}, \cdots, \hat{X}_{110}$ を点線(--★--)でプロットしたものである．

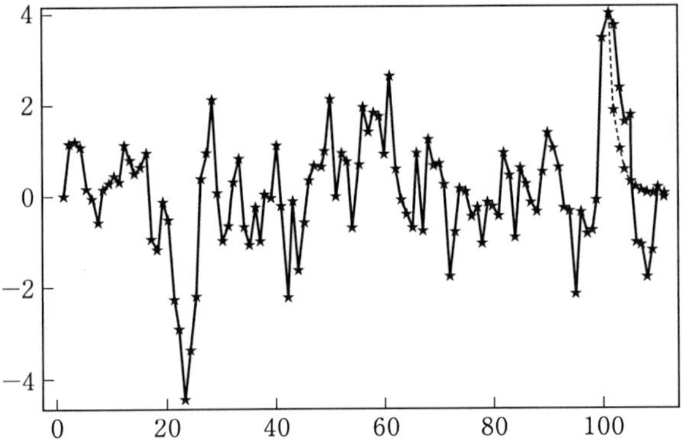

(1)　a=0.6

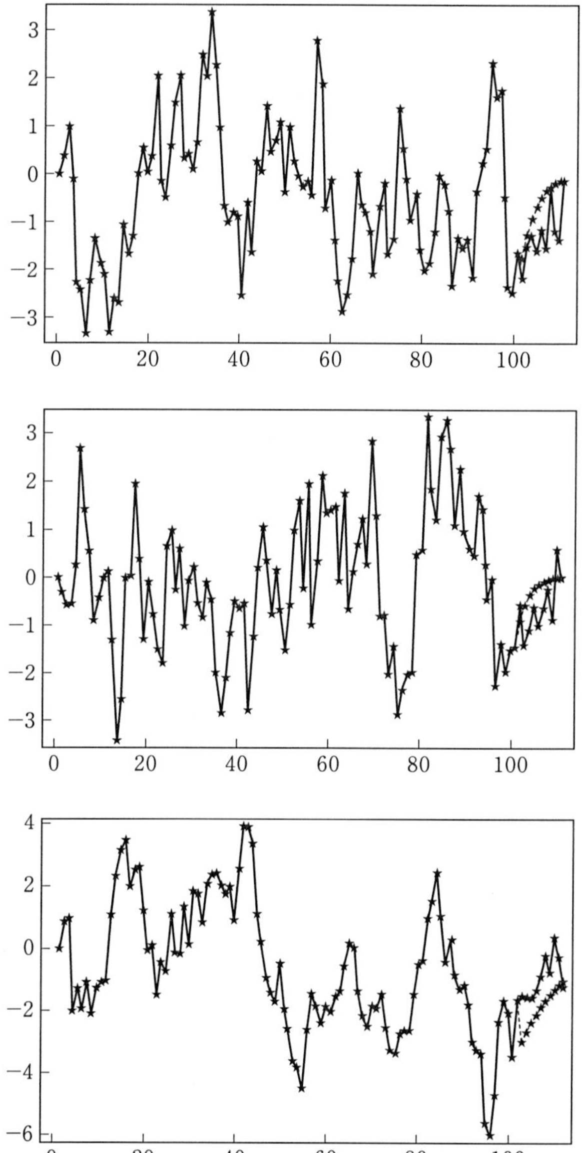

(2)　$a=0.7$

(3)　$a=0.8$

(4)　$a=0.9$

図 **24**

以上の 4 つの場合を見て少し意外に思われることは，a が単位根に近づいても多期予測の精度が落ちないということである．これは，a が単位根に近づくと X_t 自体の変動は大きくなるが，$\hat{a}_{\mathrm{QML}}$ の推定精度(a の QMLE の漸近分散は 3 章の式(64)と(67)を思い出すと $1-a^2$ である)は増すことによるものと思われる．これらの結果は 1 回の実験の結果を 4 つの場合に述べたものであるので，次に実験を繰り返してみよう．同じセッティングで $n=100$ として

$$r(h) \equiv |\hat{X}_{n+h} - X_{n+h}|, \quad h=1,\cdots,10 \tag{190}$$

を各 h ごとに 10 回実験を繰り返して，図 25 の(1)は $a=0.6$，(2)は $a=0.9$ に対して点でプロットしたものである．(2)の $h=10$ の場合，ばらつきが大きくなる傾向が見られるが，やはり a が単位根に近づいてもとりわけ $r(h)$ のばらつきが増すようなことは見られない．

さて次に実データに関する予測を考えてみよう．図 26 の実線は 1966 年 1 月から 1974 年 12 月までのアメリカの月ごとの住宅新築着工件数 $\{Y_t : t=1,\cdots,108\}$ の差分 $Y_{t+1}-Y_t$ をとり，それを平均修正したものを X_t, $t=1,\cdots,107$ として，これをプロットしたものである．いま，$X_1,\cdots,X_{97}$ までが観測されているとして，AIC により AR(p) モデルを適合させると $p=13$ を選択した．このとき自己回帰係数 $a_1, a_2, \cdots, a_{13}$ の QMLE は $\hat{a}_1=0.0346$, $\hat{a}_2=-0.1625$, $\hat{a}_3=0.0562$, $\hat{a}_4=-0.2528$, $\hat{a}_5=0.1128$, $\hat{a}_6=-0.2216$, $\hat{a}_7=0.1416$, $\hat{a}_8=-0.3291$, $\hat{a}_9=0.0392$, $\hat{a}_{10}=-0.1432$, $\hat{a}_{11}=0.1884$, $\hat{a}_{12}=0.3373$, $\hat{a}_{13}=0.1563$ となった．したがって X_{97+h}, $h=1,\cdots,10$ の予測子は

$$\hat{X}_{97+h} = \sum_{j=1}^{13} \hat{a}_j X_{97-j+h}, \quad h=1,\cdots,10 \tag{191}$$

で与えられる．ここで注意しなければならないのは，たとえば $h=2$ のとき式(191)の右辺は X_{98} の値を含み，これは予測問題の設定では未知なので，このようなときは，すでに $h=1$ のとき得られた予測子の値 $\hat{X}_{98}$ を代入する．このようにして，$\hat{X}_{97+h}$, $h=1,\cdots,10$ を求め図 26 において--○--でプロットした．

図 27 の実線は 1967 年 1 月から 1974 年 12 月までの米国の製造業の月間

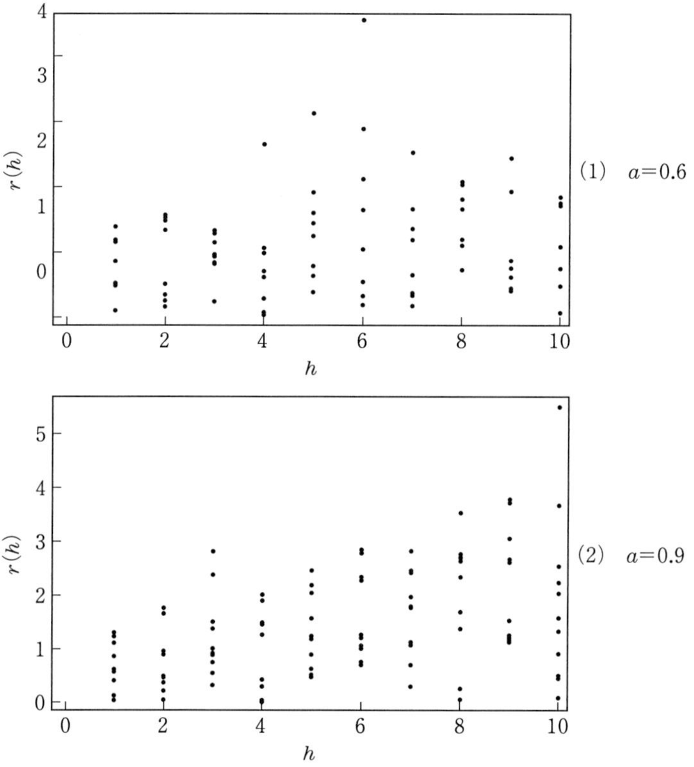

図 **25**

出荷額(単位 100 万ドル)の時系列 $\{Y_t: t=1,\cdots,96\}$ の対数差分 $\log Y_{t+1}-\log Y_t$ をとり，これを平均修正した $\{Z_t: t=1,\cdots,95\}$ をプロットしたものである．いま $Z_1,\cdots,Z_{88}$ までが観測されているとしよう．前述と同様に AIC で AR(p) モデルを適合させると $p=12$ が選択され，自己回帰係数 $b_1,\cdots,b_{12}$ の QMLE は $\hat{b}_1=-0.2651$, $\hat{b}_2=-0.3167$, $\hat{b}_3=-0.2290$, $\hat{b}_4=-0.1330$, $\hat{b}_5=-0.0792$, $\hat{b}_6=0.0555$, $\hat{b}_7=-0.0052$, $\hat{b}_8=0.0413$, $\hat{b}_9=0.0023$, $\hat{b}_{10}=-0.1020$, $\hat{b}_{11}=-0.1281$, $\hat{b}_{12}=0.5877$ となった．前の例と同様に Z_{88+h}, $h=1,\cdots,7$ の予測子は

$$\hat{Z}_{88+h}=\sum_{j=1}^{12}\hat{b}_j Z_{88-j+h} \tag{192}$$

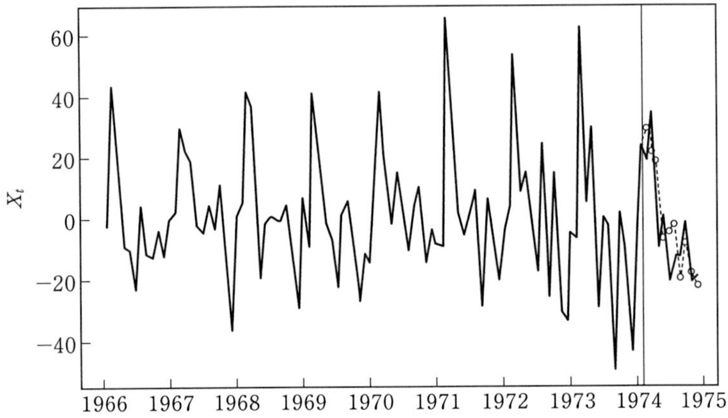

図 **26**

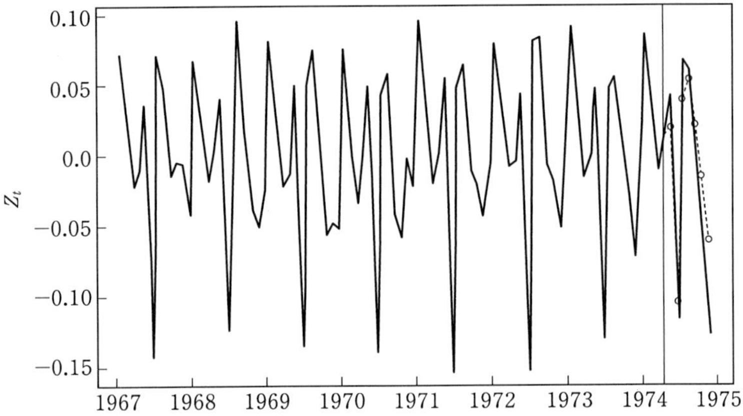

図 **27**

で与えられる．$\hat{Z}_{88+h}$ を前例と同様に順次計算したものを図 27 において --○-- でプロットした．図 26，図 27 から予測子 $\hat{X}_{97+h}, \hat{Z}_{88+h}$ は，まずまず良好な予測を与えていることが見えよう．

5.2 時系列の判別解析

本節では時系列の判別解析を述べる．$\{X_t\}$ は平均 0 の定常過程とし，これが 2 つの仮説 Π_1 と Π_2 で規定される 2 つのカテゴリーのどちらかに属することだけがわかっているとする．このとき観測系列 $\boldsymbol{X}_n = (X_1, \cdots, X_n)$ に基づいて Π_1 に属するか Π_2 に属するかを判別することにする．仮説 Π_1 と Π_2 が，それぞれ $\{X_t\}$ がスペクトル密度関数 $f(\lambda)$ と $g(\lambda)$ をもつという仮説を表すことにする．以後，これを

$$\Pi_1 : f(\lambda) \qquad \Pi_2 : g(\lambda) \tag{193}$$

と書く．$\boldsymbol{X}_n$ の Π_1 のもとでの確率密度関数を $p_1^{(n)}(\cdot)$, Π_2 のもとでのそれを $p_2^{(n)}(\cdot)$ で表す．A_1 と A_2 は $A_1 \cup A_2 = \boldsymbol{R}^n$, $A_1 \cap A_2 = \emptyset$ をみたす領域で $\boldsymbol{X}_n$ が A_1 の値をとるとき $\{X_t\}$ は Π_1 に属すると判別し，A_2 の値をとるとき Π_2 に属すると判別するとしよう．このとき $\{X_t\}$ が本当は Π_i に属するにもかかわらず Π_j に判別してしまう誤判別の確率は

$$P(j|i) = \int_{A_j} p_i^{(n)}(\boldsymbol{X}_n) d\boldsymbol{X}_n, \quad i, j = 1, 2, \quad i \neq j$$

となる．そこで「よい」判別方式としては

$$P(2|1) + P(1|2) \tag{194}$$

を最小にする A_1 と A_2 を求めればよい．この最適判別領域は

$$A_k = \left\{ \boldsymbol{X}_n : \mathrm{LR} = n^{-1} \log \frac{p_k^{(n)}(\boldsymbol{X}_n)}{p_j^{(n)}(\boldsymbol{X}_n)} > 0, \ j \neq k \right\}, \quad k = 1, 2 \tag{195}$$

で与えられることが知られている．したがって対数尤度比 LR の動きを見ればよいわけだが，時系列解析では 3 章で述べたように正確な尤度比は n が大きいときは取り扱いにくいので，$\{X_t\}$ を正規過程と仮定し，式(54)の近似を思い出すと LR に対して次の近似

$$I(f : g) = \frac{1}{4\pi} \int_{-\pi}^{\pi} \left[\log \frac{g(\lambda)}{f(\lambda)} + I_n(\lambda) \left\{ \frac{1}{g(\lambda)} - \frac{1}{f(\lambda)} \right\} \right] d\lambda \tag{196}$$

を用いればよい．ここに $I_n(\lambda) = (2\pi n)^{-1} |\sum_{t=1}^{n} X_t e^{it\lambda}|^2$ である．したがって判別方式としては，もし $I(f : g) > 0$ ならば $\{X_t\}$ は Π_1 に属するとし，

$I(f:g) \leq 0$ ならば Π_2 に属するとする．この判別方式の誤判別確率は

$$P(2|1) = P\{I(f:g) \leq 0|\Pi_1\}, \quad P(1|2) = P\{I(f > 0|\Pi_2\} \qquad (197)$$

となる．$I_n(\lambda)$ の積分（もしくはその近似和）の漸近論はすでに 3 章，4 章で述べたので，仮定 6 のもとで，$n \to \infty$ のとき

（i） Π_1 のもとで $I(f:g) \to E\{I(f:g)|\Pi_1\}$ （確率収束） (198)

（ii） Π_2 のもとで $I(f:g) \to E\{I(f:g)|\Pi_2\}$ （確率収束） (199)

（iii） Π_1 のもとで

$$\sqrt{n}[I(f:g) - E\{I(f:g)|\Pi_1\}] \to N(0, \sigma^2(f,g)) \text{（分布収束）} \qquad (200)$$

（iv） Π_2 のもとで

$$\sqrt{n}[I(f:g) - E\{I(f:g)|\Pi_2\}] \to N(0, \sigma^2(g,f)) \text{（分布収束）} \qquad (201)$$

を得る．ただし $\sigma^2(f,g) = \dfrac{1}{4\pi}\displaystyle\int_{-\pi}^{\pi}\{f(\lambda)g(\lambda)^{-1} - 1\}^2 d\lambda$ である．$[-\pi, \pi]$ 上で $f(\lambda) \not\equiv g(\lambda)$ と仮定すると式(197)の誤判別確率に対して次を得る．

命題 1

$$\lim_{n\to\infty} P(2|1) = 0, \quad \lim_{n\to\infty} P(1|2) = 0 \qquad (202)$$

▮

これは $n \to \infty$ のとき

$$E\{I(f:g)|\Pi_1\} \to \frac{1}{4\pi}\int_{-\pi}^{\pi}\left[\log\frac{g(\lambda)}{f(\lambda)} + \left\{\frac{f(\lambda)}{g(\lambda)} - 1\right\}\right] d\lambda$$
$$= (m(f,g) \text{ とおく}) \qquad (203)$$

であり，また $\log x + \dfrac{1}{x} - 1 \geq 0$ で等号は $x = 1$ のときに限ることに注意すれば $f(\lambda) \not\equiv g(\lambda)$ より，式(203)の右辺は正である．よって式(198)より Π_1 のもとで $I(f:g)$ は正値に確率収束し，これは $\lim_{n\to\infty} P(2|1) = 0$ を意味する．同様に $\lim_{n\to\infty} P(1|2) = 0$ も示せる．したがって $I(f:g)$ に基づく判別方式は $n \to \infty$ としたとき 2 つの誤判別確率を 0 にすることを意味しており，少なくとも基本的な「よさ」をもっている．

次にスペクトル密度関数が q 次元の母数で規定されていて，しかも仮説 Π_1 と Π_2 が「近接」しているとき，すなわち

$$\Pi_1 : f(\lambda) = f_\theta(\lambda), \quad \Pi_2 : g(\lambda) = f_{\theta + \frac{1}{\sqrt{n}}h}(\lambda) \qquad (204)$$

で，$\theta \in \Theta \subset R^q$, $h \in R^q$ であるとき，$I(f:g)$ による判別方式の微妙なよさを次のように評価してみよう．まず式(200)より

$$\begin{aligned}P(2|1) &= P\{I(f:g) \le 0 | \Pi_1\} \\ &= P\left[\frac{\sqrt{n}\{I(f:g) - m(f,g)\}}{\sigma(f,g)} \le -\frac{\sqrt{n}\,m(f,g)}{\sigma(f,g)}\right] \\ &\to \Phi\left\{-\sqrt{n}\frac{m(f,g)}{\sigma(f,g)}\right\} \qquad (n \to \infty)\end{aligned} \tag{205}$$

を得る．ここに $\Phi(\cdot)$ は $N(0,1)$ の分布関数である．条件(204)のもとで

$$m(f,g) = \frac{1}{2n}h'\mathcal{F}(\theta)h + o(n^{-1}), \quad \sigma^2(f,g) = \frac{1}{n}h'\mathcal{F}(\theta)h + o(n^{-1}) \tag{206}$$

が容易に得られる．ここに

$$\mathcal{F}(\theta) = \frac{1}{4\pi}\int_{-\pi}^{\pi}\frac{\partial}{\partial\theta}f_\theta(\lambda)\frac{\partial}{\partial\theta'}f_\theta(\lambda)\cdot f_\theta(\lambda)^{-2}d\lambda \quad \text{(Fisher 情報行列)}$$

よって式(205)と(206)より次の命題が見えよう．

命題 2　近接条件(204)のもとで

$$\lim_{n\to\infty} P(2|1) = \lim_{n\to\infty} P(1|2) = \Phi\left[-\frac{1}{2}\sqrt{h'\mathcal{F}(\theta)h}\right] \tag{207}$$

∎

さて，以上のことを具体的なモデルで数値的に見てみよう．$\boldsymbol{X} = (X_1, X_2, \cdots, X_{512})$ が

$$X_t = \theta X_{t-1} + u_t, \quad |\theta| < 1 \tag{208}$$

から生成されているとする．ここに $\{u_t\} \sim \mathrm{IID}\ N(0,1)$．スペクトル密度関数は $f_\theta(\lambda) = \frac{1}{2\pi}|1-\theta e^{i\lambda}|^{-2}$ となる．判別されるべき 2 つのカテゴリーが

$$\Pi_1 : f(\lambda) = f_\theta(\lambda), \quad \Pi_2 : g(\lambda) = f_\mu(\lambda) \tag{209}$$

で表されているとしよう．われわれの判別統計量は，$n = 512$ として，

$$I(f:g) = \frac{1}{2n}\{(\mu^2 - \theta^2)\sum_{t=1}^{n}X_t^2 + 2(\theta-\mu)\sum_{t=1}^{n-1}X_tX_{t+1}\} \tag{210}$$

となる．もし $I(f:g) > 0$ ならば $\boldsymbol{X}$ は Π_1 からのものであると判別し，$I(f:g) \le 0$ ならば Π_2 からのものと判別する．この判別方式のよさを命題 2 に基づいて数値的に見てみよう．そのため母数 μ は近接条件

$$\mu = \theta + \frac{h}{\sqrt{n}} \tag{211}$$

をみたすとする．$\{X_t : t=1, \cdots, 512\}$ が Π_1 のもとで生成されているとき $I(f:g)$ を $\theta=0.3, 0.6, 0.9$, $h=1,2$ に対して計算し，この実験を 100 回繰り返し $I(f:g)>0$ となった割合を次の表にまとめた．

	θ=0.3	θ=0.6	θ=0.9
h=1	0.72	0.77	0.91
h=2	0.86	0.91	1.00

これは正しい判断をする確率を表し，この場合 $\mathcal{F}(\theta)=(1-\theta^2)^{-1}$ であるので，命題 2 を数値的に検証していると言えよう．

以上，話を簡単にするため $\{X_t\}$ はスカラー値正規過程としたが 2 章の式(30)で述べた m 次元一般線形過程 $\{\boldsymbol{X}_t\}$ としてよい．この場合(196)のベクトル値過程への自然な拡張は，3 章の式(68)を思い出すと

$$I(\boldsymbol{f}:\boldsymbol{g}) = \frac{1}{4\pi}\int_{-\pi}^{\pi}\left[\log\frac{\det \boldsymbol{g}(\lambda)}{\det \boldsymbol{f}(\lambda)} + \mathrm{tr}\{\boldsymbol{I}_n(\lambda)(\boldsymbol{g}(\lambda)^{-1} - \boldsymbol{f}(\lambda)^{-1})\}\right]d\lambda \tag{212}$$

となる．ただし $\boldsymbol{I}_n(\lambda)$ はピリオドグラム行列で，$\boldsymbol{f}(\lambda)$, $\boldsymbol{g}(\lambda)$ は次の仮説

$$\Pi_1 : \boldsymbol{f}(\lambda) \qquad \Pi_2 : \boldsymbol{g}(\lambda) \tag{213}$$

を記述するスペクトル密度行列である．判別方式は同様に，$I(\boldsymbol{f}:\boldsymbol{g})>0$ ならば Π_1 を選び，$I(\boldsymbol{f}:\boldsymbol{g}) \leq 0$ ならば Π_2 を選ぶ．スカラー値の場合と同様に $I(\boldsymbol{f}:\boldsymbol{g})$ に基づいた判別の漸近論が展開できるが，実は正規性を仮定する必要がないことがわかる．もちろん，この場合，式(212)は対数尤度の近似ではなくなるが，命題 1，命題 2 の結論が成り立つ．ただし式(207)の右辺の極限は $\{\boldsymbol{X}_t\}$ の非正規性を表す量に依存する(詳細は Zhang and Taniguchi, 1994 を見られたい)．

さて次に実データに対する判別解析の例をあげる．図 28 と図 29 は，それぞれ，通常の地震波(EQ)と鉱山の爆発による地震波(EX)の 500 時点刻みの時系列を平均修正してプロットしたものである．

以下 EQ と EX を，それぞれ $\{X_t : t=1, \cdots, 500\}$, $\{Y_t : t=1, \cdots, 500\}$

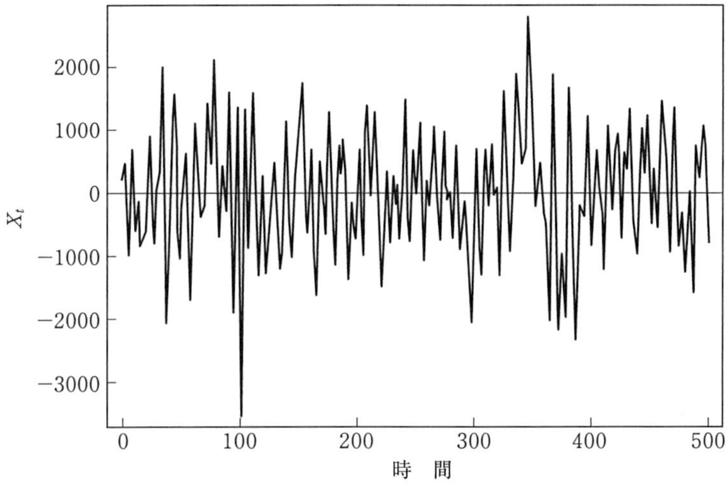

図 **28**　通常の地震波

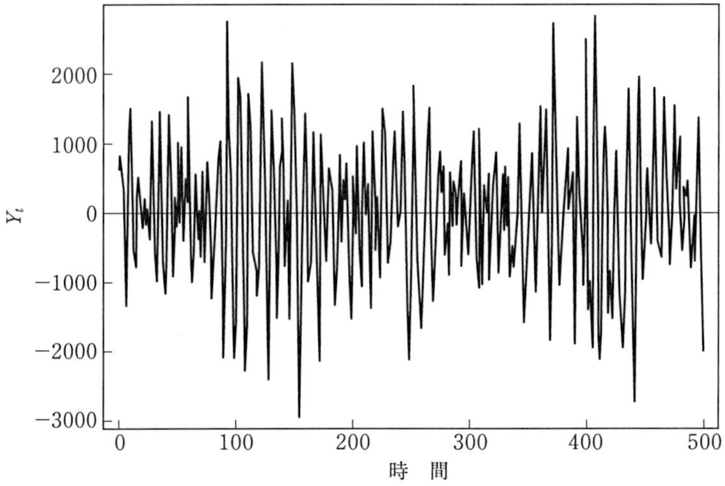

図 **29**　鉱山の爆発による地震波

と表し，それぞれのスペクトル密度関数を $f_X(\lambda), f_Y(\lambda)$ と書く．これらを次のノンパラメトリックな推定量($\lambda_t = 2\pi t/n$)

$$\hat{f}_X(\lambda_t) = \frac{1}{2m+1}\sum_{j=-m}^{m} I_n^{(X)}(\lambda_{t+j}) \tag{214}$$

$$\hat{f}_Y(\lambda_t) = \frac{1}{2m+1}\sum_{j=-m}^{m} I_n^{(Y)}(\lambda_{t+j}) \tag{215}$$

で推定する．ここに $m=6$ で $I_n^{(X)}(\lambda)$ と $I_n^{(Y)}(\lambda)$ はそれぞれ $\{X_t\}$ と $\{Y_t\}$ のピリオドグラムである．

図 30 は $0 \le \lambda \le \pi$ に対して $\hat{f}_X(\lambda)$ を実線で，$\hat{f}_Y(\lambda)$ を点線でプロットしたものである．

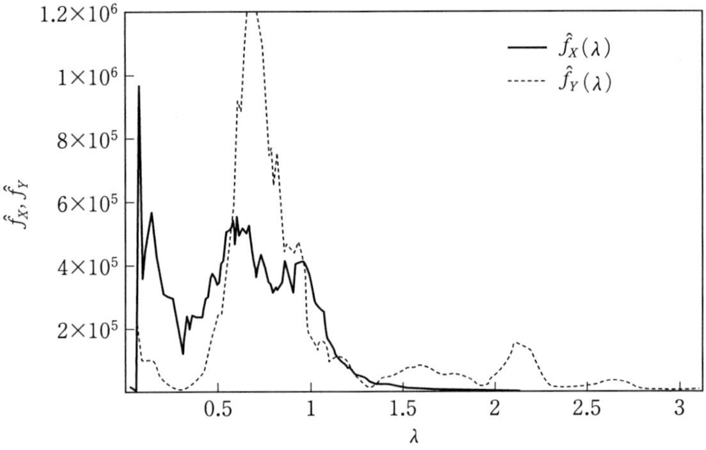

図 30

いま，ここで図31でプロットされている新しい地震波の系列 $\{Z_t : t=1,\cdots,500\}$ が得られたとする．このスペクトル密度関数を $f_Z(\lambda)$ と想定し，$\{Z_t\}$ は EQ かもしくは EX に属するということだけがわかっているとする．

図 32 は式(214)(215)と同様にして構成した $\{Z_t\}$ のノンパラメトリックなスペクトル密度関数 $\hat{f}_Z(\lambda)$ のグラフである．

これを EQ か EX に判別してみよう．もちろん前述した尤度に基づいた基準 $I(f:g)$ でも判別可能であるが，$\hat{f}_X, \hat{f}_Y, \hat{f}_Z$ に基づいた有効な基準で

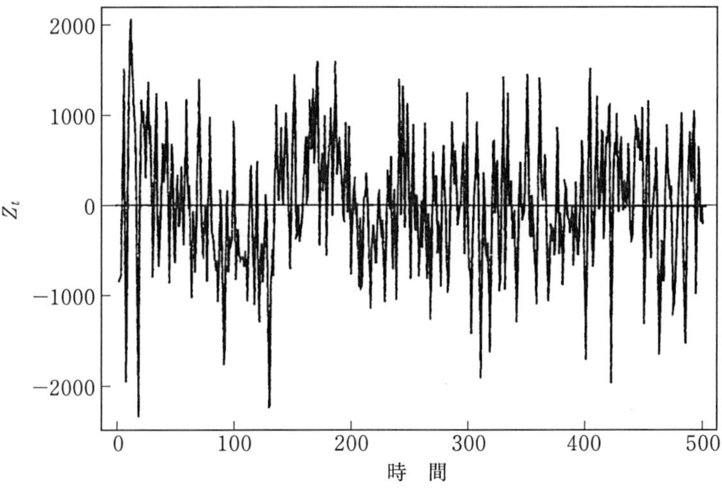

図 **31**　新しい地震波

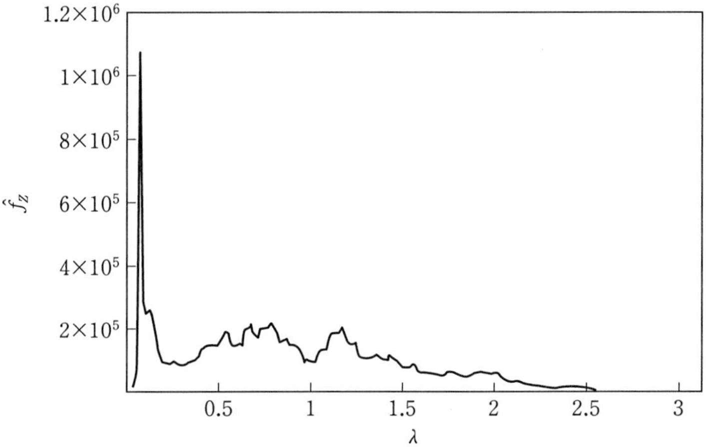

図 **32**

判別してみよう．

4 章でスペクトル密度関数 f と g の近さを表す量に

$$D(f,g)=\int_{-\pi}^{\pi}\left[\log\left\{(1-\alpha)+\alpha\frac{f(\lambda)}{g(\lambda)}\right\}-\alpha\log\frac{f(\lambda)}{g(\lambda)}\right]d\lambda,\quad \alpha\in(0,1) \tag{216}$$

があるということを述べた．これは α エントロピーとよばれる．$f=f_\theta$ であるとき g にそのノンパラメトリックな推定量 $\hat{g}_n$ を代入して，$D(f_\theta,\hat{g}_n)$ を θ に関して最小にする推定量を $\hat{\theta}_n$ とすると，これは $\sqrt{n}$ 一致性をもち，さらには漸近有効であることを述べた(4 章の式(172)を見られたい)．したがって $D(f,g)$ に対応するノンパラメトリックなスペクトル密度関数の推定量を代入した統計手法は有効な手法と予期できる．そこで $\{Z_t\}$ を EQ か EX に判別するのに $D(\,,)$ 基準に基づいて $\hat{f}_Z$ と $\hat{f}_X, \hat{f}_Z$ と $\hat{f}_Y$ の近さを測って比べることにする．つまり判別統計量として

$$B_\alpha\equiv D(\hat{f}_Y,\hat{f}_Z)-D(\hat{f}_X,\hat{f}_Z) \tag{217}$$

を提案して，$B_\alpha>0$ ならば $\{Z_t\}$ は EQ と判別し，$B_\alpha\le 0$ ならば EX と判別することにする．この場合 $\alpha=0.3$, 0.6, 0.9 に対して B_α を計算して以下の表を得た．

	α=0.3	α=0.6	α=0.9
B_α	0.368	0.618	0.813

したがって B_α 基準では，$\{Z_t\}$ は EQ と判別された．実際 $\{Z_t\}$ は EQ からのデータを取ったので，B_α は正しい判断を下したといえる．B_α 基準による判別は種々の長所をもっており，たとえば

（i）スペクトルになんらパラメトリックな構造を想定しない，

（ii）$\sqrt{n}$ 一致性をもつ漸近有効な手法である，など

実データに対しても良好な判別を与えることが報告されている(詳細は Kakizawa, Shumway と Taniguchi(1998)を見られたい)．

あとがき

これまで，時系列解析の入門を，現代的視点を取り入れておこなってきた．入門書ということで，結果の厳密な証明などはできるだけ避け，とくに初学者の方々に少しでも興味をもっていただけるよう，直感にうったえる解説を心がけたつもりである．本書は紙数も限られており，時系列の一側面を概説したにすぎないので，さらに時系列解析を本格的にやってみようという読者に文献に関する私的な指針を以下述べる．

しばしば時系列をやりたいという人々から「本格的な入門書としてどの本がよいか？」と質問をうける．筆者は，ほとんどの場合 Fuller(1996)をあげる．この本は高度な数学的基礎は期待しておらず数理系，理工系の学生はもとより，文系，経済系の学生も読める．結果の証明，式のフォローも丁寧にしてあり，本格的にやりたい人は，こういったことをフォローしながら読破することをおすすめする．これはもちろん入門書であるが，後半部では高度な話までの解説があり，全面的にやさしい本ではない．

数学的基礎のある数理系，理工系の読者なら，Brockwell と Davis(1991)がもっともオーソドックスな入門書に思われる．この本は諸結果を数学的厳密さをもって記述しており，時系列のしっかりした数学的基礎づくりには好著と思われる．

応用に興味のある読者で手許に時系列データがあり，これになんらかの解析を施したいという読者なら Shumway と Stoffer(2000)をすすめたい．この本は時系列データに種々の時系列手法を適用した解説をおこなっていて，理論的基礎も無理のない記述をしている．また時系列解析の諸手法のどのような現実問題への応用があるか知りたい読者は Akaike と Kitagawa(1999)を見れば，工学，地球科学，生物医学，経済などの諸分野での応用可能性がわかるだろう．

筆者の学生時代に，特色のある時系列の著作として，Hannan(1970)，Anderson(1971), Brillinger(1975)が現れた．Hannan(1970)は多変量時系列を包括的に扱った最初の理論書であり，Anderson(1971)は時系列解析の詳細な統計的解説を述べ，Brillinger(1975)は多変量時系列のスペクトル解析の基礎を与えたものである．どの本も読みやすい本ではないが，いまだに筆者が研究論文を書くとき，しばしば引用させてもらっている古典的名著である．Grenander と Rosenblatt(1957)は超古典というべき本であるが，時系列の回帰分析の基礎や誤特定化の状況での線形予測など，いまだに輝きをはなっている特異な著作である．

以上の文献は主に時系列の線形モデルに対する議論を述べたものであったが，近年，やはり実世界を記述するのに線形モデルだけでは不十分であるという認識にたって，非線形時系列モデルの解析が盛んになってきた．この方面の包括的解説は Tong(1990)を見られたい．

多くの代表的時系列モデル(AR, MA, ARMA など)の共分散関数は時間ラグ t が大きくなるにつれて $O(\rho^t)$, $|\rho| < 1$ のオーダーで収束するが，近年，このオーダーが $O(|t|^{-\alpha})$, $\alpha > 0$ であるような緩い収束オーダーをもつ時系列モデルの議論が盛んになっている．このモデルは長期記憶時系列モデルと呼ばれている．このトピックの概説は Beran(1994) に詳しい．また，この本の文献リストも，この分野の重要な指針になるだろう．とくに経済分野で，時系列の単位根問題に熱い視線が長い間そそがれてきたが，この分野の現代的解説は Tanaka(1996)に詳しい．

時系列解析の理論の基礎は標本数を大きくしたときの推定量，検定統計量などの動きを見ることにある(漸近理論)．しかしながら，時系列解析においては種々の統計手法の漸近最適性の統一的議論は意外なほど少ない．Taniguchi と Kakizawa(2000)は LeCam(1986)の局所漸近正規性(LAN)に基づいて時系列の推定，検定，判別解析などの漸近最適性を線形過程，非線形時系列モデル，長期記憶時系列モデル，拡散過程モデルなどに対して統一的に概説した．本書も，ところどころ Taniguchi と Kakizawa(2000)流の初歩的導入を述べている．

近年，いわゆる金融工学が注目され，その基礎となる金融時系列解析への大きな需要が出てきたように思われる．とくに金融時系列解析に興味のある読者は本シリーズの第 8 巻『経済時系列の統計――その数理的基礎』を読まれることをおすすめしたい．

1970 年代に時系列解析を学び始めたころは，時系列に関する書物はきわめて少ない時代であったが，昨今は多数の時系列関連の書物が国内外で出版されている．筆者もこれらすべてを把握していないので，上述した本以外に優れた教科書，研究書があると思われる．したがって読者も，これはあくまで私的な文献レビューと理解されたい．

本書を書くにあたって以下の方々の助力をいただいた．まず通常の地震波と鉱山の爆発によりおこされた地震波の時系列データはカリフォルニア大学の Shumway 教授に提供していただき，ここでの使用を快諾していただいた．また大阪大学大学院基礎工学研究科博士課程の以下 4 人の院生にも協力してもらった．崎山健二君には 5 章の判別解析の数値計算を，崔寅鳳君には 5 章の予測に関する図 24，図 25 の数値計算を，A. Chandra 君には 3 章の表「$\hat{\theta}_n^{(\mathrm{CL})}$ と $\hat{\hat{\theta}}_n^{(\mathrm{ML})}$ の比較」の数値計算を，助力いただいた．本書の大部分の数値計算，グラフ表示は Splus を用いておこなった．Splus の基本セッティングに関しては塩浜敬之君に助力いただいた．以上の諸氏に厚く感謝します．

参考文献

Akaike, H. (1970): Statistical predictor identification. *Ann. Inst. Statist. Math.* **22**, 203–217.

Akaike, H. (1973): Information theory and an extension of the maximum likelihood principle. In B. N. Petrov and F. Csaki(eds.): 2nd International Symposium on Information Theory (pp. 267–281). Akademiai Kiado : Budapest.

Akaike, H. and Kitagawa, G.(eds.) (1999): The Practice of Time Series Analysis. Springer-Verlag : New York.

Anderson, T. W. (1971): The Statistical Analysis of Time Series. Wiley : New York.

Anderson, T. W. (1977): Estimation for autoregressive moving average models in the time and frequency domains. *Ann. Statist.* **5**, 842–865.

Beran, J. (1994): Statistics for Long-Memory Processes. Chapman & Hall : New York.

Bloomfield, P. (1973): An exponential model for the spectrum of a scalar time series. *Biometrika* **60**, 217–226.

Brillinger, D. R. (1975): Time Series : Data Analysis and Theory. Holden-Day : San Francisco.

Brockwell, P. J. and Davis, R. A. (1991): Time Series : Theory and Methods, 2nd ed. Springer-Verlag : New York.

Chandra, A. and Taniguchi, M. (2001): Estimating functions for nonlinear time series models. *Ann. Inst. Statist. Math.* **53**, 125–141.

Engle, R. F. (1982): Autoregressive conditional heteroscedasticity with estimates of the variance of United Kingdom inflation. *Econometrica* **50**, 987–1007.

Fuller, W. A. (1996): Introduction to Statistical Time Series. 2nd ed. Wiley : New York.

Grenander, U. and Rosenblatt, M. (1957): Statistical Analysis of Stationary Time Series. Wiley : New York.

Hannan, E. J. (1970): Multiple Time Series. Wiley : New York.

Hosoya, Y. and Taniguchi, M. (1982): A central limit theorem for stationary processes and the parameter estimation of linear processes. *Ann. Statist.* **10**, 132–153. Correction : (1993). **21**, 1115–1117.

Kakizawa, Y. and Taniguchi, M. (1994): Asymptotic efficiency of the sample covariances in a Gaussian stationary process. *J. Time Ser. Anal.* **15**, 303–311.

Kakizawa, Y., Shumway, R. H. and Taniguchi, M. (1998): Discrimination and clustering for multivariate time series. *J. Amer. Statist. Assoc.* **93**, 328–340.

Kholevo, A. S. (1969): On estimates of regression coefficients. *Theor. Prob. Appl.* **14**, 79–104.

LeCam, L. (1986): Asymptotic Methods in Statistical Decision Theory. Springer-Verlag : New York.

Porat, B. (1987): Some asymptotic properties of the sample covariances in Gaussian autoregressive moving average processes. *J. Time Ser. Anal.* **8**, 205–220.

Shibata, R. (1976): Selection of the order of an autoregressive model by Akaike's information criterion. *Biometrika* **63**, 117–126.

Shibata, R. (1980): Asymptotically efficient selection of the order of the model for estimating parameters of a linear process. *Ann. Statist.* **8**, 147–164.

Shumway, R. H. and Stoffer, D. S. (2000): Time Series Analysis and Its Applications. Springer-Verlag : New York.

Tanaka, K. (1996): Time Series Analysis : Nonstationary and Noninvertible Distribution. Theory Wiley : New York.

Taniguchi, M. (1987): Third order asymptotic properties of BLUE and LSE for a regression model with ARMA residual. *J. Time Ser. Anal.* **8**, 111–114.

Taniguchi, M. and Kondo, M. (1993): Non-parametric approach in time series analysis. *J. Time Ser. Anal.* **14**, 397–408.

Taniguchi, M. and Kakizawa, Y. (2000): Asymptotic Theory of Statistical Inference for Time Series. Springer-Verlag : New York.

Tjϕstheim, D. (1986): Estimation in nonlinear time series models. *Stoch. Processes and Their Appl.* **21**, 251–273.

Tong, H. (1990): Non-linear Time Series : A Dynamical System Approach. Oxford University Press : Oxford.

Zhang, G. and Taniguchi, M. (1994): Discriminant analysis for stationary vector time series. *J. Time Ser. Anal.* **15**, 117–126.

索　引

サ　行

タ　行

ナ　行

ハ　行

マ　行

ヤ　行

ラ　行

■岩波オンデマンドブックス■

統計科学のフロンティア 1
統計学の基礎 I——線形モデルからの出発

2003年 1月10日 第1刷発行
2008年 4月24日 第5刷発行
2018年 1月11日 オンデマンド版発行

著 者 竹村彰通(たけむらあきみち) 谷口正信(たにぐちまさのぶ)

発行者 岡本 厚

発行所 株式会社 岩波書店
〒101-8002 東京都千代田区一ツ橋 2-5-5
電話案内 03-5210-4000
http://www.iwanami.co.jp/

印刷/製本・法令印刷

ISBN 978-4-00-730720-1 Printed in Japan